Lutz Labs

E-Mail-Marketing

Erfolgreicher Einsatz von E-Mails im Unternehmen – So gewinnen Sie Ihre Kunden

Bibliografische Information Der Deutschen Bibliothek
Die Deutsche Bibliothek verzeichnet diese Publikation in der Deutschen Nationalbibliografie;
detaillierte bibliografische Daten sind im Internet über <http://dnb.ddb.de> abrufbar.

1. Auflage Juli 2003

Konzeption und Layout des Umschlags: Ulrike Weigel, www.CorporateDesignGroup.de
Umschlagbild: Nina Faber de.sign, Wiesbaden

ISBN-13: 978-3-528-05840-1   e-ISBN-13: 978-3-322-83095-1
DOI: 10.1007/978-3-322-83095-1

Eine Studie nach der anderen spricht von vermehrter Nutzung des weltweiten Internets. In Deutschland dürfte inzwischen jeder zweite Bürger über einen Internet-Zugang verfügen. Die häufigste Anwendung ist E-Mail. In Sekundenschnelle ist eine Nachricht auf der anderen Seite des Globus – und das zu Kosten, die fast nicht mehr messbar sind. Dass dies auch Auswirkungen auf das Marketing hat, ist keine Frage mehr, alleine die Frage nach dem Wie stellt sich Manchem noch.

Die E-Mail hat in den Marketingabteilungen größerer Unternehmen längst ihren Platz im Marketingmix gefunden. Aber auch kleine und mittelgroße Betriebe, Handwerker, ja selbst einzelkämpfende Freiberufler können mit Hilfe von E-Mail-Marketing ihren Umsatz steigern. Bei ständig sinkenden Werbebudgets bleibt nur, sich auf diese günstige Werbeform zu konzentrieren.

Gerade in kleinen Unternehmen bleibt jedoch häufig keine Zeit, sich mit den rechtlichen und praktischen Fragen zu beschäftigen, die ein solches Unterfangen mit sich bringt. E-Mail-Marketing unterscheidet sich gewaltig von dem, was manche glauben. Es heißt auf keinen Fall, massenhaft Internet-Nutzer mit E-Mails zu bombardieren, die diese gar nicht haben wollen. Spam gibt es schon mehr als genug, seriöse Angebote gehen darin fast unter.

Es ist möglich, per E-Mail unaufdringlich und dennoch effektiv die eigenen Kunden an sich zu binden und neue zu gewinnen. Die Lösung heißt *Permission Marketing*: Werbung, die der Kunde selbst bestellt hat. Liefern Sie einen echten Kundennutzen, dann fühlt sich der Kunde bei Ihnen gut aufgehoben. Er wird Ihr Unternehmen bei der nächsten Anschaffung zumindest in die engere Wahl ziehen – weil er Sie kennt.

Dieses Buch soll Ihnen helfen, einen Einstieg in das moderne Marketing per E-Mail zu finden. Statt nun erst einige tausend Euro für einen Berater zu zahlen, der Ihnen für einige weitere tausend Euro eine Software verkauft: Starten Sie einfach mit kostenlosen Programmen – dieses Buch zeigt Ihnen ganz praktisch den Weg dahin.

Das E-Mail-Marketing nimmt in diesem Buch den größten Raum ein – deshalb haben Sie ja das Buch auch gekauft. Doch es handelt nicht nur vom Marketing. Wer auf unbekanntes Terrain vorstößt, sollte sich umfassend absichern. Sie finden hier deshalb die wichtigsten Grundlagen zum Online-Recht, Verschlüsselung und digitaler Signatur. Auch moderne Kommunikation, Maßnahmen zur eigenen Spam-Abwehr und zeitgemäße Organisation der täglichen Arbeit kommen nicht zu kurz.

Nicht zu vergessen die Zukunft: Sie bekommen einen Ausblick auf die Technik, die uns im nächsten Jahrzehnt so geläufig sein wird wie heute der lärmende PC auf dem Schreibtisch und einen Ausblick auf das dadurch veränderte Kommunikationsverhalten.

Die E-Mail nimmt im virtuellen Parallelleben, dem Internet, einen immer größeren Raum ein. Deshalb ist es wichtig zu wissen, wie Menschen auf diese Kommunikationsform reagieren und wie Sie die Menschen dadurch am besten ansprechen. Praktische Ansätze, wie Sie das Medium E-Mail erfolgreich in Ihrem Unternehmen einsetzen, finden Sie in diesem Buch. Zusammen mit der notwendigen Technik führt dies zu einem rundherum erfolgreichen E-Mail-Marketing ohne Frust.

Hannover, im Mai 2003 Lutz Labs

Inhaltsverzeichnis

1 Erfolgreiches E-Mail-Marketing

E-Mail-Marketing erfreut sich in Deutschlands Unternehmen steigender Beliebtheit. Sehr hohe Akzeptanz auf der Nutzerseite paart sich mit geringen Kosten für den einzelnen Kontaktvorgang. Fast jeder private Benutzer prüft zunächst sein E-Mail-Postfach, nachdem er eine Verbindung zum Internet hergestellt hat; auf vielen Firmen-PCs liegt das E-Mail-Programm im Autostart-Ordner. Und: Viele Internet-Benutzer sind prinzipiell bereit, ihre Adresse preiszugeben, wenn sie sich einen Vorteil davon versprechen. Doch auf Anbieterseite gibt es einiges zu beachten: Rechtliche Stolperfallen können E-Mail-Kampagnen scheitern lassen, die falsche Ansprache kann zur massenhaften Kündigung von Newslettern führen. Wie E-Mail-Marketing in der Praxis funktioniert, steht auf den nächsten Seiten.

1.1 Potenziale des E-Mail-Marketing

Nach einer Studie des Deutschen Direktmarketing-Verbandes aus dem letzten Jahr[1] wird die Nutzung von E-Mail als Kundenbindungs- und Verkaufsinstrument steigen. Kein Wunder: Die Kosten pro Verkauf (*Cost per Sale*, CPS) liegen bei Bannerwerbung etwa 35 Mal höher, andere Studien bescheinigen der E-Mail eine 20-fach höhere *Durchklickrate* als dem Banner.

Banner ⇨	Werbebanner sollen den Surfer veranlassen, die aktuelle Web-Seite zu verlassen, um sich das Werbeangebot eines anderen Unternehmens anzuschauen. Waren Banner früher nur rechteckige Bildchen, sind heute Flash-Animationen oder mitlaufende Bilder angesagt.

---

[1] www.ddv.de/downloads/Chefsache2002.pdf

Richtig angewendet kann E-Mail-Marketing entscheidend dazu beitragen,

- die Kundengewinnungskosten drastisch zu senken
- den über Cross Selling erzielten Mehrumsatz zu steigern
- die Kundenbindung nachhaltig zu erhöhen
- Weiterempfehlungen zu generieren
- das Unternehmen im Kopf des Konsumenten zu verankern

Das Internet hat die Kommunikation zwischen Unternehmen und Verbrauchern revolutioniert. Verbraucher tauschen sich über Produkte aus, bilden Einkaufsgemeinschaften und lassen Preisagenten nach dem günstigsten Preis für das von ihnen gewünschte Produkt suchen. Unternehmen nutzen Online-Marktplätze, um ihren Einkauf möglichst preisgünstig zu gestalten.

Das weltweite E-Mail-Aufkommen soll 2003 etwa 240 Milliarden E-Mails betragen. Viele davon werden unerwünscht in den Eingangsordnern der Verbraucher landen – nur wenige Anwender öffnen jede E-Mail, die meisten lesen nur die Betreffzeilen und löschen unerwünschte Nachrichten ungelesen. Wie Ihre Nachrichten beim Verbraucher ankommen, werden Sie nach dem Lesen dieses Buches wissen.

Meistens Verbraucherinformationen

Da Herstellungs- und Versandkosten bei klassischen Mailings vor allem im Endkundenbereich eine große Rolle spielen, wird E-Mail-Marketing häufig nur im B2C-Bereich (*Business to Consumer*) eingesetzt. Zwar hat die Kommunikation per E-Mail auch in der Kommunikation zwischen Unternehmen großen Nutzen, als Marketing-Instrument kommt sie bisher jedoch nur sehr zögerlich zum Einsatz.

In den meisten gewerblichen E-Mails, die in den Postfächern der Verbraucher landen, verstecken sich Informationen von Unternehmen – sei es unerwünschte Spam-E-Mail, einfache Werbung oder vom Benutzer angeforderte E-Mail. Letztere kommt häufig in Form von Newslettern daher, sozusagen die elektronische Kundenzeitschrift des Absenders. Zwischen 10 und 20 Newsletter hat der durchschnittliche Internet-Benutzer abonniert, manche davon jedoch ungewollt.

Spam ⇨	Unaufgeforderte kommerzielle E-Mails. Spammer verschicken hunderttausende von Nachrichten an Nutzer, die ihre Einwilligung dazu nicht gegeben haben. Spam wird auch als UCE, Unsolicited Commercial E-Mail bezeichnet. Ein Imageschaden für den Absender ist meist die Folge. Spam, auch mit „send phenomenal amounts of mail" übersetzt, hat seinen Namen aber aus einem alten Monty Python-Sketch.

E-Mail-Marketing ist trotz seiner großen Möglichkeiten und Chancen zur Neukundengewinnung und –bindung noch nicht in allen Marketingabteilungen gang und gäbe. Zum großen Teil liegt das sicher am fehlenden Know-how. Kürzere Produktzyklen und schrumpfende Werbebudgets lassen es aber kaum noch zu, auf diese kostengünstige Form der Werbung zu verzichten.

Permission ist Trumpf

E-Mails können vom Kunden nur positiv aufgenommen werden, wenn dieser sie selbst bestellt hat. Diese These stammt vom amerikanischen Autor Seth Godin, der den Begriff des Permission Marketing erfunden hat. Er übertrug modellhaft den Ablauf eines Flirts zwischen zwei Menschen auf die Anbahnung einer Geschäftsbeziehung: Zunächst muss man den gewünschten Partner auf sich aufmerksam machen. Danach holt man sich die Erlaubnis, sich näher vorzustellen. Kennt man sich näher, finden sich mehr Punkte, an denen ein gemeinsames Interesse besteht – man wird eher bereit sein, persönliche Daten von sich zu geben. Hat man alles richtig gemacht, hat man nicht irgendeinen Partner, sondern genau den richtigen. Ohne die Aussicht auf einen persönlichen Nutzen gibt niemand persönliche Daten ab. Unser Geschäft tauscht Nutzen gegen Erlaubnis. Permission-Marketing-Botschaften sind:

- erwartet
- erhofft
- erlaubt
- persönlich
- relevant
- nützlich

Sobald auch nur einer dieser wichtigsten Erfolgsfaktoren nicht mehr vorhanden ist, wird sich die Partnerschaft in Luft auflösen. Im Internet ist die Anzahl der möglichen neuen Partner ziemlich groß – das reale Leben ist da weit komplizierter.

Um aus einem möglichen Interessenten via Permission Marketing einen Kunden zu machen, ist ein langer, aber gar nicht so steiniger Weg nötig. Der Interessent braucht einen Anreiz, um sich mit Ihnen zu befassen. Bekundet er Interesse, benutzen Sie es, um ihm über mehrere Schritte einen persönlichen Nutzen zu verschaffen. Schaffen Sie sich sodann noch einmal die Sicherheit, dass das Interesse des nun schon bekannten Fast-Kunden nicht abreißt. In dieser Phase wird er Ihnen sicher auch schon einige Informationen über sich selbst geben. Diese nutzen Sie dann langsam, um sein Verhalten in Profite umzuwandeln.

Spam nervt

Aufgrund des hohen Anteils an Spam-E-Mails hat sich bei den meisten Internet-Nutzern ein gewisser Widerwille gegen unverlangt zugesandte E-Mails eingestellt. Zwar enthalten viele Spam-E-Mails einen Hinweis, wie die eigene Adresse aus der Liste entfernt werden kann (*Opt-Out*-Verfahren), doch dient dieser den Spammern meist nur zur Adressverifikation. Schicken Sie einem Internet-Nutzer ohne seine ausdrückliche Erlaubnis Werbe-E-Mails, ist dies kein Permission Marketing, sondern Spam.

Ob Kundengewinnung oder Kundenbindung: Selbst bei bestehender Kundenbeziehung führt kein Weg an einem bestätigenden Anmeldeverfahren vorbei. Der einfachste Weg, dem Kundenwunsch einfach zu folgen und ihn in die eigene Liste aufzunehmen (*Single-Opt-In*), ist jedoch nicht ratsam. Zu viele Scherzbolde treiben sich im Netz herum und tragen fröhlich ungeliebte

Mitmenschen in die verschiedensten Mailinglisten ein. Zumindest eine kurze Antwort-E-Mail an die gerade eingetragene Adresse ist Pflicht (*Confirmed-Opt-In*). Diese E-Mail sollte auch Hinweise enthalten, wie die Adresse sofort wieder aus der – vielleicht gar nicht vom Leser der Nachricht – bestellten Liste erfolgen kann. Doch das macht zumindest etwas Arbeit – Arbeit, die den Nutzer vielleicht verärgert und bei häufigem Vorkommen ein negatives Image einbringen kann.

Optimal ist das so genannte *Double-Opt-In*. Der Nutzer muss seinen Wunsch, in die Liste eingetragen zu werden, noch einmal per E-Mail-Reply oder Web-Interface, teilweise auch durch für ihn speziell generierte Landing-Page auf dem Web-Angebot des Absenders bestätigen.

Landing-Page ⇨	Für jede Newsletter-Werbung sollte für die Erfolgsmessung der Werbemaßnahme eine eigene Landing-Page vorhanden sein. Der Surfer wird meistens sofort und automatisch zur von ihm gewünschten Seite weitergeleitet.

Nie Opt-Out

Sollten Sie jedoch der Meinung sein, dass Sie die in Ihrem Unternehmen sowieso vorhandenen E-Mail-Adressen einfach nutzen können, dann werden Sie kaum einen zusätzlichen Umsatz erzielen, sondern dem Unternehmen nur schaden. Permission Marketing funktioniert anders. Schon die Aufforderung an dem Unternehmen bekannte Internet-Nutzer, sich in einen Newsletter einzutragen – so genannte Challenge Mailings –, wird von vielen als Spam bezeichnet und ist damit nicht statthaft.

Beim unaufgeforderten Zusenden einer E-Mail mit Werbeinhalten gegenüber Gewerbetreibenden handelt es sich (noch, siehe S. 18) um einen unzulässigen Eingriff in den Gewerbebetrieb. Privatpersonen steht unter den Gesichtspunkten des allgemeinen Persönlichkeitsrechts gegen den Versender der Mail ebenfalls ein Unterlassungsanspruch nach §§1004, 823 Abs. 1 BGB zu. Selbst wenn Sie am Ende Ihrer E-Mail den Hinweis anbringen würden,

dass Sie den Empfänger natürlich gerne aus der Liste austragen –
lassen Sie es einfach sein.

Mobiles Internet

Die Nutzer des Internet werden nicht nur immer mehr, sondern
vor allem immer mobiler. Die Informationen kommen zu den
Menschen, die sie benötigen – nicht mehr die Menschen zu den
stationären Rechenmaschinen. Das funktioniert zwar selbst mit
den bekannten D- und E-Netzen der Mobilfunker schon etwas
länger, doch könnte man bei den hier möglichen Datenraten
schon fast jedem einzelnen Byte guten Tag sagen. Bei sagenhaf-
ten 9600 Bit pro Sekunde liegt die Übertragungsrate des in
Deutschland fast flächendeckend verfügbaren GSM-Netzes, mit
dem darauf aufsetzenden GPRS ist immerhin fast ISDN-
Geschwindigkeit möglich.

GPRS, General Paket Radio Services ⇨	GPRS ist ein Mobilfunkstandard, der auf dem verbreiteten GSM-Netz aufbaut. GPRS könnte Übertragungsraten bis zu 115 kBit/s erreichen, Netzbetreiber und Handy-Hersteller beschränken die Übertragungsrate jedoch auf etwa die Hälfte. Mit GPRS haben die Netzbetreiber von Leitungsvermittlung auf Paketvermittlung umgestellt und damit den Schritt von einer zeitabhängigen zu einer volumenorientierten Abrechnung der übertragenen Datenmenge beschritten.

Für die Erlaubnis zur Nutzung der neuen Funktechnik UMTS haben die Netzbetreiber dem Staat fast 50 Milliarden Euro bezahlt –
und zugleich von traumhaften Datenraten von bis zu zwei Me-
gaBit pro Sekunde gesprochen.

UMTS ⇨	Mobilfunknetz der dritten Generation. Bis auf die Geschwindigkeit wird sich für den Anwender wohl nicht viel zum heute verwendeten GPRS ändern.

Kosten für die große Freiheit

Spätestens die UMTS-Nutzer werden jedoch merken, dass die große Freiheit nicht kostenlos erhältlich ist. Schon die GPRS-Tarife der Netzbetreiber halten viele Menschen – vor allem Privatleute, die nicht auf die ständige Verbindung mit dem Internet angewiesen sind – von einer mobilen Internet-Nutzung ab.

Als Beispiel mag *Vodafone*[2] dienen: Im GPRS-by-Call-Tarif kostet die Übertragung von 20 KByte Nutzdaten stolze 19 Cent, ein MegaByte also 9,5 Euro. Der Download der rund 12 MegaMyte großen aktuellen Version des *Internet-Explorers* von der Microsoft[3]-Homepage per GPRS auf das mobile Notebook des Endkunden kostet also rund 100 Euro (Es gibt auch Profi-Tarife, die bei einem Freivolumen von 20 MegaByte „nur" 40 Euro kosten. Die Mindestlaufzeit beträgt allerdings drei Monate, sodass er wieder auf mehr als 100 Euro kommen würde). An meinem stationären Arbeitsplatz-PC mache ich mir über die aus dem Internet übertragene Datenmenge keine Gedanken – für meinen Internet-Zugang bezahle ich eine Pauschale von nicht einmal 20 Euro im Monat, wenn ich weniger als das Freivolumen von fünf GigaByte aus dem Netz lade.

Datensparsamkeit ist erforderlich

Warum ich Ihnen das hier vorrechne, fragen Sie sich vielleicht. Nun, in der mobilen Welt der nächsten Jahre müssen die Kunden eben auch für den Download Ihres Newsletters, Ihrer Support-Antwort und Ihrer Werbeangebote zahlen. Deshalb möchte ich Sie ermuntern, mit möglichst wenigen Daten auszukommen.

SMS bleibt ein Renner

Mobilität ist nicht nur mit dem Notebook oder PDA möglich. Die rund 60 Millionen Handys in Deutschland dienen nicht mehr nur zum Telefonieren – der Volkssport heißt SMS. Die Netzbetreiber verdienen sich mit dem Nebenprodukt Short Message Service eine goldene Nase. Bis zu einer Milliarde Kurznachrichten laufen

---

[2] www.vodafone.de

[3] www.microsoft.de

heute täglich über den Globus – bei Preisen von rund 15 Cent je Nachricht. Die Länge einer SMS ist auf 160 Zeichen begrenzt und birgt damit Chancen für kreative Texter – langweilige Nachrichten landen sicher zuerst im Mülleimer.

Trotz neuer Formen wie EMS oder MMS ist die SMS nach Ansicht vieler Marktforscher auch in den nächsten Jahren immer noch das Marketinginstrument Nummer eins für das mobile Marketing. Die meisten modernen Mobiltelefone sind zwar auch mit einem WAP-Browser ausgestattet, doch nimmt diese Technik hierzulande kaum jemand so ernst, dass er dort Geld für Werbung ausgeben möchte. Vor allem unbefriedigende Übertragungsgeschwindigkeiten und zu kleine Displays machen dem Dienst zu schaffen.

MMS, Multimedia Messaging Service ⇨	Der Nachfolger der SMS. Die Multimedia Message kann Bilder und Töne enthalten, ist aber dafür auch deutlich teurer als eine SMS.

WAP, Wireless Application Protocol ⇨	WAP ist eine Beschreibungssprache ähnlich HTML, findet aber vor allem auf Grund der unbefriedigenden Angebote kaum Verbreitung.

Multimediale SMS

Mit MMS, der Multimedia-Message, kommen Bilder und Töne aufs Handy. Wenn Sie auf Ihr Handy schauen, dann werden Sie wahrscheinlich kein Farbdisplay vorfinden. Wie bei vielen neuen Techniken brauchen Sie auch für die MMS neue Geräte. Bis diese zu bezahlbaren Preisen am Markt sind, dürfte noch einige Zeit vergehen, auch wenn viele Handy-Benutzer nach dem Ablauf der zweijährigen Vertragslaufzeit gerne das Angebot ihres Mobilfunkbetreibers wahrnehmen, bei einer Vertragsverlängerung ein neues subventioniertes Handy zu bekommen.

Die Tarife für den Versand einer MMS sind hoch. Bei mindestens 39 Cent liegt der Preis für den Versand eines kleinen Bildchens, mehr als einen Euro kann es kosten, wenn die Nachricht für den Benutzer eines anderen Mobilfunknetzes bestimmt ist. Man darf sich eigentlich nicht wundern, wenn eine an sich nette Spielerei an Märchenpreisen scheitert.

Zum Teil haben die Netzbetreiber das wohl schon eingesehen: So meinte *T-Mobile*-Chef Rene Obermann in einem *Focus*-Interview im Februar 2003, dass den Mobilfunkkunden höhere Preise nicht zuzumuten wären. Ähnlich äußerte sich *Vodafone*-Chef Jürgen von Kuczkowski in einem Interview mit der *Hannoverschen Allgemeinen Zeitung*[4]: Die monatliche Grundgebühr werde nicht höher sein als heute; teurer werde es nur, wenn der Nutzer größere Datenmengen herunterlädt oder bewegte Bilder verschickt. Da stellt sich doch die Frage, wozu die Kunden ein schickes neues Handy mitsamt integrierter Digitalkamera kaufen sollten: Etwa als Prestigeobjekt? Oder sollen sie die angebotenen Fähigkeiten auch nutzen?

E-Mail per Handy

Immer mehr in Mode kommen Handys, die einen fast vollwertigen E-Mail-Client besitzen. Natürlich können die meisten Handys nichts mit HTML-E-Mails anfangen und keine digitalen Anhänge (*Attachments*) anzeigen. Für die Abfrage der eigenen Mailbox ist es dennoch recht praktisch – auch wenn man es wegen der schwankenden Netzqualität nicht aus einem fahrenden Zug versuchen sollte…

HTML, Hypertext Markup Language ⇨	Eine Sammlung von Anweisungen, welche die Darstellung von Internet-Seiten innerhalb des Browsers regeln.
Attachment ⇨	Eine Datei, die an einer E-Mail dran hängt. Das Format der Datei ist völlig egal – es kann sich um einen Text, ein

---

[4] „Die Erfolgsgeschichte des Mobilfunks wird sich mit UMTS wiederholen", Hannoversche Allgemeine Zeitung vom 22. 02.2003, Seite 11

> Office-Dokument, eine Grafik, einen Film oder im schlimmsten Fall um einen Virus handeln. Die Größe eines Attachments ist prinzipiell unbegrenzt - alleine die Postfachgröße des Empfängers spielt eine Rolle.

Lokal mobil

Interessanterweise ist noch niemand so richtig auf den Gedanken gekommen, die stetig steigende Anzahl von drahtlosen Netzen nach dem WLAN-Standard in das mobile Marketing mit einzubeziehen. Mit dieser Funktechnik lässt sich ohne behördliche Genehmigung ein drahtloses Netzwerk aufbauen, das bis zu 300 Meter zwischen Basisstation – dem Hotspot – und mobilem Surfer überbrückt.

> **WLAN, Wireless Local Area Network** ⇨
>
> Drahtloses Netzwerk mit einer Reichweite von bis zu 300 Meter, die Geschwindigkeit beträgt derzeit bis zu 54 MBit/s.

Auch für die Nahfunktechnik Bluetooth sind bereits einige Hotspots verfügbar, allerdings überbrückt Bluetooth maximal 100 Meter Luftlinie.

> **Bluetooth** ⇨
>
> Funktechnik für den Nahbereich zwischen einigen Zentimetern und 100 Metern. Verschiedene Protokolle dienen zur Datenübertragung oder zur Telefonie. Moderne Mobiltelefone der Oberklasse lassen sich etwa per Bluetooth fern bedienen. Die einzelnen Geräte vernetzen sich automatisch, wenn sie die Berechtigung dazu haben.

Die Betreiber der GSM-Funknetze springen derzeit auf den WLAN-Zug auf und installieren in Flughäfen oder auf Bahnhöfen

WLAN-Basisstationen. Selbst im Flugzeug tanzen die Daten neuerdings drahtlos: Der Lufthansa-Jumbo „Sachsen-Anhalt" mit WLAN-Anschluss und schnellem Zugang zum Internet verkehrt seit kurzem regelmäßig zwischen Frankfurt am Main und Washington D.C.

Noch müssen WLAN-Surfer sich an jedem Hotspot eine eigene Zugangsberechtigung verschaffen, damit sie dort mobil surfen dürfen. Eine gemeinsame Infrastruktur für die Anmeldung und Abrechnung an verschiedenen Hotspots ist jedoch derzeit in der Entwicklung, der eco-Verband hat bereits eine Norm für das Billing in Wireless-LANs[5] entwickelt.

Selbst der Übergang zwischen verschiedenen Netzen funktioniert in ersten Versuchen: Wo kein WLAN, da UMTS, wo kein UMTS, da eben das alte GSM-Netz. Einen Einsatz stellen sich die Betreiber etwa für Krankenwagen vor, die auf eine permanente Verbindung zum Krankenhaus angewiesen sind[6].

1.2   Adress-Suche: Woher nehmen?

Natürlich können Sie auf selbst erhaltenen Spam reinfallen, Millionen von E-Mail-Adressen auf CD-ROM kaufen und an diese Werbung für Ihr Produkt verschicken. Für sinnvoll halte ich das jedoch nicht: Kaum einer der potenziellen Empfänger wird ausgerechnet Ihnen seine Erlaubnis zur Zusendung von Werbung gegeben haben.

Wie so oft sollten Sie von der Kundenseite an die Frage herangehen, warum der Kunde Ihnen seine E-Mail-Adresse geben sollte. Fragen Sie sich nicht, was Sie dem Kunden verkaufen können. Fragen Sie sich stattdessen, was Sie für den Kunden tun können. Zieht er aus der Beziehung zu Ihrem Unternehmen erst einmal einen Vorteil, ist er auch eher geneigt, Waren oder Dienstleistungen von Ihnen – und nicht von Ihren Wettbewerbern – zu beziehen.

---

[5] www.eco.de/servlet/PB/menu/1152256/index.html

[6] www.heise.de/newsticker/data/rop-03.02.03-000

Am einfachsten ist es, wenn Sie sich auf irgendeine Art und Weise von Ihren Mitbewerbern unterscheiden. Zur Auswahl stehen die üblichen Verdächtigen: niedrigerer Preis, höhere Qualität, mehr Service. Höhere Qualität steht in vielen Märkten nicht zur Verfügung, einen niedrigeren Einkaufspreis als die Konkurrenz erreichen Sie nur durch hohe Stückzahlen (die Sie aber nicht absetzen können, wenn Ihnen die Kunden fehlen). Bleibt also wieder mal nur der Service-Gedanke oder die Besetzung einer Nische. Und noch ein paar Dinge, auf die ich jetzt zu sprechen komme. Zu unterscheiden ist vor allem, ob Sie den Kunden schon kennen oder erst in der Phase der Adressgenerierung sind.

Die Kostenlos-Kultur des Internet nutzen

Entgegen aller Voraussagen sind immer noch nicht alle Benutzer des Internet bereit, neben den Onlinegebühren weiteres Geld für die Inhalte auszugeben. Komisch eigentlich… Doch wir können das nutzen. Gut besucht sind nämlich Internet-Angebote, die nichts anderes tun, als auf Gewinnspiele oder Sonderangebote hinzuweisen. Also: Richten Sie ein Gewinnspiel ein und melden Sie es den Betreibern der entsprechenden Seiten[7,8].

Verschenken Sie kleine Portionen Ihrer Produkte und melden dies dem Geizkragen[9]. Zeitlich begrenzte Sonderangebote Ihrer Produkte melden Sie ihm ebenfalls.

---

[7] www.kostenlos.de

[8] www.nulltarif.de

[9] www.geizkragen.de

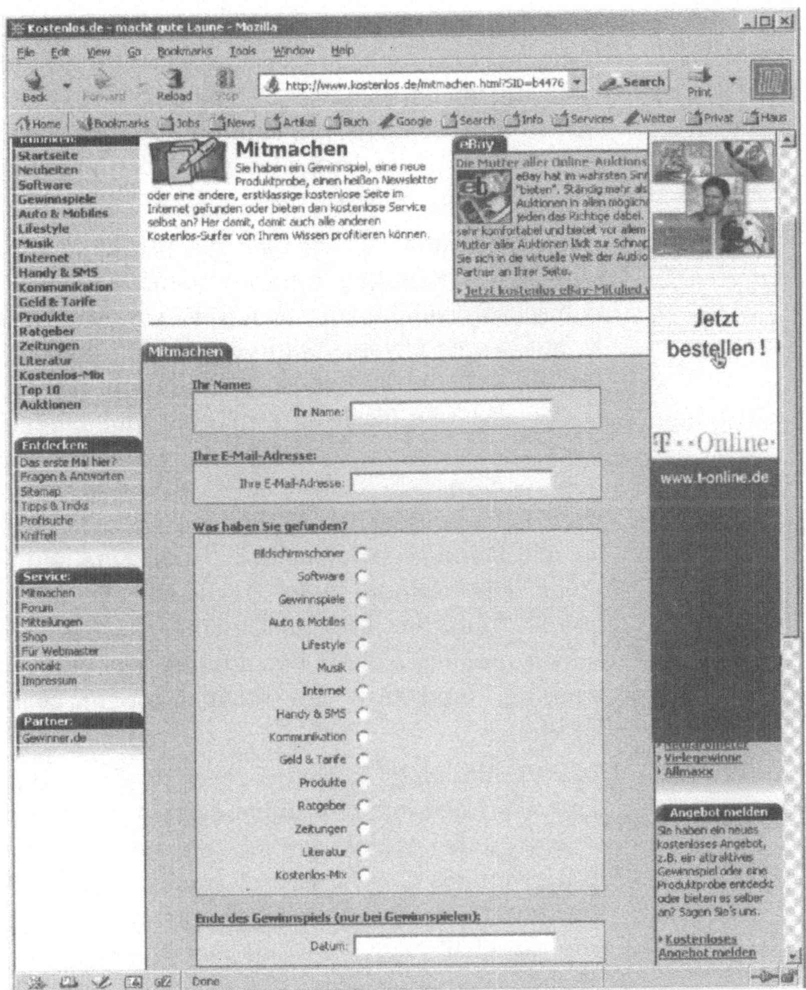

Abb. 1-1: Bei www.kostenlos.de können Sie eigene Gewinnspiele zur Adressgenerierung einsetzen.

Achten Sie jedoch darauf, dass Sie die richtige Zielgruppe treffen. Liegt der Preis Ihrer Produkte oder Dienstleistungen eher im Bereich einiger tausend Euro, so werden Sie mit breit gestreuten Aktionen kaum an die richtigen Kunden geraten.

Gewinne und Produktproben sind bei den Internet-Benutzern übrigens umso beliebter, je origineller die ausgelobten Dinge sind. Kreativität ist gefragt. Schauen Sie sich also nicht einfach in Ihrem Warenkatalog um, sondern kreieren Sie etwas Neues (aber bitte Aufwand und Nutzen miteinander in Beziehung setzen).

Gewinnspiele und Sonderangebote erfreuen sich einer großen Aufmerksamkeit der Gruppe der lustorientierten, aber nicht sonderlich kaufkräftigen Internet-Benutzer. Doch auch eher unerwünschte Teilnehmer suchen Gewinnspielseiten auf, wie der Kongress des *Chaos Computer Clubs* Ende 2002[10] zeigte: So häufig wie sich die Designer viel Mühe mit der Grafik machen und schier alles aus Flash und anderen multimedialen Webapplikationen herausholen, vernachlässigen sie anscheinend gleichzeitig den Sicherheitsbereich. Die CCC-Freaks nutzten Sicherheitslücken in verschiedenen Onlinespielen selbst großer Markenartikler wie *DaimlerChrysler* oder *Ovomaltine* und setzten sich selbst unter dem Namen Peter Lustig an die Spitze der Highscore-Listen. Wenn Sie also ein Gewinnspiel zur Datensammlung einsetzen möchten, dann beauftragen Sie Profis mit der Programmierung – und nicht den Nachbarsjungen, weil der so schön billig ist.

Das Verschenken digitaler Coupons für Warenproben aller Art lässt sich noch um eine interessante Variante erweitern. So könnte etwa jeder hundertste Besteller einer Probe auch ein etwas höherwertiges Geschenk bekommen. Richten Sie Ihre Werbeaktion eher lokal aus, kann auch der „erzwungene" Besuch in Ihrem Geschäft zum Einlösen der Warenprobe eine verkaufsfördernde Alternative sein.

Wissen vermitteln

Lernen in kleinen Portionen versprechen Online-Kurse, die den Schüler per E-Mail erreichen. Warum erstellen Sie nicht zu den Themen Ihres täglichen Geschäfts einige Lektionen für Ihre Kunden?

---

[10] www.heise.de/newsticker/data/cp-29.12.02-002

Kostenlose Online-Kurse lassen sich zu den verschiedensten Themen erstellen. Wichtig ist vor allem, dass die Teilnehmer bei der Stange bleiben, sie müssen also in diesen Kursen wirklich etwas lernen. Der Kurs sollte zudem Zeit unabhängig gestaltet sein; die Teilnehmer müssen also die Aussendung des nächsten Teils entweder selbst anstoßen oder von vorn herein einen Zeitraum wählen können. Im ersten Fall reicht ein Link am Ende der Lektion, im zweiten Fall müssen Sie eine Datenbank aufsetzen, die neben den Teilnehmerdaten auch den aktuellen Kursteil und dessen Versand enthält.

Datenbank	Eine Datenbank bildet die Grundlage für zielgruppenspezifische Selektionen, etwa bei der Auswahl von Empfängeradressen für eine Werbung. Datenbank-Marketing nutzt die über die Kunden vorhandenen Informationen zur Erstellung einer Marketing-Strategie.
⇨	

Face to Face

Haben Sie ein Ladengeschäft, so können Sie auch offline Adressen generieren. Folgendes Szenario mag als Beispiel dienen: An der Kasse fragen Sie den Kunden, ob er ihnen seine E-Mail-Adresse für Ihren Newsletter mitteilen möchte. Sie bieten ihm dafür einen nur per E-Mail zustellbaren Rabatt-Coupon sowie sechsmal pro Jahr eine Liste mit Sonderangeboten Ihres Geschäfts an.

Gut, im Zuge des Wegfalls des Rabattgesetzes könnte es sein, dass der Kunde den von Ihnen angebotenen Rabatt sofort haben möchte. Wenn Sie selbst ein Ladengeschäft betreiben, sind Sie mir einiges voraus: Sie kennen Ihre Kunden und wissen, ob diese schon der orientalischen Mentalität des Handelns verfallen sind.

Bestehende Kontakte nutzen

Jede E-Mail, jeder Brief und jedes Fax, das Ihr Haus verlässt, trägt logischerweise einen Absender. Einen Hinweis auf kostenlose Zusatzangebote des Unternehmens habe ich bisher jedoch nur selten gesehen. Das firmeneigene Briefpapier, die Faxvorlage und die Signatur des E-Mail-Programms eignen sich hervorragend, um andere auf die Vorteile der Beziehung zu Ihrer Firma – also etwa Ihren Newsletter – hinzuweisen. Vor allem im B2C-Bereich können Sie so einfach und kostengünstig neue Mitglieder für Ihre Newsletter generieren. Schließlich ist der Buchhalter eines befreundeten Unternehmens nicht nur ein Buchhalter – er ist auch ein Privatmann und damit ein Endkunde, der vielleicht nur noch nie daran gedacht hat, bei Ihnen einzukaufen.

Signatur	Die Angaben zu anderen Möglichkeiten, den Absender einer E-Mail zu erreichen. Dazu gehört im Geschäftsleben Name und Adresse der Firma sowie Telefon- und Faxnummer. Im Usenet sollte die Signatur nicht länger als vier Zeilen sein. Auch werbliche Formen sind möglich, etwa der Hinweis auf einen Newsletter.

Reingefallen

Sie können eigentlich nur einen großen Fehler begehen: Alle bekannten E-Mail-Adressen einfach in den Newsletter-Verteiler aufnehmen. Das nämlich hatte die *Messe München* gemacht, die zur Systems 2002 ihre Besucher nur auf das Gelände gelassen hatte, nachdem sie Name, Anschrift, E-Mail-Adresse und Interessengebiete angegeben hatten (es haben sich wohl nur wenige erfolgreich dagegen gewehrt). Die Besucher konnten damals anklicken, dass sie keine Informationen von der Messe wünschten. Kurz vor Weihnachten 2002 folgte dann, was eigentlich nicht passieren sollte: Ausgabe eins des Systems-Newsletters wurde an die Besucher verschickt – anscheinend auch an einige, die angegeben hatten, keine weiteren Informationen zu wünschen.

Beschwerden von Besuchern gegen die unaufgefordert verschickte E-Mail wies die *Messe München* gegenüber dem Newsdienst *heise online*[11] zurück. Wegen der bestehenden Geschäfts-

---

[11] www.heise.de

verbindung dürfe die Messe ihren Kunden den Newsletter auch ohne deren ausdrückliche Einwilligung zusenden, erklärte Systems-Prokurist Kurt Schraudy im Gespräch mit heise online. Dies decke sich mit der üblichen Rechtsprechung. Schraudy wies darauf hin, dass der Newsletter mit wenigen Mausklicks abbestellt werden kann.

Nehmen wir zunächst einmal an, dass der Prokurist mit seiner Rechtsauffassung richtig liegt. Dann dürften sich zumindest die Besucher ärgern, die ihr Häkchen bei „ich möchte keine weiteren Informationen" gesetzt hatten. Einen Link zum direkten Austragen aus dem Newsletter fand man im selbigen übrigens nicht. Die Systems hat alle Daten der Besucher auf einem öffentlich zugänglichen Webserver gespeichert, zu dem der abmeldewillige Ex-Besucher surfen muss, um dort das persönliche (von Dritten natürlich nicht einsehbare) Profil zu ändern.

Ich persönlich stimme nicht mit der Meinung der Messe überein. Für mich ist die Geschäftsbeziehung beendet, wenn ich das Messegelände verlassen habe. Die Speicherung meiner Daten ist für einen Messebesuch nicht notwendig und verstößt wohl nicht nur gegen das Gesetz der Datensparsamkeit (siehe Kapitel 3.2, S. 149). Hätte der Mann doch Recht, dann dürfte ich in meiner E-Mail auch Werbung von diversen Supermärkten, Elektronik- und Computer-Händlern und sogar vom Schuhmacher nebenan finden. All diese Geschäfte habe ich schließlich schon mehr als einmal besucht.

In einer Eigenanzeige wirbt die Messe für E-Mail-Marketing als „die effektivste Form der Internet-Werbung". Anzeigenkunden könnten „mit dem SYSTEMS-world Businessletter ca. 50.000 Leser aus der ITK-Branche" erreichen. Nach meiner Einschätzung wird die Zahl von 50.000 bald rapide abnehmen.

Daten erheben lassen

Wenn Sie mehr Geld ausgeben können, beauftragen Sie ein Marktforschungsunternehmen mit einigen Untersuchungen zu Ihrer Zielgruppe. Die verstehen sich darauf, und die Erlaubnis zum Versand von E-Mails an die Befragten erhalten Sie auch häufig. Auch hier gilt: Nicht zu breit streuen. Schicken Sie die Interviewer vielleicht in der Mittagszeit in die Umgebung der für Sie interessanten Firmen – irgendwo müssen deren Mitarbeiter ja essen gehen…

Auch Messen und Kongresse sind natürlich ein geeigneter Ort zur Adressgenerierung. Beliebt sind Sammelboxen für Visitenkarten – versprechen sollten Sie eine zeitnahe Information mit weitergehenden Materialien zu Ihrem Produkt, verbunden natürlich mit der Aufforderung, Ihren Newsletter zu abonnieren.

Die letzten beiden Methoden setzen schon ein gewisses Maß an finanziellem Einsatz voraus. Günstiger und auch mehr dem Thema dieses Buches entsprechend ist die Werbung in anderen Newslettern.

Reden ist Silber, Schreiben…

Die manchmal geäußerte Ansicht, es gäbe auch ein stillschweigendes Einverständnis zur Aufnahme in einen Newsletter, kann ich nicht teilen. Auch wenn bereits eine Geschäftsbeziehung besteht oder auf einer Messe die Visitenkarten getauscht wurden: Zur Aufnahme in Ihren Verteiler benutzen Sie bitte immer das Double-Opt-In-Verfahren. Will Ihnen der Gesprächspartner später Böses, können Sie sonst nie beweisen, dass er sich selbst in Ihre Liste eingetragen hat.

Vermuten Sie ein Einverständnis, könnten Sie per E-Mail darum bitten, dass der frische Kontakt sich selbst in den Newsletter einträgt. Im Extremfall könnte schon das jedoch als unerwünschte Werbung ausgelegt werden. Besser ist es, wenn Sie bereits im Gespräch auf den Newsletter hinweisen und den Gesprächspartner fragen, ob Sie ihm eine E-Mail mit den für die Anmeldung notwendigen Daten schicken dürfen.

Hilfe von der Europäischen Union

Bis zum 31. Oktober 2003 hat Deutschland die „Datenschutzrichtlinie für elektronische Kommunikation"[12] in nationales Recht umzusetzen. Die Richtlinie 2002/58/EG verbietet auf den ersten Blick unverlangte Telefax-, E-Mail-, SMS- oder MMS-Werbung.

---

[12] www.bfd.bund.de/aktuelles/eurili_ekommun.pdf

Doch die EG-Richtlinie bringt für Werbewillige eine noch nicht sehr bekannte Veränderung: In bestehenden Kundenbeziehungen ist elektronische Post unter bestimmten Bedingungen auch ohne ausdrückliche Einwilligung erlaubt. Wenn

- die E-Mail-Adresse im Zusammenhang mit dem Verkauf eines Produktes oder einer Dienstleistung erlangt wird,

- für eigene ähnliche Produkte oder Dienstleistungen geworben wird und

- der Kunde bei jeder Interaktion „klar und deutlich" ersichtlich die Möglichkeit hat, den Dialog über etwaige Opt-Out-Funktionen abbrechen zu können,

dann dürfen Sie in bestehenden Kundenbeziehungen elektronische Post auch ohne ausdrückliche Einwilligung verschicken.

Die Umsetzung wird sicher Auswirkungen auf die deutsche Rechtsprechung haben, die den unverlangten Versand auch im oben genannten Fall bisher für unrechtmäßig erklärt hatte. Werbemaßnahmen, die den europäischen Vorgaben und der künftig zwingenden Gesetzeslage in Deutschland entsprechen, können ab Oktober nicht mehr als Persönlichkeits- oder den Gewerbebetrieb verletzend betrachtet werden.

Neukundengewinnung

Der einzige legale Weg, an bisher unbekannte Internet-Nutzer Werbung zu verschicken, führt über Fremdadressen. Die erhalten Sie von Adress-Anbietern, deren Kunden genau diesem zugestimmt haben. In diesem Markt tummeln sich jedoch nicht nur seriöse Anbieter, daher ist Vorsicht bei der Auswahl des richtigen Händlers angesagt. Bevor Sie den Händler kontaktieren, sollten Sie sich selbst als Werbungsempfänger bei ihm eintragen. Beobachten Sie einige Wochen lang die eingehenden E-Mails. Schauen Sie in die öffentlichen Foren des Anbieters. Häufig bilden die Nutzer auch eine Community, die sich gut für die eigene Einschätzung zum Anbieter auswerten lässt. Beobachten Sie vor allem,

- ob sich die Teilnehmer über unpassende Werbung beschweren. Je häufiger dies passiert, desto niedriger wird die generelle Akzeptanz.

- ob der Anbieter auf die Interessen der Zielgruppe eingeht oder nur Massen-E-Mails verschickt, die auf die Dauer zur Abstumpfung der Kunden führen.

- ob die Kunden angehalten werden, ihre Profile korrekt einzugeben und auch zu pflegen.

- ob der Anbieter selbst im Forum seiner Community tätig ist.

Community ⇨	Eine virtuelle Interessengemeinschaft von Internet-Nutzern mit gleichen Interessen, die sich nur per Internet trifft. Heute benutzt eine Community fast ausschließlich web-basierte Foren.

Bei einigen Adress-Anbietern können Sie sich nicht selbst für den Empfang von Werbe-E-Mails eintragen. Hier müssen Sie sehr genau fragen, woher der Adresseigner die Adressen bezogen hat. Lassen Sie sich schriftlich bestätigen, dass die Empfänger dem Bezug von Werbe-E-Mails über den Adresseigner zugestimmt haben und lassen Sie sich ebenfalls von eventuellen Ansprüchen der Adresseigner und daraus entstehenden Kosten freistellen.

Noch besser weist Sie der Anbieter auf seine eigene Community hin und zeigt Ihnen, wo Sie sich eintragen können. Wenn Sie sich nirgends selbst auf die Liste des Anbieters setzen können, kann dies wohl auch niemand anders – und damit würde ich den Erklärungen des Anbieters nur noch wenig Vertrauen schenken.

Der Anbieter sollte Sie bei der Abschätzung der zu erwartenden Responserate beraten können. Er kennt seine Kunden, Sie können nur schätzen (in diesem Fall können wir vielleicht sogar von wünschen reden). Sollten Ihre Wünsche und seine Schätzung zu weit auseinander liegen, sollte eine erweiterte Zielgruppenberatung zu seinem Repertoire gehören.

Listbroker kennen mehr als einen Händler

Sie können auch einen Listbroker beauftragen, für Sie geeignete Adressen herauszusuchen. Diese Broker arbeiten meistens mit mehreren Händlern zusammen und werden häufig auch von diesen bezahlt. Damit erschweren Sie sich jedoch die persönliche Kontrolle des Adresshändlers: Zum einen kann es sein, dass Sie gar nicht erfahren, von welchen Händlern der Broker die Adressen endgültig bezieht, zum anderen kann er auch von mehr als einem Händler die von Ihnen gewünschte Zielgruppe zusammensetzen. Wollen Sie eine Kontrolle über die Arbeitsweise der einzelnen Händler, ist das zumindest deutlich mehr Arbeit für Sie – und die wollten Sie mit der Beauftragung des Brokers ja wohl gerade vermeiden. Dennoch gibt es selbstverständlich genügend Gründe, auf einen Adress-Broker zurückzugreifen, etwa, wenn es einmal schnell gehen soll oder die Zusammenarbeit einfach gut klappt.

In wohl fast allen Fällen erwerben Sie die Adressen zur einmaligen Nutzung, in nur seltenen Fällen bekommen Sie die Adressen überhaupt selbst in die Hand. Das Handling der Mailing-Aktion sollten Sie dem Händler oder seinem Dienstleister überlassen. Achten Sie darauf, dass in den E-Mails eine Aussage über die Herkunft der angeschriebenen E-Mail-Adresse enthalten ist, und bestehen Sie darauf, dass der Händler als Absender auftritt (eine E-Mail von einem ihm unbekannten Absender wird der Kunde des Adress-Händlers vielleicht ungelesen löschen – die übliche Absenderadresse für die gewohnte Werbe-E-Mail hingegen kennt er).

Achten Sie auf Transparenz: Der Leser will genau wissen, warum ausgerechnet er diese E-Mail mit Ihrer Werbung bekommt. Kann er das nicht nachvollziehen, wird er die E-Mail löschen.

Die folgende Abbildung einer Werbe-E-Mail zeigt, wie man meiner Meinung nach Fremdadressen nicht einsetzen sollte. Zwar ist in der E-Mail ein Link zu Abmelden von der Liste angegeben, doch schlechte Erfahrungen mit dem Abmelden von Opt-Out-Listen veranlassen den erfahrenen Nutzer, vor der Anwahl des Abmelde-Links zunächst die Web-Seite des Anbieters aufzurufen. Eine Web-Präsenz will sich das V3-Team jedoch anscheinend nicht leisten. Da die E-Mail laut Domain-Abfrage aus dem Ausland verschickt wurde, verstärkt sich schnell das Misstrauen gegenüber dem Abmelde-Link.

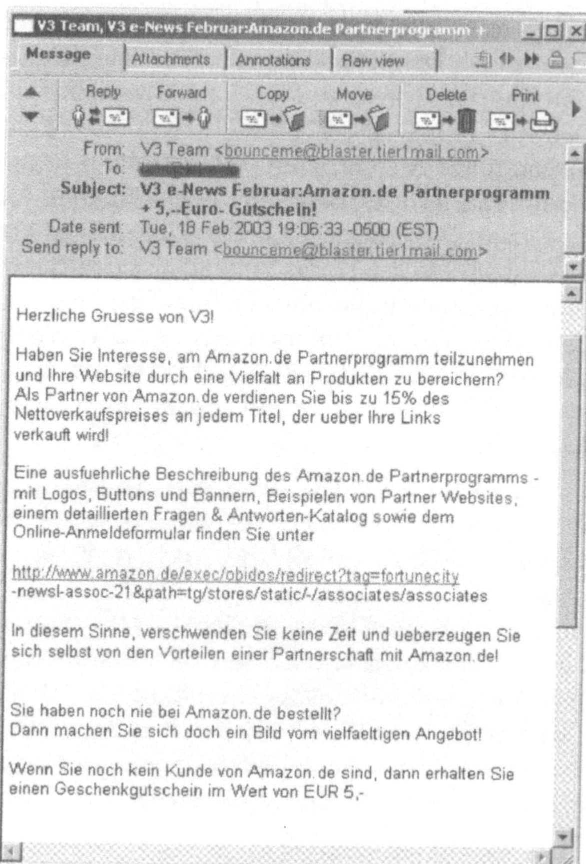

Abb. 1-2: Eine Werbung vom V3-Team für *Amazon*. Aber wieso schreibt das V3-Team ausgerechnet mir?

Die im Werbe-Link versteckte Information, dass *FortuneCity* (ein Webspace-Anbieter, bei dem ich vor diversen Jahren einmal eine private Web-Seite angelegt habe) der Absender der E-Mail ist, wurde mir von *Amazon* bestätigt. „Dieser Service-Dienst verschickt aktuelle Neuigkeiten nur an eingeschriebene Kunden", schrieb eine Mitarbeiterin des deutschen Amazon-Partner-Programms auf meine Anfrage. Abgesehen von der anzuzweifelnden Aktualität: Warum versteckt sich *Amazon* hinter einem anonymen Anbieter? Warum gibt dieser sich selbst nicht als *For-*

tuneCity zu erkennen und sagt mir damit, wo er meine E-Mail-Adresse her hat? Für mich ist diese E-Mail Spam.

Anbieter wie *Koop Direktmarketing*[13] bieten nicht nur Privat–adressen, sondern vermehrt auch Adressen aus dem B2B-Bereich (Business to Business) an. Diese Daten erheben die Firmen jedoch selten selbst, sie bedienen sich meist anderer Unternehmen, die diese Daten im Rahmen ihrer normalen Geschäftstätigkeit erhoben haben.

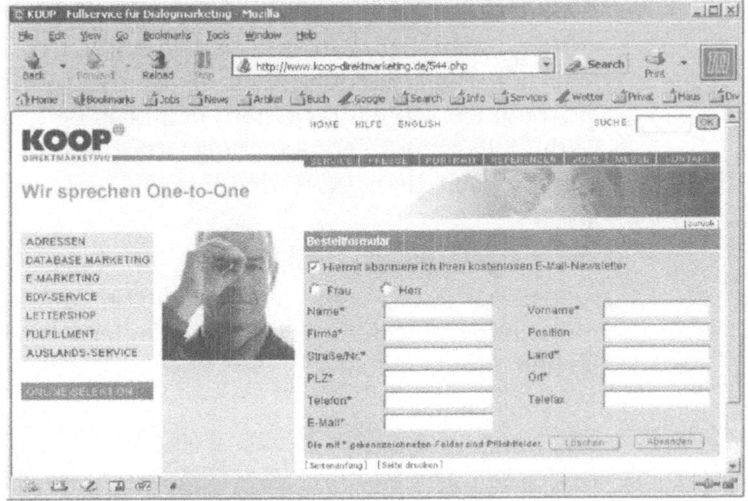

Abb. 1-3: Der *Koop*-Newsletter richtet sich hauptsächlich an gewerbliche Kunden des Marketing-Spezialisten.

Koop Direktmarketing bietet, wie viele andere Firmen aus der Branche, den eigenen Newsletter nur gegen Preisgabe einiger persönlicher Daten an. Da die Bestellung dieses Newsletters wohl ausschließlich aus beruflichen oder dienstlichen Gründen erfolgt, ist dies wahrscheinlich völlig in Ordnung. Immerhin stellt das Teledienstedatenschutzgesetz in Paragraph eins[14] be-

---

[13] www.koop-direktmarketing.de

[14] www.iid.de/iukdg/gesetz/tddschutzgesetz.pdf

reits klar, dass es selbst nicht für die Kommunikation im Dienst- oder Arbeitsverhältnis gilt.

Vor der Verwendung von Business-Adressen sollten Sie den Anbieter jedoch fragen, wie er diese Adressen erhoben hat und ob die Empfänger dem Empfang von Werbung zugestimmt haben. Nichts kann Ihr Image in der Geschäftswelt mehr schädigen als eine Spam-Welle, die von Ihrem Unternehmen ausgeht.

Die Form wahren

Viele Adresshändler lassen Ihnen die Wahl der Rückantwortadresse (also der Adresse, an die Antworten auf die Werbe-E-Mail adressiert werden, auch als Reply-To-Adresse bezeichnet). Möchten Sie schnell reagieren, benutzen Sie dafür eine anonymisierte Adresse im eigenen Haus, sonst können Sie sich die Antworten nach dem Ende der Kampagne vom Händler zustellen lassen.

Der Empfänger der E-Mail sollte als einziger Empfänger in Erscheinung treten – eine lange Liste von cc-Adressen macht nicht nur einen schlechten Eindruck, sondern ist auch datenschutzrechtlich bedenklich.

cc, Carbon Copy ⇨	Der Durchschlag dient der Zustellung der E-Mail an eine zusätzliche Person. Beide Empfänger können erkennen, dass der jeweils andere die E-Mail ebenfalls erhalten hat.

Wozu Fremdadressen

Die Fremdadressen können verschiedenen Zwecken dienen. Dazu gehört die Werbung in einem fremden Newsletter – dazu gleich mehr. Die E-Mail kann jedoch auch ausschließlich aus der Werbung bestehen. Hier ist es besonders wichtig, die Relevanz für den Empfänger deutlich darzustellen. Der Empfänger muss sofort erkennen, dass die Inhalte auf seine Interessen und Bedürfnisse ausgerichtet wurde. Ist das – vielleicht sogar öfter – nicht der Fall, wird er den Werbe-Newsletter bald stornieren.

Weiterhin bieten einige Adresshandelsunternehmen elektronische Umfragen an. E-Mail-Empfänger füllen von Ihnen ausgearbeitete Umfragen aus und erhalten dafür einen gewissen Anteil des Umsatzes, den der Händler mit diesem Geschäft macht. Diese Werbeform bietet etwa *promio.net* an – ein reiner Internet-Händler, der seine Nutzer an seinen Einnahmen beteiligt.

User bekommen gerade mal ein Taschengeld

Andreas Bramer, Kundenservice *promio.net*, gibt allerdings in einem Forumsbeitrag[15] einen wohl realistischen Einblick in die zu erzielenden Einnahmen der Teilnehmer: „Es sollte aber akzeptiert werden, dass wir selten mehr als 2,00 EUR pro Monat bieten können, wenn keine Umfragenteilnahme möglich war."

Ob sich Werbemaßnahmen in diesem Umfeld rechnen, wage ich zu bezweifeln. Die E-Mail-Empfänger melden sich ja an, um ein paar Euro dazuzuverdienen. Mal ehrlich: In welcher finanziellen Situation müssten Sie sich befinden, damit Sie sich dazu entscheiden, sich für ein bis zwei Euro im Monat freiwillig Werbe-E-Mails zuschicken zu lassen?

Die Fachzeitschrift *Aquisa* berichtet jedoch von einem erfolgreichen Fall[16]: So hatte die E-Mail-Werbung für Abonnements der Computerzeitung *Chip* über *promio.net* den dreifachen Erfolg gegenüber klassischem Mailing. Interessante Nebensache: *Aquisa* zitiert den Geschäftsführer von *promio.net*, Sebrus Schumacher, mit den Worten: „Text-Mails funktionieren nach unseren Erfahrungen besser als HTML-Mails, da textbasierte Mails vom Adressaten genauer gelesen werden und weniger optisch wahrgenommen werden. Bei HTML-Mails fällt die Entscheidung für oder gegen den Besuch des Zielangebots früher."

---

[15] www.promio.net/tci_talk_read.php?f=10&i=2951&t=2951&list=1

[16] Abowerbung bei Chip:E-Mails schlagen Mailings, Aquisa 9/2002, www.acquisa.de /archives/viewArticle.cfm?CFID=6824831&CFTOKEN=73985970 (nur für Abonnenten einsehbar)

Für den eigenen Newsletter werben

Es ist nicht auszuschließen, dass Ihre Produktpalette auch von anderen Unternehmen vertrieben wird. Es könnte auch sein, dass sich wirklich eine beträchtliche Anzahl von E-Mail-Nutzern für Produkte aus diesem Umfeld interessiert. Vielleicht gibt es sogar eine unabhängige Internetseite, die sich damit beschäftigt. Dann ist es gar nicht unwahrscheinlich, dass diese einen Newsletter zum Thema herausgibt.[17]

Newsletter-Werbung sollte auf jeden Fall in den eigenen Marketing-Mix mit einbezogen werden. Sie bietet gegenüber anderen Werbeformen einige Vorteile:

- Der Tausender-Kontakt-Preis (TKP) liegt in fast allen Fällen unter dem für klassische Bannerwerbung. Bei Mehrfachschaltungen gewähren die Betreiber üblicherweise einen großzügigen Rabatt.

- In themenspezifischen Newslettern erreichen Sie sehr genau Ihre Zielgruppe. Streuverluste wie bei Bannerwerbung üblich entfallen fast ganz. Vermehrte Erfahrung der Internet-Nutzer führt zudem zu immer geringeren Durchklickraten.

- Die eigene Werbung bleibt nicht nur im Archiv des Newsletters präsent – nach verschiedenen Untersuchungen werden interessante Newsletter vom Empfänger auf der Festplatte gespeichert und teilweise mehrfach aktiv gelesen. In einigen Fällen erstellt der Betreiber sogar eine CD-ROM, auf der die eigene Werbung nochmals weiter verbreitet wird.

Newsletter finden

Vielleicht wissen Sie schon, in welchem Newsletter Sie werben möchten. Wenn nicht: Eine Übersicht themenspezifischer Newsletter samt Preisen und Verbreitung steht unter www.newsletterpreise.de – allerdings scheint diese Site nicht all zu oft aktualisiert zu werden. Wundern Sie sich also nicht, wenn der angegebene Domain- oder Kontaktname ins Leere führt. Un-

---

[17] Das folgende gilt natürlich nicht nur für die Werbung für Ihren eigenen Newsletter. Auch Werbung für die eigenen Produkte oder Dienstleistungen kann, darf und sollte sogar auch per Newsletter erfolgen.

ter www.telemat.de/publikationen finden Sie ebenfalls eine seit längerer Zeit nicht mehr aktualisierte Liste von Newslettern, die Sie für eine kostenlose Recherche nutzen können.

Da diese Zusammenstellungen wohl kaum alle erscheinenden Newsletter aufführen, müssen Sie noch etwas weiter suchen. Dafür bietet sich etwa www.onlinekiosk.com an. Hier erfahren Sie, welche elektronischen Magazine das Web zu Ihrem Produktumfeld bereithält. Diese müssen Sie dann abgrasen und sich selbst auf die Suche nach entsprechenden Newsletter-Angeboten machen.

Einige Übersichten von häufig privaten kostenlosen Newslettern finden sich zudem im Netz. Besuchen Sie www.frido.com, www.infoletter.de, www.mailinglisten.de oder www.newsmail.de. Und recherchieren Sie bei den Betreibern kostenloser und werbefinanzierter Mailinglisten wie www.ecircle.de, www.kbx7.de, de.groups.yahoo.com oder www.domeus.de.

Die Auswahl des Newsletters sollte zielgruppengerecht erfolgen. Wenn Sie Computer-Hardware vertreiben, sind Sie mit Ihrer Werbung in einem kosmetik-orientierten Newsletter einfach falsch. Im Newsletter, den Ihr direkter Konkurrent anbietet, sind Sie allerdings nicht viel besser aufgehoben... Irgendwo dazwischen wird sich aber sicher ein passender Newsletter finden.

Kenndaten einsehen

Die Übersicht auf www.newsletterpreise.de nennt schon die wichtigsten Kenndaten, die Sie vor der Schaltung in einem Newsletter wissen müssen. Dazu gehören neben der Frequenz des Newsletters die Anzahl der Empfänger, die möglichen Werbe- und Text-Formate und natürlich Preise und Rabatte für Mehrfachschaltungen. In manchen Fällen bieten die Betreiber auch Kombinationsmöglichkeiten für gleichzeitige Banner- und Newsletter-Schaltung. Von Interesse ist weiterhin, ob und, wenn ja, wie der Newsletter (und die darin enthaltene Werbung) öffentlich archiviert wird.

Haben Sie die interessanten Newsletter jedoch über einen anderen Weg gefunden, finden Sie die werberelevanten Informatio-

nen meistens in den Mediadaten, die üblicherweise ebenfalls auf
dem Webserver des Anbieters zum Download bereit stehen. Vor
der Schaltung sollten Sie sich etwa bei den führenden deutschen
Meinungsportalen[18][19] informieren, was die Abonnenten des
Newsletters von diesem halten.

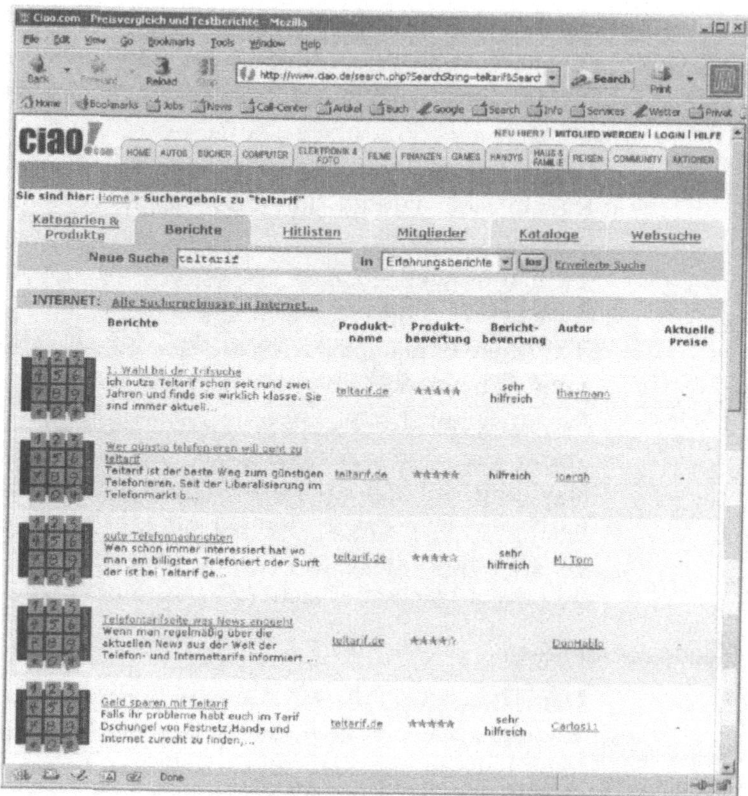

Abb. 1-4: Der Teltarif-Newsletter wird von den Testern bei *ciao!*
sehr gut bewertet – doch das ist beileibe nicht bei allen Angeboten der Fall.

---

[18] www.ciao.de

[19] www.dooyoo.de

| **Abonnenten** ⇨ | Internet-Nutzer, die eine Mailingliste oder einen Newsletter abonniert haben. |

Kleckern und Klotzen

Werbung schalten kostet Geld. Im Allgemeinen ist das Budget für eine Kampagne jedoch begrenzt. Abzuwägen ist daher die Schaltung Ihrer Anzeige in einem einzelnen hochpreisigen Newsletter oder in mehreren kostengünstigeren. Eine einzelne Anzeige ist nach aller Erfahrung eher kontraproduktiv, erst nach mehreren Anzeigen nehmen die potenziellen Kunden das Produkt wahr. Die Schaltung mehrerer Anzeigen im gleichen Newsletter bringt auch eine gute Verhandlungsposition für den zu entrichtenden Preis mit sich – eventuell auch erst, nachdem eine einzelne Testanzeige erfolgreich gelaufen ist.

Wann immer möglich, sollten Sie den direkten Kontakt zu den Anbietern suchen. Zwar versprechen Agenturen, Ihnen einige Arbeit abzunehmen, aber die meiste Arbeit bleibt dennoch bei Ihnen hängen. Für das Geld, was die Agentur kostet, können Sie also auch gleich noch den einen oder anderen weiteren Newsletter beschicken. Zudem verzichten Sie durch die Beauftragung einer Agentur auf die direkte Verhandlung mit den Betreibern – und im direkten Kontakt können Sie vielleicht eine kostenlose Zusatzanzeige herausholen. Die Werbewirtschaft wartet derzeit geradezu auf den Kunden – Sie sind auf jeden Fall in der besseren Position.

Wohin damit

Nur wenige Menschen lesen einen Newsletter von vorne bis hinten mit der gleichen Aufmerksamkeit durch. Stammleser kennen sowieso den Teil mit den für sie interessantesten Nachrichten und beachten den Rest nur wenig. Ein Leser nimmt nicht unbedingt die Anzeige am Anfang des Newsletters wahr, sondern eher die im für ihn interessanten Umfeld.

Häufig jedoch verlangen die Betreiber für Anzeigen am Anfang einen höheren Preis als für Anzeigen in der Mitte der E-Mail – Anzeigen am Ende werden dann noch einmal günstiger. Damit Sie Ihr Geld nicht für falsch platzierte Anzeigen ausgeben, ist es unabdingbar, dass Sie die relevanten Newsletter vor der eigenen Werbeschaltung einige Zeit lesen. Nur so bekommen Sie ein Gefühl dafür, an welcher Stelle Ihre Werbung am besten aufgehoben ist.

Abschreiben erlaubt

Noch zwei Gründe für das aufmerksame Lesen der Newsletter möchte ich hier aufführen: So können Sie etwa nur durch aufmerksames Studium der redaktionellen Texte beurteilen, ob Ihre Kunden diese Informationen überhaupt interessieren. Wenn das nicht der Fall ist, brauchen Sie diesen Anbieter gar nicht mehr in Ihren Marketingplan einbeziehen. Zum anderen schalten sicher auch andere Firmen Anzeigen – nun, abschreiben war zwar in der Schule verboten, umschreiben ist hier jedoch erlaubt.

Wenn Ihnen eine Anzeige so sehr gefällt, dass Sie selbst weitere Informationen zum beworbenen Produkt haben möchten, dann schauen Sie sich die Anzeigen genau an. Überlegen Sie, auf welchen Link Sie selbst klicken würden. Nur so bekommen Sie ein Gefühl dafür, wie Ihre eigene Anzeige erfolgreich werden kann.

Aufmerksamkeit wecken

Wenn es möglich ist, Anzeigen im HTML-Format zu schalten, dann sollten Sie diese Möglichkeit auch nutzen. Das alte Motto „ein Bild sagt mehr als tausend Worte" möchte ich für Newsletter-Werbung in „an ein Bild erinnert man sich besser als an tausend Worte" übersetzen – und deshalb ist die Verwendung eines Banners anzuraten. Vor allem bei Mehrfachschaltungen prägen sich Banner besser ein als reine Textanzeigen. Natürlich benutzen Sie dazu eine Abart des Banners, das auch Ihre Homepage schmückt – die Corporate Identity dürfen Sie nicht vergessen.

Homepage ⇨	Startseite des eigenen Angebots, manchmal ist auch die Sammlung aller HTML-Seiten eines Angebots gemeint.

Doch die allermeisten Newsletter werden im werbeunfreundlicheren Textformat herausgegeben. Um die Aufmerksamkeit des

Lesers zu erwecken, müssen Sie sich also etwas anderes einfallen lassen. Eine knackige Formulierung alleine reicht nicht aus, Ihr Text sollte sich schon optisch vom redaktionellen Umfeld absetzen. Dafür stehen einige Möglichkeiten zur Verfügung. Zum einen können Sie Ihren Text nur noch in Großbuchstaben schreiben.

```
----------------------------
SCHLUSS MIT DEM SPAM!
WERTVOLLE TIPPS ZUM KAMPF GEGEN ÜBERFÜLLTE POSTFÄCHER.
WÖCHENTLICH FRISCH IN IHRER MAILBOX!
GLEICH ANMELDEN: http://www.endspam.de/newsletter21

----------------------------
```

Fällt schon auf. Erfahrene Internet-Benutzer setzen permanente Großschreibung allerdings mit „schreien" gleich – diese vergraulen Sie sofort. Sonderlich kreativ ist es eigentlich auch nicht.

```
----------------------------
WWW.E-N-D-S-P-A-M.DE
Wertvolle Tipps zum Kampf gegen überfüllte Postfächer.
Wöchentlich frisch in Ihrer Mailbox. Gleich anmelden:
http://WWW.E-N-D-S-P-A-M.DE/newsletter21

----------------------------
```

Schon besser. Bindestrich-URLs sind ein recht gutes Mittel, den Leser auf eine Anzeige aufmerksam zu machen. Auch die Wiederholung der Adresse führt zu erhöhter Aufmerksamkeit, noch mehr, wenn im gleichen Newsletter eine weitere Anzeige mit der gleichen URL erscheint. Als Variation können Sie auch noch den Pfad auf Ihrem Web-Server mit Bindestrichen (WWW.E-N-D-S-P-A-M.DE/N-E-W-S-L-E-T-T-E-R-2-1) schreiben – das erhöht ebenfalls den Wiedererkennungswert.

Web-Server ⇨	Ein Webserver ist ein Rechner, der über eine möglichst schnelle Datenleitung an das Internet angeschlossen ist. Auf diesem Rechner läuft eine Software, die ebenfalls als Web-Server bezeichnet wird. Diese Software liefert die vom Surfer angeforderten HTML-Seiten aus.

Das verwendete Protokoll – für Web-Angebote „http://", für E-Mail „mailto:" – sollten Sie immer mit angeben. Die allermeisten E-Mail-Programme und Web-Mailer erkennen zwar einen Link, aber eben nicht alle. Das führende WWW können Sie zur Not weglassen, wenn Ihr Server entsprechend konfiguriert ist.

Haben Sie schon mal eine Web-Adresse mit einem W-W-W vorab gesehen? Ich nicht. Technisch kein Problem, müsste man mal ausprobieren...

Programme wie das hier dargestellte *Pegasus Mail* können trotz großer Sorgfalt beim Erstellen der Anzeige Ihr Bemühen um Klicks sabotieren. Wenn der Benutzer die Standardeinstellungen des Programms beibehält, werden nur die ersten 30 Links jeder Nachricht als anklickbar dargestellt (der Benutzer kann die Anzahl der darzustellenden Links frei einstellen und sogar die Darstellung völlig unterbinden). Schalten Sie Ihre Werbung in einem üblicherweise reich mit Links ausgestatteten Newsletter, so sollten Sie diese daher eher am Anfang als am Ende buchen.

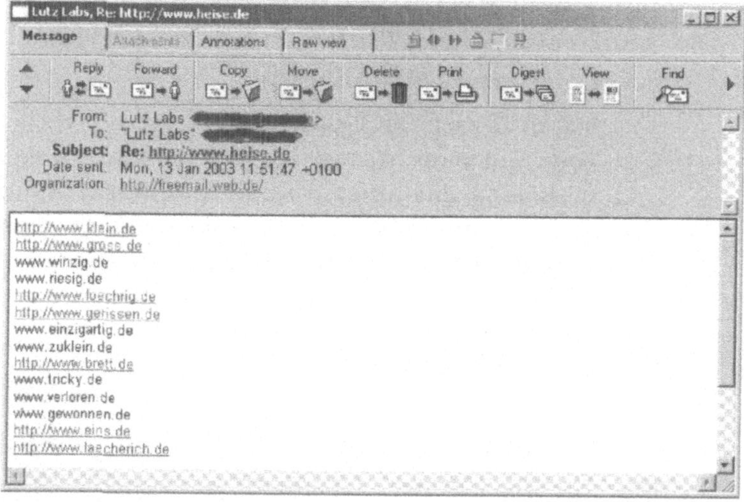

Abb. 1-5: Das fehlende Protokoll bei einigen Web-Adressen führt dazu, dass Pegasus Mail diese nicht als Link darstellt.

Haben Sie etwa mehr Platz als üblich, können Sie trotz Beschränkung auf reinen Text in gewissem Umfang dennoch Bilder darstellen. Vielleicht haben Sie solche Bilder schon einmal per E-Mail erhalten – einige E-Mail-Benutzer schmücken ihre Signaturzeilen mit so genannten ASCII-Grafiken.

Dennoch ist die Verwendung von ASCII-Grafiken nicht sonderlich sinnvoll. Die meisten E-Mail-Programme benutzen eine Proportionalschrift zur Anzeige der Nachrichten – durch die verschieden breiten Buchstaben verschieben sich die einzelnen Zeilen, das gewünschte Bild wird total verstümmelt. Zwar mahnen einige Betreiber im Vorwort die Verwendung einer nicht-proportionalen Schrift an, aber die meisten Leser dürften diesen Hinweis geflissentlich ignorieren.

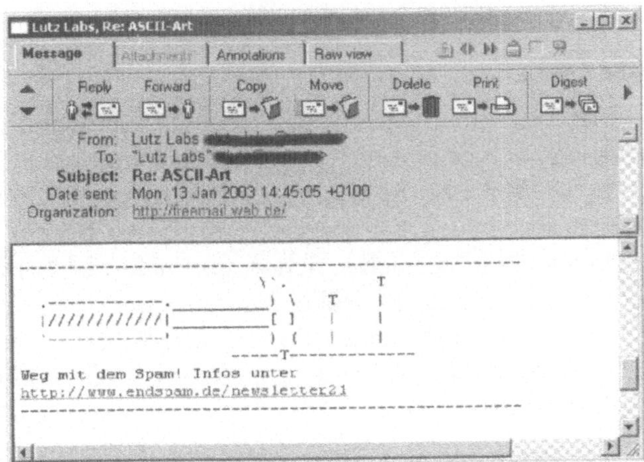

Abb. 1-6: ASCII-Bildchen per E-Mail. Mit etwas Mühe ist hier ein Hammer zuerkennen.

Programme zur Erstellung sowie fertige ASCII-Grafiken finden Sie am einfachsten über die Suchmaschine Ihres geringsten Misstrauens – als Stichwörter eignen sich etwa ASCII-Art, Programm und Editor. Möchten Sie die Grafiken in einem Textverarbeitungsprogramm betrachten, müssen Sie eine nicht-proportionale Schrift mit fester Schriftweite einstellen, etwa Letter Gothic oder Lucida Console.

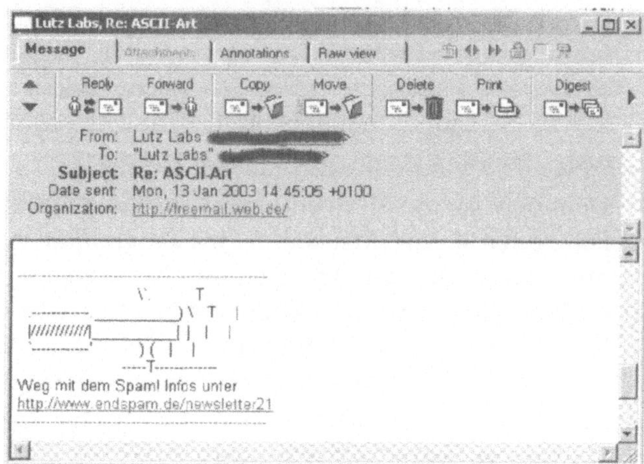

Abb. 1-7: Bei Verwendung einer Proportionalschrift lässt sich die ASCII-Grafik nicht mehr erkennen.

Besucher wird Kunde

Für den ersten Besuch des potenziellen Kunden auf Ihrem Web-Angebot gibt es nun verschiedene Dinge zu beachten. Gehen Sie auch hier aus der Sicht des Besuchers vor und machen Sie es ihm so einfach wie möglich, all das zu finden, wonach er sucht. Verstecken Sie nichts. Schon gar nicht das Formular zur Newsletter-Anmeldung. Es sollte sich auf jeder Seite finden, etwa im Navigationsbereich einer Spalte. Er reicht für den ersten Kontakt, nur die E-Mail-Adresse abzufragen – den Rest bekommen Sie auch später.

Verwirren Sie den Besucher nicht durch ellenlange Pflicht- und Kann-Felder – wenn er erst lange überlegen muss, welche Daten er Ihnen jetzt gerade geben möchte, ist er schon bald wieder weg. Stören Sie auch niemals die zügige Anmeldung durch technische Fragen, etwa nach dem bevorzugten E-Mail-Format. Wenn Sie unbedingt beim Erstkontakt weitere Daten erheben möchten, so überprüfen Sie die Eingaben des Besuchers per JavaScript auf Plausibilität – beim zweiten Versuch machen durch Fehlermeldungen verärgerte Besucher gerne Falschangaben, um das plötzlich lästige Formular „zum Funktionieren" zu bewegen.

JavaScript

⇨

JavaScript ist eine von Netscape entwickelte Scriptsprache, die direkt in den HTML-Code eingebettet wird. Neben vielen unsinnigen Dingen wie etwa automatisch wechselnden Bildern kann man mit JavaScript Benutzereingaben in Formularen auf Fehler überprüfen. Viele Surfer haben JavaScript jedoch abgeschaltet, da immer wieder den Rechner gefährdende Sicherheitslücken entdeckt werden.

Direkt neben das Formular stellen Sie einen vertrauensbildenden Satz, in dem Sie auf die unkomplizierte Abbestellung des Newsletters hinweisen. Weisen Sie ebenfalls darauf hin, dass Sie keine Daten an Dritte weitergeben oder legen Sie einen Link auf Ihre Datenschutz-Policy. Legen Sie ebenfalls einen Link auf das Archiv mit bereits versendeten Newslettern. Das macht Appetit auf mehr und beugt falschen Erwartungen vor.

Wenn Sie für die Anmeldung zum Newsletter eine eigene HTML-Seite verwenden möchten, versehen Sie die Meta-Tags der Seite mit Hinweisen auf den Newsletter. Die Spider der Suchmaschinen suchen nach diesen Tags. So erhöhen sich die Chancen, dass die Suchmaschinen bei einer Suchanfrage nach Newslettern auch Ihre Seite mit angeben.

Warum anmelden?

Erklären Sie dem Besucher möglichst in einem Satz, warum er sich bei Ihrem Newsletter anmelden sollte. Sprechen Sie diesen Satz einem guten Freund vor. Sprechen Sie ihn in ein Diktiergerät und hören sich selbst ab. Wie wirkt der Satz? Würden Sie sich selbst anmelden? Durch diesen Satz sollte der Besucher wissen, was ihn nach der Anmeldung erwartet.

Registrieren Sie bei jeder Anmeldung Datum und Uhrzeit, damit Sie in Streitfällen die Anmeldung beweisen können. Versenden Sie nach der Anmeldung unverzüglich eine E-Mail mit der Bitte, die Anmeldung zu bestätigen. Fragen Sie nach, ob der Empfänger selbst die Bestellung des Newsletters veranlasst hat (selbst das kann allerdings schon unerwünschte Werbung sein, siehe Kapitel 3.2, S. 149). Begrüßen Sie den neuen Abonnenten und sagen Sie ihm noch einmal, was ihn in Ihrem Newsletter erwartet. Beschreiben Sie die Vorteile Ihres Newsletters.

Kundenfreundliche Bestätigung

Beim Double-Opt-In muss der Leser sein Abonnement noch einmal bestätigen. Bieten Sie dazu neben der E-Mail auch eine eigens für den Leser generierte Web-Seite an, durch die der Leser seinen Wunsch bestätigen kann. Manch erfahrener Benutzer arbeitet mit mehr als einer E-Mail-Adresse – bei einer Bestätigung per Web-Interface braucht er sein E-Mail-Programm nicht erst auf eine andere Adresse zu konfigurieren.

Eins noch: Schreiben Sie diese erste E-Mail nicht im HTML-Format. Zwar sollten 90 bis 95 Prozent aller E-Mail-Clients HTML-E-Mails darstellen können, aber warum sollten Sie auf die übrigen Leser verzichten? Bieten Sie stattdessen einen einfachen Weg an, zwischen Text- und HTML-E-Mail zu wechseln.

Einfach anfangen

Dennoch klappt es beileibe nicht unbedingt im ersten Versuch, alles richtig zu machen. Das gilt nicht nur für Kleinunternehmen und Mittelstand, sondern auch für im Direktmarketing durchaus erfahrene größere Firmen. *Conrad Electronic*[20] etwa, jedem auch nur etwas an Elektronik Interessiertem sicherlich bekannt (vor allem durch den dicken Katalog, der bei manchen Leuten als die „Bibel der Elektroniker" gilt) und sicher kein Marketing-Neuling, macht auch Fehler.

Ende 2002 begrüßte der Versandhändler seine Kunden noch mit einem Pop-Up-Fenster, wenn diese die Startseite des Online-Shops betraten (wer öfter zu *Conrad* surft, den wird das auf die Dauer ziemlich nerven). Neben dieser für mich etwas penetranten Methode der Aufmerksamkeitserheischung fehlt die Angabe,

---

[20] www.conrad.de

wozu in aller Welt die Angabe der Postleitzahl meines Wohnortes für den Bezug eines elektronischen Newsletters notwendig ist. Eine Erklärung gab der Elektronik-Händler nicht an.

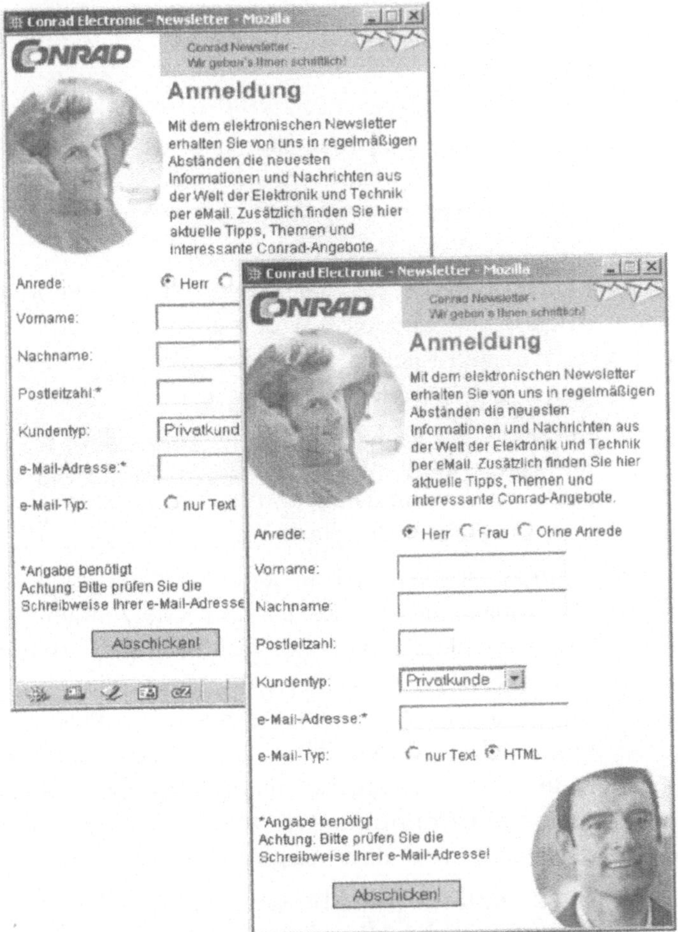

Abb. 1-8: Ein kleiner, aber feiner Unterschied bei der Anmeldung zum Newsletter von *Conrad Electronic:* Im rechten Screenshot von Ende Februar fehlt der Zwang zur Angabe der Postleitzahl.

Online-Shop
⇨

Die Online-Version eines Ladengeschäftes generiert ihr Schaufenster (die einzelnen HTML-Seiten) automatisch aus einer Datenbank. Der Surfer legt die gewünschten Waren in einen virtuellen Warenkorb. Durch den hohen Grad der Automatisierung und den damit verbundenen geringeren Personalaufwand bieten Online-Shops häufig Produkte zu einem günstigeren Preis an.

Eine Nachfrage bei der Pressestelle im Februar ergab, dass die Angabe der Postleitzahl den Kunden Werbung für Sonderangebote in den lokalen Shops bringen sollte. Nun, das ist ja in Ordnung. Das würden die Kunden vielleicht auch verstehen und daraufhin die Angabe machen. Aber dieser Hinweis gehört direkt zur Anmeldung. Immerhin hatte Conrad ein Einsehen und präsentierte Anfang Februar nur noch jedem dritten Besucher das Pop-Up-Fenster der Startseite…

Optimal ist das Ergebnis jedoch immer noch nicht. Der Benutzer wird nicht auf sein Recht zum jederzeitigen Widerruf hingewiesen, jeglicher Hinweis auf Datenschutzbestimmungen fehlt. Auch aus Marketing-Gesichtspunkten ist die Anmeldung verbesserungswürdig: Die Abfrage „Anrede" ist falsch (auf männlich) voreingestellt und bei der Abfrage nach dem Kundentyp ist die Antwort „keine Angabe" nicht vorhanden. *Conrad* verwendet übrigens nur Confirmed-Opt-In und schreibt in der Begrüßungs-E-Mail nichts von einer möglicherweise fehlgeleiteten Nachricht.

Dazu stimmen die Abfragen aus der Anmeldung per Web und der persönlichen Kundenseite, die per Link aus der Begrüßungs-E-Mail erreichbar ist, nicht überein: Möchte *Conrad* bei der Anmeldung noch die Postleitzahl des Kunden wissen, kann dieser im persönlichen Web-Formular alleine ein Land eingeben, in dem er wohnt.

Jetzt fragen Sie sich vielleicht, warum ich diesen einzelnen Anbieter so genau beschreibe. Ganz einfach: Ich möchte, dass Sie keine Angst vor den zu erwartenden Schwierigkeiten haben und deshalb gar nicht erst mit dem E-Mail-Marketing anfangen. Tun Sie es! Auch die großen Firmen machen Fehler, wie Sie am Beispiel *Conrad Electronic* sehen können.

Es scheint übrigens so zu sein, dass auch bei *Conrad* mancher Fehler aus Unkenntnis passiert. Ende Februar erhielt ich eine E-Mail aus dem Unternehmen, die meine Kritikpunkte weitgehend bestätigte und gegebenenfalls eine Überarbeitung versprach. Also surfen Sie bitte mal bei *Conrad* vorbei und schauen nach, wie die Firma mit ihrem Newsletter jetzt da steht.

Auf zum Kunden

Statt nun darauf zu warten, dass die Kunden auf die eigenen Angebote aufmerksam werden, kann man die Kunden auch selbst suchen. Häufig genug existieren Diskussionsforen zum Umfeld des eigenen Produktes – eine Teilnahme von Firmen wird von den meisten Teilnehmern durchaus gerne gesehen. Auf eine penetrante Selbstdarstellung der Firma und ihrer hervorragenden Produkte sollten Sie zwar verzichten, einen dezenten Hinweis auf die Homepage der Firma nimmt jedoch niemand übel.

Der Klassiker: Das Usenet

Als Klassiker erweist sich wieder einmal das Usenet, die schwarzen Bretter des Internets. Mehrere tausend verschiedene Gruppen warten darauf, gelesen zu werden. In welchen Sie nun Diskussionen zu Ihrem Thema finden, lässt sich am einfachsten über die Newsgroup-Suche bei *Google*[21]. herausfinden. Als Ergebnis erhalten Sie eine Liste von Gruppen, in denen zumindest gelegentlich über Ihre Produktpalette oder sogar über Ihr Produkt selbst diskutiert wird. Zur Not können Sie mit Hilfe des Web-Browsers direkt bei *Google* Nachrichten beantworten oder neue Nachrichten erstellen – komfortabler ist die Benutzung eines speziellen News-Clients. Benutzen Sie für die E-Mail-Bearbeitung *Outlook Express*[22], können Sie dieses Programm

---

[21] groups.google.de

[22] Auch Netscape bzw. Mozilla bringen einen News-Client mit, der jedoch nicht so fehlerbehaftet ist.

auch zum Lesen und Schreiben von News benutzen. Allerdings sollten Sie sich nicht wundern, wenn Ihnen jemand andere Programme empfiehlt, denn *Outlook Express* hält sich nicht in allen Fällen an die im Usenet gültigen Standards[23].

Newsgroup ⇨	Ein themenbezogenes Online-Diskussionsforum. Der Klassiker unter den Massenkommunikationsmitteln im Netz.

Falls Ihr Provider die gewünschte News-Gruppe nicht auf Lager hat, wenden Sie sich an Ihren Administrator oder benutzen einen Dienst wie www.findolin.de, um die Gruppe von einem öffentlich zugänglichen News-Server zu beziehen.

Mailinglisten

Mit dem gewohnten E-Mail-Programm können Sie ebenfalls an Diskussionen teilnehmen. Ihre E-Mail schicken Sie jedoch nicht an einen oder mehrere Teilnehmer einer Liste, sondern an einen Server, der die Verbreitung übernimmt. Eine Übersicht über Betreiber von Mailinglisten finden Sie auf Seite 26.

Für das Verhalten in einer Mailingliste gilt das gleiche wie im Usenet: Nicht aufdringlich für die eigenen Produkte werben, freundlicher Umgangston. Image-Transfer halt. Einige Listen werden von Freiwilligen moderiert, die häufig auch die Liste eingerichtet haben. Jede Nachricht, die an die Teilnehmer zugestellt werden soll, wird zunächst von diesen gelesen und erst danach für den Versand freigegeben. In unmoderierten Listen, die weitaus häufiger vorkommen, schickt die Mailinglistensoftware Ihre Nachricht ohne vorherige Prüfung durch den Betreiber an alle Teilnehmer heraus.

Ganz modern: Das Web

Web-basierte Foren sind erst in den letzten Jahren entstanden. Der Vorteil für den Anwender – er kann mit dem gewohnten

---

[23] www.wschmidhuber.de/oeprob

Browser daran teilnehmen – paart sich mit dem Vorteil für den Anbieter – dieser kann auf den Web-Seiten Werbung ausliefern. Auch wenn Bannerwerbung immer schlechter bezahlt wird, ist dies zumindest ein kleiner Beitrag in der Kostenrechnung des Anbieters.

Ein Nachteil bleibt: Web-basierte Foren sind durch den Online-Zugriff mit Online-Kosten verbunden (mal wieder ein Grund für „schlanke" Web-Seiten. Wenn ich in einem Web-Forum mehrere Sekunden auf den Aufbau eines neuen, eventuell völlig uninteressanten Beitrags warten muss, bin ich ganz schnell wieder weg) und häufig sehr auf das anbietende Unternehmen ausgerichtet. Auf anbieterunabhängigen und interessenorientierten Web-Foren finden Sie jedoch häufig auch Profis, die während der Arbeitszeit an für sie relevanten Diskussionen teilnehmen.

Wo ist der Kunde?

Doch wo sind nun Ihre Kunden? In welchem Forum[24] müssen Sie danach suchen?

Nutzen Sie einfach alle Möglichkeiten. Richten Sie selbst Möglichkeiten zur Diskussion ein. Mailinglisten und Web-basierte Foren können Sie mit etwas technischem Aufwand auf einem eigenen Server installieren. Zwar ist auch die Installation eines News-Servers möglich, doch sollten Sie besser an vorhandenen Gruppen teilnehmen.

All diese Möglichkeiten bieten hervorragende Möglichkeiten, zeitnah und unmittelbar ein Feedback von Benutzern der angebotenen Produkte und Services zu erhalten. Der Wert solcher Informationen ist enorm – insbesondere, wenn man sich die Kostenersparnis gegenüber herkömmlicher Marktforschung vor Augen führt. Hinzu kommen die indirekten Effekte, sei es Umsatz steigernd oder Kosten senkend, die sich beispielsweise aus der möglichen Verbesserung der Produkte ergeben.

---

24 Verwenden Sie im Usenet bitte nie den Begriff Forum. Heute ist das eine News-Gruppe. Vor einigen Jahren, zu Hochzeiten der Mailboxnetze, gab es noch weitere Bezeichnungen, die zum Kunstwort GABELN zusammengefasst wurden: **G**ruppe **A**rea **B**rett **E**cho **L**isten **N**etze

1.3 Content, Content

Mit Speck fängt man Mäuse. So läuft das Spiel nun einmal. Menschen sind aber etwas schwieriger zu fangen als Mäuse. Sie mögen nämlich nicht jede Art von Speck, mancher ekelt sich geradezu davor. Deshalb sind Inhalte – neudeutsch Content – alleine nicht das Mittel, um Kunden zu binden geschweige denn zu halten.

Content
⇨ Mit Inhalten kann man Kunden binden – es müssen aber genau die Inhalte sein, die der Kunde benötigt. Für einen eigenen Newsletter ist immer wieder frischer Content notwendig, um die Leser bei der Stange zu halten.

„Content is king" ist einer der Mythen der Internetökonomie. Der Online-Dienst *AOL* etwa, einer der Könige des Internet-Hype der vergangenen Jahre, muss sich nach dem Aufkauf des Medienkonzerns *Time Warner* heute mit der kleineren Rolle bescheiden. Die Manager, die damals die Fusion der beiden Unternehmen zu *AOL Time Warner* vorantrieben, sind aus dem Management ausgeschieden. Warum? Zum einen ist das bekannte Ende der New-Economie-Blase schuld. Dazu kam aber: Kaum ein Kunde wollte für den Content bezahlen – und genau das hatten sich der damalige AOL-Chef Steve Case und andere Befürworter der Fusion von dem Zusammenschluss versprochen.

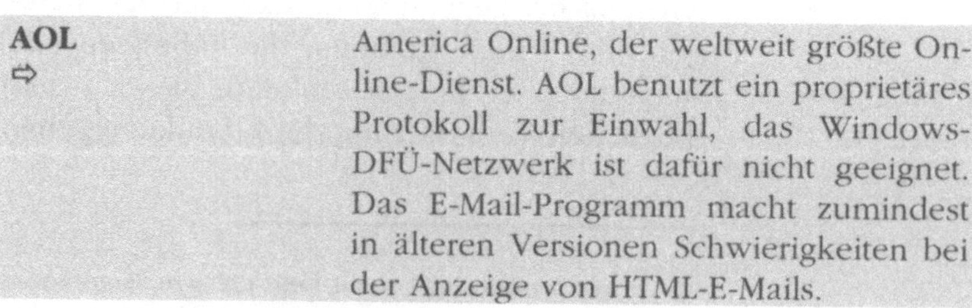

AOL
⇨ America Online, der weltweit größte Online-Dienst. AOL benutzt ein proprietäres Protokoll zur Einwahl, das Windows-DFÜ-Netzwerk ist dafür nicht geeignet. Das E-Mail-Programm macht zumindest in älteren Versionen Schwierigkeiten bei der Anzeige von HTML-E-Mails.

Content ist erst König, wenn der Konsument diese Information auch wahrnimmt und verarbeitet. Er muss für den Konsumenten einen Mehrwert bedeuten. Der Konsument will einen Nutzen daraus ziehen. Für unsere Mailinglisten und Newsletter bedeutet dies nun, dass wir eben nicht einfach dpa-Meldungen verschicken. Wir müssen neue Informationen generieren, vorhandene Informationen nutzergerecht aufarbeiten, dem Leser etwas bieten, was er sonst nirgends bekommt – erst dann wird er in uns jemanden sehen, der ihm einen Nutzen verschafft.

Wer nicht gerade einen Gemischtwarenladen betreibt, muss beim Einkauf sehr genau aufpassen. Er muss seine Kunden kennen, er muss wissen, was diese von ihm erwarten. Also: Schaffen Sie maßgeschneiderte Angebote für Ihre Kunden. Geben Sie ihnen die Informationen, die sie wirklich haben wollen, die sie sonst nirgends bekommen können. Geben Sie ihnen auch Information, die sie noch gar nicht brauchen – wenn Sie wissen, dass Ihre Kunden diese Informationen in Zukunft benötigen werden. Ihre Kunden werden sich für die frühzeitige Information dankbar zeigen.

Bauen Sie eine Beziehung auf

Entwickeln Sie eine „learning relationship", also den Aufbau und die Pflege einer engen Beziehung zum Kunden und eine laufende Erfassung und Nutzung seiner Informationen und seines Bedarfs. Diese Beziehung dient dem Kunden und Ihnen. Die Darbietung der Information muss den Wünschen und Erfordernissen der Kunden entsprechen. Bieten Sie immer die Möglichkeit zum Dialog, um Kundeninteressen zu erfassen. Dazu gehört auch die permanente Nachfrage bei den Kunden, was diese von Ihnen wissen möchten. Bitten Sie Ihre Kunden immer wieder, sich an Ihren Online-Foren zu beteiligen oder versenden Sie Blitzumfragen an Ihre Empfänger. Und senden Sie ihnen beim nächsten Mailing die Ergebnisse zu.

Bleiben Sie im Dialog. Schaffen Sie Antwortmöglichkeiten, bieten Sie ein Web-basiertes Forum an, stellen Sie Formulare ins Netz. Und belästigen Sie Ihre Kunden nicht mit Allerweltsnachrichten.

Stammkunden halten

Machen Sie Stammkunden Angebote, die andere in dieser Form nicht erhalten, etwa Sonderangebote, die auf einen bestimmten Zeitraum beschränkt sind. Auch Kunden, die gute Umsätze tätigen oder langjährige Geschäftspartner freuen sich über elektronische Anerkennung.

Führen Sie ein neues Produkt ein, bieten Sie einen E-Mail-Kursus an, damit Ihre Kunden den Nutzen und die Verwendung lernen können. Weisen Sie auf neue und kostenlose Serviceleistungen hin. Verschicken Sie Informationen zu Fallstudien und Marktanalysen.

Regelmäßig oder dann und wann mal

Die zuletzt genannten Nachrichten verschicken Sie Event gesteuert. Das kommt bei den Kunden auch so an. Einen Newsletter, der sich mit Ihren Produkten oder Dienstleistungen beschäftigt, erwarten viele Kunden aber regelmäßig in ihrer Mailbox. Durch diese Regelmäßigkeit schaffen Sie sich einen Ruf als Absender nutzbringender Informationen, sie schafft Vertrauen bei den Kunden.

Holen Sie sich Hilfe

Erstellen Sie sich eine Checkliste über Themen, die Sie in kommenden Newslettern behandeln möchten. Diese Liste gleichen Sie immer wieder mit den Interessen der Kunden ab. Beobachten Sie zur Themenfindung auch die Web-Angebote der Konkurrenz – oder bestellen deren Newsletter. Wenn Sie selbst keine Zeit zur Behandlung dieser Themen finden, suchen Sie sich freie Autoren[25] oder Kooperationspartner. Fragen Sie auch in anderen Abteilungen Ihrer Firma nach, ob diese nicht auch Beiträge für den Newsletter liefern können. Vor allem das Produktmanagement ist hier gefragt. Besser ist es allerdings, wenn eine Bitte um Beiträge als Anordnung von oben kommt – sonst könnte sie ignoriert werden.

---

[25] Ich selbst stehe dafür übrigens auch zur Verfügung. Mehr dazu finden Sie in meinem Web-Angebot unter www.labs.de.

Schreiben Sie Ihren E-Mail-Newsletter so gut, dass Interessenten es als kostenlosen Zusatzservice empfinden, wenn sie zum exklusiven Kreis der Empfänger gehören. Entwerfen Sie E-Mails, die für Ihre Zielgruppe so interessant sind, dass die Empfänger sie noch an weitere Interessenten weiterleiten.

Informieren Sie Ihre Kunden über Änderungen im Unternehmen, sagen Sie ihnen, wer für ihre Nachfragen zuständig ist und erinnern Sie an wichtige Termine. Verschicken Sie einen Veranstaltungskalender, in dem die Kunden betreffende Termine aufgeführt sind. Begrüßen Sie Neukunden per E-Mail und bitten sie um die Erlaubnis, sie in den Newsletter-Verteiler aufnehmen zu dürfen.

Informationen über Dinge, die die Kunden interessieren: Das ist der Inhalt, mit dem Sie Ihre Kunden binden. Andere interessante Inhalte holen Sie sich von außen dazu, etwa von den Nachrichtenagenturen. Diese produzieren Tag für Tag Dutzende von Meldungen, die so speziell sind, dass sie nur einen kleinen Kundenkreis interessieren. Allerdings dürfen Sie die Meldungen nicht einfach eins zu eins übernehmen: dpa und andere möchten dafür Geld sehen.

Standard-Content für die Massen

Eine Alternative sind Dienste wie der Letterking[26]: Dieser bietet die kostenlose Nutzung von Meldungen von fast 40 Anbietern, darunter durchaus prominente wie Capital, MTV oder Sport1, für Ihren eigenen Newsletter.

---

[26] www.letterking.de

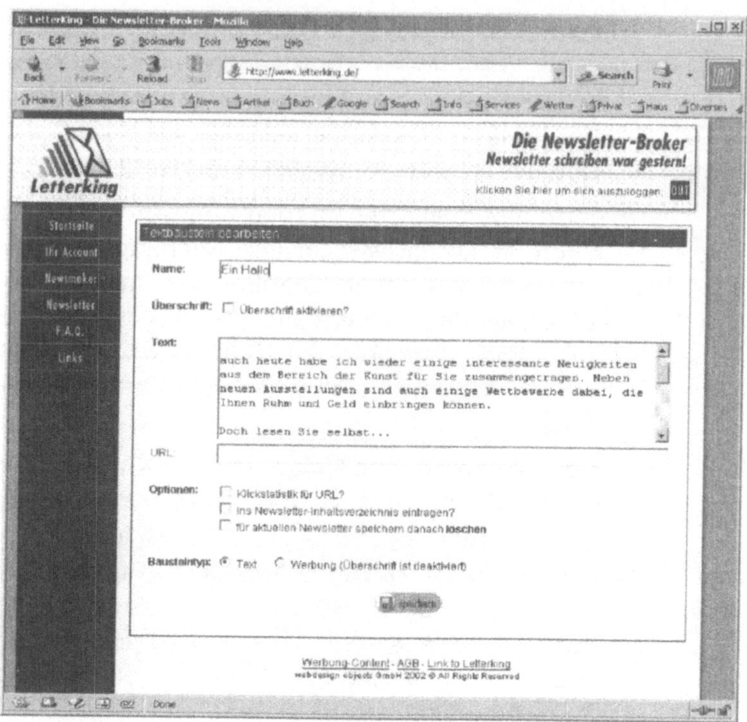

Abb. 1-9: Beim Letterking klicken Sie online Ihren eigenen Newsletter zusammen.

Den Newsletter selbst klicken Sie online zusammen. Im Gegensatz zu den Angeboten der Nachrichtenagenturen dürfen Sie diese Meldungen nicht verändern. Als Bonus können Sie Werbung mit aufnehmen, müssen es aber nicht.

Den Versand müssen Sie selbst erledigen, dafür stehen diverse kostenlose Programme (siehe Kapitel 5.2, S. 224) oder Internet-Dienste zur Verfügung. Der Letterking ist eine interessante Alternative für den Newsletter „zwischendurch", um die Kunden mit Nachrichten aus der ganzen Welt zu versorgen. Als alleinige Information reicht dieser Standard-Content jedoch nicht aus.

1.4 Nachkaufmarketing

Kundenorientiertes Nachkauf-Marketing bedeutet nicht, den Kunden zu nerven. Auch der Begriff „Nachfass-Mailing" ist mit Sicherheit keine Begrifflichkeit, die im Kopf des betreffenden Mitarbeiters ein kundenorientiertes Marketing erlaubt.

Das Wesentliche am Nachkaufmarketing ist, den Kontakt zum Kunden nicht zu verlieren. Fragen Sie sich, wie Sie den Kunden so erreichen, dass dieser sich wohl fühlt, dass er die übermittelten Informationen auch gerne bekommt. Umwerben Sie den Kunden im positiven und produktiven Sinn. Sie müssen wie üblich an den Kunden herangehen: Er muss die Informationen haben wollen, er muss sie selbst bestellen.

Haben Sie einem Kunden per elektronischen Handel schon einmal etwas verkauft, dann haben Sie vielleicht schon die Chance vertan, ihn in Ihren Newsletter aufzunehmen. Sicher haben Sie von anderen Kunden schon gehört, wie diese mit dem Produkt zufrieden sind, welche Schwierigkeiten sie mit der Bedienung haben oder welche Funktion ihnen daran fehlt. Nutzen Sie diese Informationen!

Gleich einfangen

Schon auf der Internet-Seite, auf der Sie das Produkt vorstellen, könnte der Kunde sich für einen produktbezogenen Newsletter anmelden. Versorgen Sie ihn mit den Informationen, die auch Sie haben. Stellen Sie Fragen und Antworten zu Ihren Produkten auf einer eigenen Seite zu diesem Produkt zusammen und ergänzen Sie die Informationen – nicht regelmäßig, sondern immer, wenn Sie wieder mal eine interessante Kundenanfrage beantwortet haben. Beantworten müssen Sie die Anfragen sowieso – warum sollten Sie also neue Erkenntnisse den anderen Kunden vorenthalten.

Lernen Sie von den Kunden. Im Lauf der Zeit entsteht aus allen beantworteten Fragen eine Wissensdatenbank zu diesem Produkt, die der Kunde natürlich auch per E-Mail empfangen kann. Richten Sie dazu verschiedene Autoresponder ein, die der Kunde ohne weitere Verpflichtungen abfragen kann. Weisen Sie immer wieder darauf hin, dass Sie seine E-Mail-Adresse nur für die von ihm erlaubten Zwecke benutzen.

| **Autoresponder** ⇨ | Ein Autoresponder antwortet auf eine E-Mail. Das kann zum einen eine Urlaubsmeldung sein, zum anderen werden Autoresponder im E-Mail-Marketing eingesetzt, um Interessenten zielgerichtet Antwort-E-Mails zuzuschicken. Im Idealfall ist die Software auf dem E-Mail-Server installiert, fast jedes E-Mail-Programm kann mit seinen Filterfunktionen diese Aufgabe ebenfalls übernehmen. |

Richten Sie ein elektronisches Kundenforum ein, in dem sich die Kunden untereinander über Ihre Produkte austauschen können. Aber seien Sie sich im Klaren darüber, dass ein solches Forum auch Arbeit für Sie bedeutet: Nicht alle Kunden sind zufrieden, sie müssen mit Tipps und Tricks zu den Produkten versorgt werden, und manche müssen auch mal zurechtgewiesen werden, weil sie sich im Ton vergriffen haben. Stellen Sie verbindliche Regeln für die Kommunikation in diesem Forum auf. Beantworten Sie immer wieder Fragen der Benutzer, damit diese den Eindruck haben, dass Sie sich um Ihre Kunden kümmern. Die Moderation eines solchen Forums ist kein Kinderspiel. Sie sollte deshalb auch nicht unbedingt vom zufällig gerade anwesenden Praktikanten übernommen werden, sondern von einer Person, die sich mit den dort behandelten Themen wirklich auskennt.

Nebenbei entlastet diese Vorgehensweise die eigene Hotline: Kunden, die mit Ihrem Produkt ein Problem haben, schauen vielleicht in der Datenbank oder fragen im Forum nach, statt sich sofort an den telefonischen Support zu wenden.

Werbung durch Erweiterungen

Ein mit dem Unternehmen vertrauter Kunde wird sicher Verständnis haben, dass Sie den Newsletter dann und wann um die

Vorstellung einer neuen Produkt-Version ergänzen oder über sinnvolle Erweiterungen berichten. Eine direkte Werbe-Nachricht per E-Mail wird er vielleicht immer noch sofort löschen – zudem ist sie bisher in Deutschland noch nicht erlaubt (siehe S. 18).

Wenn der Kunde Ihr Unternehmen kennt, wird er aber auch ein postalisches Angebot, das genau auf seine Bedürfnisse zugeschnitten ist, mit Interesse betrachten. Da Sie seine Bedürfnisse recht gut kennen, können Sie ihn sehr genau und direkt ansprechen. Machen Sie es dem Kunden einfach, Ihr Unternehmen weiterzuempfehlen: Setzen Sie Links, schreiben Sie es in Ihre E-Mails, fordern Sie Ihre Kunden immer auf, ihre Meinung über das Unternehmen abzugeben. Auch in der Produkt-Datenbank sollte ein Formular für die Weiterleitung einer Lösung an einen potenziellen Kunden nicht fehlen.

Eigenen Kundenservice betonen

Beschäftigt sich Ihr Kunde mit dem Produkt oder der Dienstleistung, erhöht dies nicht nur die Kundenbindung, sondern ist zudem ein hoher Werbeffekt für Ihren Firmennamen. Wenn das Kundenforum sich etabliert hat, verschiedene gepflegte Autoresponder eingerichtet sind und die FAQ[27] gut gefüllt ist: Warum werben Sie nicht mit Ihrem Kundenservice?

- Schicken Sie mit jeder Rechnung einen Flyer, der auf die Vorzüge Ihres Kundenservices hinweist.

- Drucken Sie die Adresse des Forums auf Briefumschlägen neben Ihre postalische Adresse.

- Lassen Sie kleine Aufkleber anfertigen, die Sie auf Ihre Warensendungen aufbringen.

- Lassen Sie große Aufkleber anfertigen und kleben Sie diese auf Ihren PKW.

Noch ist es verboten, erhobene Daten explizit für das eigene Marketing zu verwenden. Der Kunde muss damit einverstanden sein. Bieten Sie ihm schon während des Vertragsabschlusses wei-

---

[27] Frequentlty Asked Questions, häufig gestellte Fragen. Die Antworten gehören natürlich dazu.

tere Informationen an. Achten Sie jedoch immer auf den Datenschutz und weisen Sie auf Ihre Privacy-Policy hin.

Partnersuche

Sicher gibt es andere Produkte oder Dienstleistungen, die mit Ihrem Angebot gut zusammenspielen würden. Suchen Sie sich Partner, die zu Ihnen und Ihren Angeboten passen. Denken Sie an nützliches Zubehör, ergänzende Dienstleistungen oder sinnvolle Erweiterungen des eigenen Angebots. Denken Sie aber auch anders herum: Welches Ihrer Produkte eignet sich als Ergänzung zu anderen?

Zur Kontaktaufnahme mit dem möglichen neuen Partner rate ich ausnahmsweise einmal von der E-Mail ab – diese könnte als unerwünschte und unverlangte Werbung eingestuft und sofort gelöscht werden. Schreiben Sie einen klassischen Brief, in dem Sie Ihr Anliegen darlegen. Machen Sie klar, dass Sie an einer gegenseitigen Verlinkung interessiert sind. Betonen Sie, dass die Dienstleitungs- oder Produktpaletten der beiden Unternehmen sich gut ergänzen würden und dass sie nicht miteinander in Konkurrenz stehen. Weisen Sie auf ein mögliches profitables und beiderseitiges Zusatzgeschäft hin.

Der Austausch mit dem Partner muss nicht mit der gegenseitigen Verlinkung enden. So können Sie gegenseitige Werbung im Newsletter vereinbaren oder im Kundenforum des Partners aktiv werden. So erreichen Sie fast ohne zusätzliche Kosten zusätzliche Interessenten für Ihr Angebot.

1.5   Viral Marketing

Worüber sprechen Sie mit Ihren Freunden, wenn Sie beim Essen sitzen oder nach dem Kino noch in die Kneipe gehen? Von Dingen, die Sie bewegen, von Dingen, die Sie begeistern. Wenn Sie möchten, dass man von Ihren Produkten oder Dienstleistungen redet, dann sorgen Sie für Begeisterung. Sorgen Sie dafür, dass man über Sie spricht. Sorgen Sie für kostenlose und begeisternde Angebote – ob nun Software-Downloads oder Online-Spiele, Web-basierte Services oder einfache Give-aways.

Viral Marketing arbeitet wie die sonst ungeliebten Viren: Jeder Mensch hat ein soziales Umfeld von acht bis zwölf Personen, dazu kommen berufliche Kontakte, Vereinskollegen, Menschen mit dem gleichen Hobby oder Internet-Bekanntschaften. Verbreiten Sie Ihr Anliegen mit Hilfe dieser Menschen.

Zunächst einige Beispiele für erfolgreiches Viral-Marketing:

Hotmail[28], einer der ersten Anbieter von kostenlosen E-Mail-Services, hat eine der wohl berühmtesten Viral-Marketing-Kampagnen mit dem Slogan „Get your own free private E-Mail-Acount at Hotmail" gestartet – und hängt diesen Slogan auch heute noch an jede unter einem *Hotmail*-Acount verschickte E-Mail an (Deutsche Nutzer erhalten eine abgewandelte Version: „Hotmail – Absolut kostenfrei! Der weltweit größte E-Mail-Anbieter im Netz").

Acount ⇨	Benutzername und Passwort, die den Zugang zu einem Dienst erlauben.

Das *Moorhuhn*-Spiel verbreitete sich innerhalb weniger Wochen auf tausenden von PCs in Deutschland. Ob in der Mittagspause oder beim Treffen nach Feierabend: Die erste Frage war die nach dem heute erreichten Punktestand. Das Spiel erfüllte einfach viele der typischen Elemente einer Viral-Marketing-Strategie: Es war „in", einfach zu benutzen und fast kostenlos zu verbreiten oder weiterzuleiten und brachte den Spielern innerhalb von 90 Sekunden eine Menge Spaß.

Das rund fünf MegaByte große Video eines Bildschirm prügelnden Amerikaners verbreitete sich ebenfalls wie ein Virus. Kurze Zeit später kam heraus, dass es sich bei dem vermeintlichen Helden um einen Manager einer Firma für digitale Video-Überwachungssysteme[29] handelte – die Szene wurde angeblich gedreht, weil man einfach Content brauchte. Das Problem: Nie-

---

[28] www.hotmail.de

[29] rigaut.home.cern.ch/rigaut/badday/durango.txt

mand kennt die Firma, nur wenige brauchen das Produkt. Ein sehr erfolgreicher Virus, aber kein Marketing.

Es braucht Einfallsreichtum, eine eigene Viral-Marketing-Kampagne zu starten – und viel Glück, diese auch erfolgreich abzuschließen. Sie benötigen Dinge, die einfach zu vervielfältigen und zu verteilen sind, die aber sonst im Netz noch niemand bietet. „Das Ding" muss ohne Schwierigkeiten auch von anderen weiterzuleiten sein. Es sollte klar sein, dass Sie sich auf legale Inhalte beschränken – wir wollen ja keine Negativ-Werbung machen.

Basis-Inhalte reichen nicht aus, Hintergrund-Informationen auch nicht. Sie brauchen etwas, was die Leute so begeistert, dass sie es wirklich weiter erzählen. Es muss einen Nutzen haben – nur wer selbst einen Nutzen hat, leitet die Nachricht an andere weiter, um ihnen ebenfalls einen Nutzen zu verschaffen. Zu den typischen Elementen einer Viral-Marketing-Strategie gehören die folgenden Punkte.

Kostenlose Produkte

Wohl nur wenige leiten eine Nachricht weiter, die den Empfänger – selbst wenn sie Interesse vermuten – Geld kostet. Wertvolle, aber kostenlose Produkte oder Dienstleistungen sind notwendig, um Aufmerksamkeit zu erreichen. Das Produkt darf in der Funktion beschränkt sein – aber nicht so, dass es nicht mehr einsetzbar ist (Vorsicht bei kostenlosen Programmen. Die gibt es wie Sand am Meer, und eine Beschränkung in wesentlichen Funktionen führt bei erfahrenen Computer-Benutzern schnell zu der Bezeichnung „Crippleware". Die Software muss schon etwas besonderes sein). Werbung ist erlaubt.

Einfache Vervielfältigung

Nur wenn ein Produkt in rein digitaler Form vorliegt, ist die Vervielfältigung praktisch kostenlos. Der Versand muss nicht per E-Mail erfolgen, auch die Angabe einer Download-Adresse ist denkbar (für die eigene Erfolgskontrolle sogar besser. Dann können Sie anhand der Log-Dateien die Verbreitung feststellen.) Müssen Sie erst einige tausend Bogen Papier bedrucken oder Präsente verschicken, wird es unpraktisch (und teuer).

Log-Datei ⇨	Jeder Besuch eines Surfers wird in Log-Dateien festgehalten. Sie dienen dem Reporting und der eventuellen Verbesserung einer Internetseite bei erkennbaren Schwächen.

Einfach skalierbar

Wenn die Downloadzahlen so zunehmen, dass Ihr Server zusammenzubrechen droht, muss das Produkt einfach auf andere Server übertragbar sein. Zur Messung der Downloadzahlen sollten Sie mit den Betreibern der anderen Server Absprachen treffen. Häufig findet sich auch eine Anlaufstelle im Netz, die ähnliche Produkte sammelt und diese zum Download bereitstellt. Die Download-Zahlen stehen hier meist öffentlich zur Verfügung.

Sie können auch von Anfang an auf die Verbreitung durch Dritte setzen. Suchen Sie nach ähnlichen Produkten im Web. Benutzen Sie alle Namen der gefundenen Produkte als Suchanfrage innerhalb einer Suchmaschine. So finden Sie Übersichten über ähnliche Produkte. Bieten Sie den Betreibern Ihr Produkt an.

Bestehende Kommunikationsnetze nutzen

Zur Verbreitung eignet sich nicht nur die E-Mail. Auch in spezialisierten Online-Foren oder im Usenet können Sie Ihre Botschaft unter die Leute bringen. Hier erreichen Sie auf Anhieb viele, die Ihr Unternehmen bisher noch nicht kannten, aber ein gewisses Vertrauen zu Mitgliedern der eigenen Community haben. Eine mehr oder weniger anonyme E-Mail würden sie hingegen nie weiter leiten.

Tue Gutes und rede darüber

Presseartikel sind natürlich das Beste, was passieren kann. Ob nun positiv oder negativ, ist im ersten Ansatz egal. Hauptsache Presse. Hinweise für die erfolgreiche Pressearbeit finden Sie im Kapitel 1.10 ab Seite 87.

Schreiben Sie selbst Artikel und platzieren Sie diese in allen Medien, die Sie kennen. Sorgen Sie für Links auf Ihre Homepage.

1.6 Infomails ohne direkte Werbung

E-Mails müssen, auch wenn sie in größeren Mengen verschickt werden, nicht immer direkte Werbung enthalten. Da Sie sowieso einige Daten Ihrer Kunden in der Datenbank haben, können Sie diese auch für andere Zwecke benutzen, um Ihre Firma und Ihre Angebote im Kopf der Kunden zu verankern. Einige Anregungen für automatisch erstellte, aber sehr persönliche E-Mails:

- Gratulieren Sie Ihren Kunden zum Geburtstag.

- Halten Sie Ihre Kunden per E-Mail über den aktuellen Produktionsstatus auf dem Laufenden und teilen Sie ihm am Tag der Auslieferung das voraussichtliche Lieferdatum mit.

- Bedanken Sie sich per E-Mail, wenn ein Besucher einen Kommentar auf Ihrer Web-Seite hinterlassen hat.

- Verschicken Sie Rechnungen an Privatkunden per E-Mail (vorsteuerabzugsberechtigte gewerbliche Kunden benötigen eine schriftliche Rechnung oder eine nach Signaturgesetz digital signierte digitale Rechnung, siehe Kapitel 3.4, S. 172)

Die folgenden E-Mails sollten Sie eventuell besser als Brief verschicken – haben Sie nicht gerade ein gutes Verhältnis zu dem Kunden, könnte Ihre E-Mail sonst als unerwünschte Werbung durchgehen.

- Fragen Sie kurz vor Ablauf der Garantiezeit nach, ob der Kunde gegen eine geringe Gebühr eine Garantieverlängerung wünscht (falls der Kunde allerdings schon einige Male Ihren Service in Anspruch genommen hat, sollten Sie es in diesem Fall besser nicht tun).

- Fragen Sie einige Monate vor Ablauf der üblichen Abschreibefrist nach, ob der Kunde nicht Interesse am Nachfolgemodell hat.

- Einen Stammkunden können Sie auch von Zeit zu Zeit fragen, ob er neues Verbrauchsmaterial wie etwa Druckerpatronen oder Toner benötigt.

Lieferanten und gute Geschäftspartner

Viele Firmen wenden eine Menge Geld auf, um ein oder zweimal im Jahr eine Image-Broschüre im Hochglanzformat an Lieferanten und andere Geschäftspartner zu verschicken. In einigen Firmen erstellt die Werbeabteilung auch eine Hauszeitung, die in unregelmäßigen Abständen über Veränderungen innerhalb des Unternehmens informiert. Zumindest die interne Verbreitung kann durchaus per E-Mail geschehen – diese Broschüren werden von den Mitarbeitern sowieso meist nur überflogen, da die meisten Informationen schon per Flurfunk durch die Firma gewandert sind.

Für die externe Verteilung bietet sich ein eigener Newsletter an. Die Adresse des Newsletters gehört auf die Papierversion – an prominenter Stelle, versteht sich. Newsletter verschicken Sie jedoch nicht an Stelle der Papierversion, sondern zusätzlich – und zwar mit jeder neuen Information, die für die Empfänger wichtig sein könnte. Die gedruckte Version enthält dabei alle Informationen der Newsletter, aber erst zu einem späteren Zeitpunkt. E-Mail hat eben den Vorteil, quasi sofort zum Empfänger zu gelangen. In der papierenen Version können Sie damit sogar schon auf Reaktionen eingehen; das macht diese Version auch für Abonnenten des Newsletters noch einmal lesenswert.

In den Newsletter gehören alle Informationen, die Sie auch in die Image-Broschüre aufnehmen:

- Veränderungen einzelner Ansprechpartner

- Veränderungen in der Unternehmensführung

- Vorstellung der neuen Auszubildenden (die übrigens häufig gerne einen Großteil der Arbeit an diesem Newsletter und der Firmenbroschüre übernehmen)

- Veränderungen im Internet-Angebot

- Presseberichte über Ihr Unternehmen

Nicht in den Newsletter hinein gehört aber der fünfundzwanzigste Bericht über das zehnjährige Jubiläum eines jeden Mitarbeiters. Langweilen Sie nicht. Das führt nur zur Kündigung.

Investor Relations

Die Pflege der Aktionärsbeziehungen per E-Mail haben bisher nur wenige Unternehmen im Fokus. Die meisten stammen aus der New Economy, als Beispiel mag der Free-Mail-Dienst *web.de* gelten.

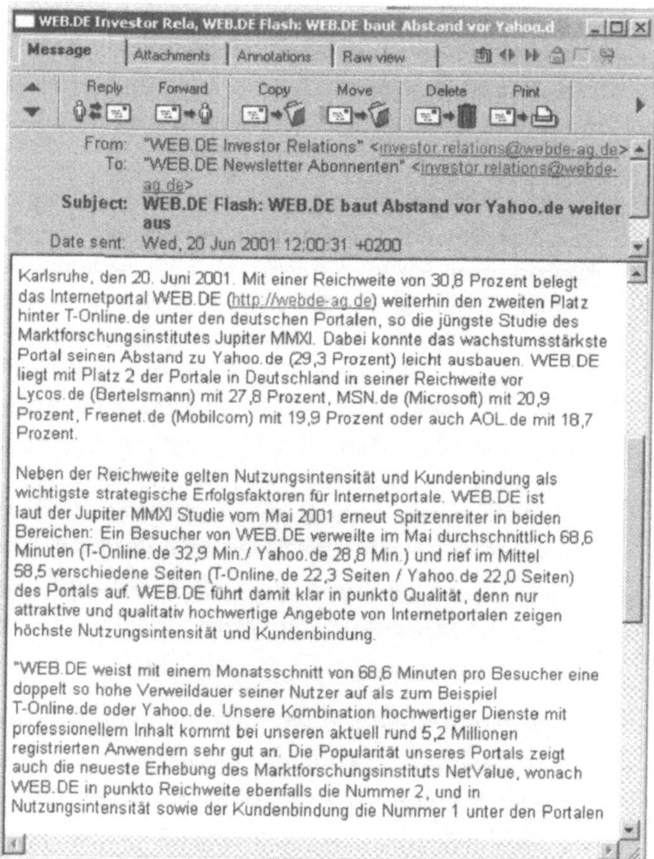

Abb. 1-10: Schon seit Jahren versorgt *web.de* seine Aktionäre mit aktuellen Informationen.

Web.de verschickt schon seit geraumer Zeit Informationen rund um den Shareholder Value an alle seine Mitglieder – ob diese nun Aktien besitzen oder nicht.

Geschäftsberichte, Kursticker und Videostreams der letzten Hauptversammlung liegen meist sowieso zum Abruf auf der Homepage vor. Der typische Aktionär schaut dort jedoch nie nach. Weisen Sie ihn darauf hin. Richten Sie einen eigenen Aktionärs-Newsletter ein. Alle Themen, die Sie dort anreißen, verlinken Sie mit den Informationen auf Ihrer Homepage – und zwar direkt, sodass der Leser die Information sofort sieht und nicht erst danach suchen muss.

1.7   Praktische Regeln für Newsletter

Immer mehr Internet-Nutzer wehren sich gegen unerwünschte Werbe-E-Mails, indem sie diese über einen Filter aussondern lassen. Findet ein Leser keine Möglichkeit, Ihren Newsletter zu stornieren, wird er ihn ebenfalls durch den Filter löschen lassen und damit Ihre Statistik verzerren.

Der Leser muss Ihren Newsletter lesen wollen. Und er muss sich darauf verlassen können, dass Sie mit seinen Daten kein Schindluder betreiben. Die folgenden Regeln sollen dabei helfen.

Datenschutz und Permission

Wir reden heute vom Permission Marketing. Das sollte keine Worthülse sein, sondern ernst genommen werden. Hat der Leser das Gefühl, dass seine Adresse nicht nur zu dem von ihm gewünschten Zweck verwendet wird, ist das mühsam aufgebaute Vertrauen dahin und er wird sich von Ihrem Unternehmen abwenden. Weisen Sie Ihn auf Ihre Datenschutz-Policy hin – auch, wenn er dieses Wort noch nie gehört hat und gar nicht danach fragt. Jede E-Mail sollte einen Link auf diese Policy enthalten, die Sie an prominenter Stelle Ihres Web-Auftritts verlinken.

Was muss

In dieser Policy legen Sie fest, dass

- Sie die Adresse des Lesers nur zum angegebenen Zweck verwenden.

- Sie die Adresse des Lesers nicht ohne seine Zustimmung weiter geben.

- der Leser ein Widerspruchsrecht hat, wenn Sie zum Zwecke der Werbung E-Mails an ihn verschicken.

- Nutzer Ihnen überlassene personenbezogene Daten jederzeit wieder löschen können (Daten, die für Abrechnungs- oder buchhalterische Zwecke erforderlich sind, sind davon ausgenommen).

- der Nutzer seinen Acount bei Ihnen jederzeit komplett löschen kann (ebenfalls mit der eben genannten Einschränkung).

- Sie Messungen zur Öffnungsrate mit Hilfe so genannter Web-Bugs (in einer HTML-E-Mail enthaltene, nicht sichtbare Bilder, die Ihnen das Öffnen der E-Mail bestätigen) durchführen (wenn Sie es denn tun).

- Weitere Punkte, die mit Impressumspflicht und Nutzung des Web-Angebots zu tun haben (siehe Kapitel 3.2, S. 149).

Des weiteren gehört in diese Policy hinein:

- Eine Erklärung, wozu Sie weitere, zusätzlich zur E-Mail-Adresse erhobene Daten benötigen und wozu Sie diese verwenden.

- Die Erklärung, dass alle über die E-Mail-Adresse hinausgehenden Daten freiwillig und zur Nutzung des Angebots nicht erforderlich sind.

Nicht nur aus dem gesetzlich vorgeschriebenen Grund der Datensparsamkeit: Fragen Sie nur nach Daten, die Sie wirklich brauchen, um Ihr Angebot zu verbessern. Es weckt Vertrauen.

In jede E-Mail gehört hinein:

- Die Möglichkeit zur Kündigung des Abonnements per E-Mail. Da manch erfahrener Internet-Benutzer nicht nur eine E-Mail-Adresse benutzt und vielleicht nicht mehr weiß, welche Adresse er bei Ihnen nun gerade benutzt hat, darf dies jedoch nicht die einzige Möglichkeit sein.

- Ein Hinweis auf Kündigungsmöglichkeiten per Web-Interface

- Idealerweise ein Link auf eine – selbstverständlich nur für den Leser einsehbare – Webseite, wo der Empfänger seine persönlichen Daten pflegen kann. Die alleinige Angabe der E-Mail-Adresse als Passwort ist kein Schutz vor der Veränderung der Daten durch Dritte!

Was kann

Die persönliche Seite des Lesers könnte enthalten:

- Ein Eingabefeld, in dem der Benutzer die Häufigkeit der E-Mail-Aussendungen wählen kann.

- Ein Eingabefeld, in dem der Benutzer die Zeit der Aussendung wählen kann (morgens, mittags und abends sollte reichen, mehr wäre unnötiger Programmieraufwand).

- Wenn der Name des Benutzers nicht bekannt ist, fragen Sie ihn höflich, ob er ihn nicht eintragen möchte. Erklären Sie bei allen zusätzlichen Daten, wozu Sie diese benötigen. Wenn dem Nutzer diese Erklärung einleuchtet, ist er viel eher bereit, persönliche Daten preiszugeben. Die Frage nach der Postleitzahl des Wohnortes könnte etwa mit der Erklärung verbunden sein, eine weitere Geschäftsstelle an einem noch unbestimmten Ort zu eröffnen.

- Eine einfache Möglichkeit, seinen Acount komplett zu löschen.

- Ein Eingabefeld für Kommentare zu Ihrem Angebot.

- Eine kleine Sammlung von Fragen und Antworten zu Ihrem Newsletter.

- Ein Feld für Ihre eigene Marktforschung. Bitten Sie den Leser im Newsletter, online eine Bewertung abzugeben (um nicht von eigenhändig geschriebenem Text erschlagen zu werden, bieten Sie nur die Vergabe von Schulnoten per Formular an. Das lässt sich einfach auswerten).

- Ein Feld für Anregungen, wo der Leser Ihnen schreiben kann, über welche Themen er gerne einmal etwas in Ihrem Newsletter lesen würde. Nebenbei: Teilen Sie sich Ihren Content gut ein und planen Sie im Voraus. Verschießen Sie nicht das ganze Pulver in den ersten drei Ausgaben.

Diese Vorgehensweise bietet nicht nur für den Leser Vorteile, sondern auch für Sie. Zum einen haben Sie immer sorgfältig gepflegte Daten über Ihre Leser – die auch wirklich Leser sind, sonst würden sie sich ja einfach aus der Liste austragen – und zum anderen können die Leser Informationen über bei Ihnen gespeicherte Daten einfach selbst abfragen. Davon unberührt bleibt Ihre Auskunftspflicht nach §19 BDSG[30]: Sie haben dem Betroffenen auf Antrag Auskunft über die zu seiner Person gespeicherten Daten zu geben, auch soweit sie sich auf die Herkunft dieser Daten beziehen und den Zweck der Speicherung. Eine spezielle E-Mail-Adresse wie privacy@firma.de weckt zusätzliches Vertrauen.

Form und Inhalt

Empfänger klassischer Mailings verzeihen manchen Fehler – etwa, das gleiche Mailing doppelt zu erhalten. Was nicht interessiert, wird eben einfach weggeworfen. Solche Fehler darf sich der Betreiber eines E-Mail-Newsletters nicht erlauben: Sofort würden diverse Leser den Newsletter abbestellen. Der Inhalt jeder einzelnen E-Mail muss für den Empfänger relevant, interessant und nutzerorientiert sein und ihn persönlich ansprechen.

Der Türöffner einer E-Mail ist die Betreff-Zeile. Schon hier gilt, was sich durch die ganze E-Mail durchzieht: E-Mails werden sehr schnell gelesen, deshalb müssen Sie kurze, prägnante Sätze verwenden, in denen Sie präzise auf den Kundennutzen eingehen. Die Betreffzeile soll den Leser dazu auffordern, die E-Mail zu öffnen. Also nicht „Nummer 34 von Endspam.de", sondern „Endspam.de: Neuer Filter mit 95-prozentiger Erkennungsrate". Aber bitte auch nicht marktschreierisch, und auf gar keinen Fall verwenden Sie ausschließlich Großbuchstaben – das ist ein bekanntes Zeichen für Spam. Vermeiden Sie Begriffe wie „kostenlos" oder „Geschäftsidee". Ein Lexikon der zu vermeidenden Begriffe erhalten Sie, wenn Sie selbst erhaltene Spam-E-Mails in einem eigenen Ordner sammeln.

Die Langweiler-Methode (Newsletter Nummer...) funktioniert allerdings auch in manchen Fällen. Dazu müssen Sie jedoch wirklich bekannt sein, die Marke muss seit langem etabliert sein. Doch die Kosten für einen guten Texter liegen weit unter den Kosten für den Aufbau einer Marke im Internet...

---

[30] www.datenschutz-berlin.de/recht/de/bdsg/bdsg2.htm

Aktiv texten

Die Aufgabe ist klar: Texten, und zwar aktiv! Kurz und bündig auf den Punkt kommen. Kein Nominalstil (überwiegende Verwendung von Substantiven), keine Passivsätze (bringen statt gebracht werden). Die Sprache in E-Mails ist anders als in klassischen Mailings: Schneller, etwas lockerer, weniger formell. Diesem Sprachstil müssen Sie sich anpassen und noch kürzere Sätze verwenden als beim guten Mailing. Verwenden Sie auch in HTML-E-Mails möglichst wenige Auszeichnungen (fett, kursiv etc.) – wer die Text-E-Mail bevorzugt, sollte die wichtigen Punkte auch finden. Das können Sie nur durch den Stil erreichen, nicht durch Formatierungen. Auch wenn die Mehrheit Ihrer Leser die HTML-E-Mail bevorzugt: Sparen Sie an grafischer Gestaltung. Setzen Sie Bilder nur zur Visualisierung Ihrer Aussagen ein (Bilder vergrößern eine E-Mail stark. Achten Sie vor dem Versand auf die Dateigrößen. Mehr als einige 100 KByte sollte keine E-Mail umfassen). Verwenden Sie Formularelemente, führen Sie Text-Leser durch einen Link auf Ihre Homepage, um sie zu einem Response zu veranlassen

Bei kombinierten Kampagnen dürfen Sie auf keinen Fall die Print-Texte eins zu eins in die E-Mail übernehmen. Am Bildschirm lesen die meisten Leser nur etwa halb so viel, wie sie offline lesen würden. Ihr Text darf also nur halb so lang sein wie die entsprechende Print-Version. Das Lesen am Bildschirm ermüdet zudem weit stärker, die Lesegeschwindigkeit beträgt nur etwa drei Viertel.

Sie haben zehn Zeilen

Daraus folgt, dass Sie in den ersten zehn Zeilen einer E-Mail dem Leser klar machen müssen, dass es sich für ihn lohnt, weiter zu lesen. Schaffen Sie es nicht, wird er die folgenden Absätze nur noch überfliegen. Das Highlight gehört an den Anfang und nicht, wie im Print gelegentlich üblich, an das Ende.

Verwenden Sie viele Absätze und schreiben Sie maximal drei Sätze pro Absatz. Wo immer es geht: Kürzen Sie den Text, ohne die Aussage zu verändern. Verwenden Sie nur drei, besser nur zwei Gliederungsebenen: Überschrift eines Artikels und Text dazu, zur Not eine eingerückte Liste.

Erschlagen Sie den Leser nicht mit zu vielen Hyperlinks in der Nachricht. In HTML-E-Mails können Sie zwar auch die Überschriften der einzelnen Artikel verlinken, sinnvoller ist es jedoch, den Leser zunächst Ihre Botschaft wahrnehmen zu lassen.

Hyperlink ⇨	Verweis auf eine Internet-Adresse. Beim Mausklick kann etwa eine andere Web-Seite oder das E-Mail-Programm mit bereits ausgefülltem Adressfeld geöffnet werden.

Führt der Link etwa zur Bestellung eines Artikels aus Ihrem Online-Shop, darf der Fast-Schon-Kunde auf Ihrer Bestellseite nicht mehr abgelenkt werden. Ein Button für die Funktion „in meinen Warenkorb aufnehmen", gepaart mit einer erweiterten Beschreibung des Produkts und einem Bild dazu ist völlig ausreichend (das Design der Seite muss natürlich Ihrer Corporate Identity entsprechen). Quälen Sie ihn nicht mit weiteren Links, um zunächst noch einmal die Vorzüge genau dieses Produkts vorzustellen. Vergessen Sie nicht, Zahlungs- und Lieferbedingungen gut sichtbar auf der Seite unterzubringen.

Gerade für einen Online-Shop oder längere Texte kann ein Splitting des Textes sinnvoll sein. Der Leser kann nach wenigen Sätzen entscheiden, ob er den Beitrag lesen möchte oder nicht und dann entweder zum nächsten Beitrag wechseln oder den Hyperlink am Ende des Artikels anwählen. So behält die E-Mail auch eine überschaubare Größe.

Medienbruch durch Landing-Page

Wählt der Leser die Web-Variante, landet er auf einer speziellen Seite Ihres Web-Angebots, eben der Landing-Page. Das kann einen Leser aber auch verschrecken. Immerhin lesen viele Privatleute ihre E-Mail offline, und für einen Besuch auf der Landing Page müssten sie erst den Internet-Zugang wieder herstellen. Man könnte an dieser Stelle vom Medienbruch reden.

Bieten Sie dem Leser daher eine alternative Möglichkeit, an die gewünschten Inhalte zu kommen: Richten Sie für jedes Thema einen E-Mail-Responder ein, der dem Leser die Inhalte der Landing Page per E-Mail zustellt. Da im Web ja häufig mit Bildern gearbeitet wird, ist bei einem solchen Reply eine HTML-E-Mail durchaus erlaubt (weisen Sie jedoch darauf hin). Im Prinzip können Sie die komplette Web-Seite, die der Leser durch einen Klick auf den Web-Link erreicht hätte, auch per E-Mail-Responder verschicken.

Personalisierung

Jeder Mensch ist lieber eine Person als ein anonymes Wesen. Wenn der Name des Lesers bekannt ist, dann verwenden Sie ihn. Sprechen Sie ihn direkt an, erwähnen Sie mindestens in der persönlichen Anrede seinen Namen. Das steigert den persönlichen Bezug und damit den Erfolg des Mailings. Auch wenn Sie mit Fremdadressen arbeiten, sollten Sie zumindest Vor- und Nachnamen der Empfänger verwenden und das Geschlecht kennen.

Arbeiten Sie mit einem kompetenten Dienstleiter zusammen oder verschicken die E-Mails selbst, so ist jedoch noch lange nicht das Ende der Personalisierung erreicht. Bereits im Betreff können Sie den Leser ansprechen. Verwenden Sie einzelne, voneinander unabhängige Textbausteine, die Sie je nach Benutzerprofil zusammenstellen. Über Massen-E-Mail zu Mikro-Marketing bis hin zu One-to-One-Marketing – per E-Mail ist alles möglich. Spielen Sie mit den Daten, aber lassen Sie es irgendwann auch mal gut sein. Nicht immer ist die Ausschöpfung jeglicher Personalisierungs- und Individualisierungsmöglichkeit wirtschaftlich sinnvoll.

Newsletter ein- und ausleiten

Gut macht sich auch ein kurzes, von einer Führungskraft des Unternehmens unterzeichnetes Editorial mit den Themen der E-Mail. Diese Person sollte jedoch nicht als Absender auftreten – der Absender ist immer die Firma.

Der klassische Nachsatz mittels Postskriptum hat in E-Mails nur eine schwache Wirkung. Allenfalls der Hinweis, dass der Leser den Newsletter gerne weiter leiten darf, sollte hier stehen – eventuell verbunden mit der Bitte, persönliche Zugangsdaten vor dem Weiterleiten aus der E-Mail zu entfernen. Für Text-Leser ist auch ein Link zur Umwandlung des Abos in die HTML-Version hier gut aufgehoben. Vor dem nicht unbedingt notwendigen Nachsatz sind übrigens Impressum und Datenschutzrichtlinie beziehungsweise Links darauf und Informationen zur Kündigung des Newsletters gut aufgehoben.

Text oder HTML

Die Diskussion, ob Text oder HTML in eine E-Mail gehört, ist schon oft geführt und nie endgültig entschieden worden. Eine Studie verspricht höhere Akzeptanz von HTML-E-Mails, andere wiederum behaupten genau das Gegenteil.

Im Prinzip ist gegen eine E-Mail im HTML-Format nichts einzuwenden. Sie sieht etwas schöner aus und kann Bilder und Links zu Internet-Seiten enthalten. Sie können Wichtiges durch Unterstreichungen oder Fettschrift hervorheben. Sie ist besser strukturierbar. Sie kann das Firmenlogo oder bunte Bordüren enthalten. Sie kann im Design der eigenen Web-Seite gehalten sein und damit die Corporate Identity wiedergeben. Sie können unter verschiedenen Briefpapieren und Hintergründen auswählen. Sie können sich mit einer HTML-E-Mail wirklich viel Arbeit machen, bis sie so aussieht, als ob Sie Ihre Web-Seiten gerade überarbeiten oder einen Brief schreiben wollten.

Wenn Sie nur schnell eine Information loswerden möchten: Verzichten Sie auf Spielereien. Konzentrieren Sie sich auf den Inhalt. Struktur bekommen Sie auch durch Absätze in einen Text – schauen Sie mal in ein Buch, am besten einen Gedichtband oder einen Roman. Warum lesen Sie ein Buch? Wegen des schönen Einbandes und des Büttenpapiers?

Eine Untersuchung[31] des E-Mail-Dienstleisters *Silverpop Systems*[32] bringt nun neue Argumente – gegen HTML-E-Mails. *Silverpop* analysierte im Rahmen der Untersuchung insgesamt 1.400 E-Mails, die von kommerziellen Organisationen verschickt wurden. Bei etwa 700 davon handelte es sich um HTML-E-Mails.

---

[31] www.silverpop.com/news_press_111202_02.shtml

[32] www.silverpop.com

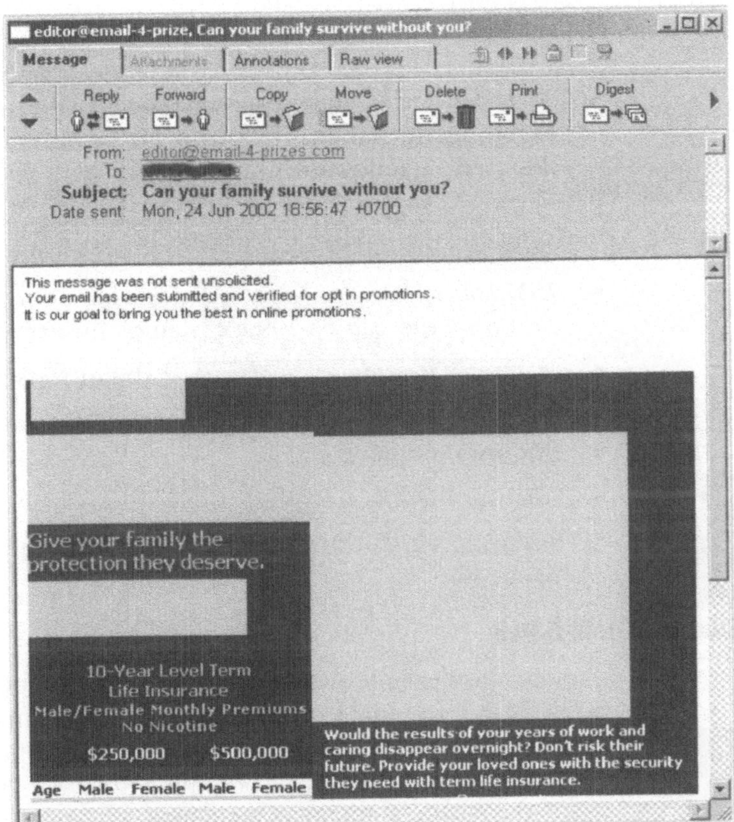

Abb. 1-11: HTML-E-Mail in einem Client, der keine Dateien aus dem Web nachlädt. Scheußlich. Stammt übrigens aus meinem Spam-Ordner.

Bei sieben Prozent der Nachrichten monierte *Silverpop* extrem störende Fehler, als „nicht entzifferbar" bezeichneten die Prüfer immerhin sechs Prozent aller E-Mails. Insgesamt konnten die verwendeten Programme nur 58 Prozent aller Nachrichten fehlerfrei darstellen. Die schwierigsten Clients waren *Lotus Notes* und das *AOL*-E-Mail-Programm in den Versionen 4.0 und 5.0.

Würden alle HTML-E-Mail fehlerfrei dargestellt, so Silverpop Systems, könnte die Response-Rate teilweise um 40 Prozent gesteigert werden. Also: Testen, testen, testen. Installieren Sie auf einem Test-PC verschiedene E-Mail-Clients. Nehmen Sie mindestens

- *AOL*[33] in verschiedenen Versionen (wenn Sie sonst keinen AOL-Zugang haben, benutzen Sie AOL-by-Call und verwenden den Zugang nur für den Test)

- *Qualcom Eudora*[34] (zumindest eine werbefinanzierte Version ist kostenlos erhältlich)

- *IBM Lotus Notes* (suchen Sie mal nach *Lotus Notes 5.0 Private Edition* – die gab es 1999 kostenlos für Privatanwender)

- *Netscape Messenger & Mozilla*[35] (beim Netscape- bzw. Mozilla-Browser dabei)

- *Microsoft Outlook*

- *Microsoft Outlook Express* (beim Internet Explorer dabei)

- *Pegasus Mail*[36] (kostenlos, lädt keine Dateien aus dem Web nach)

PDAs und HTML-E-Mail

Manch mobiler Internet-Nomade nutzt nicht nur PC und Notebook, sondern auch einen persönlichen digitalen Assistenten, heute kurz als PDA bekannt. Diese bieten häufig die Möglichkeit zum Abgleich der E-Mail-Kommunikation mit dem Desktop-PC, etwa mit *Outlook*. HTML-E-Mails können aber nur die wenigsten heute noch verbreiteten PDAs darstellen.

Die Datenmenge einer HTML-E-Mail liegt prinzipiell über der einer reinen Text-E-Mail. Manch ein Leser will nur kompakte Informationen und zieht den puristischen Text vor. Doch selbst bei einem Internet-Zugang per 56k-Modem ist es ziemlich egal, ob die E-Mail nur als Text daherkommt oder noch einen HTML-Teil enthält. Ein Unterschied besteht allein darin, ob Bilder in die HTML-E-Mail eingebunden sind.

---

[33] www.aol.de

[34] www.eudora.com

[35] www.netscape.de oder www.mozilla.com

[36] www.pmail.com

Einige Programme lassen Sie wählen, ob in einer HTML-E-Mail eingebettete Bilder mit der Nachricht verschickt oder nur durch einem Link auf das im Internet vorhandene Bild versehen werden sollen. Besteht Ihr Kundenkreis hauptsächlich aus Privatkunden, schicken Sie die Bilder immer in der Nachricht mit – viele private Internet-Nutzer lesen ihre E-Mail erst, wenn sie die Internet-Verbindung bereits wieder gekappt haben. Geschäftskunden verfügen in der Regel über eine Standleitung, sodass es bei diesen kaum einen Unterschied macht.

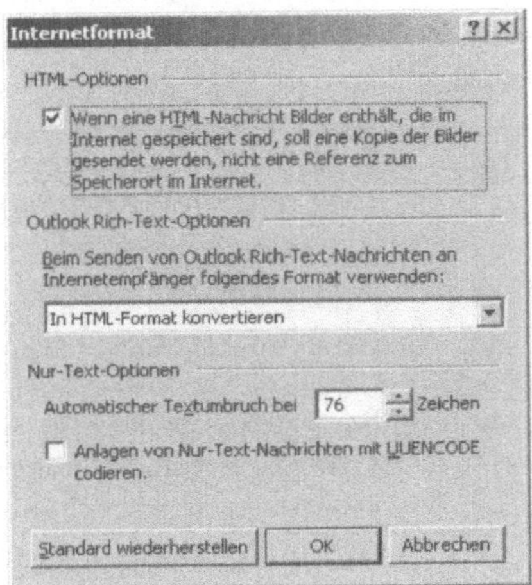

Abb. 1-12: Zur Sicherheit verändern Sie die Outlook-Standard-Einstellung nicht – sonst kommen Ihre E-Mails womöglich ohne Bilder beim Empfänger an.

Noch ein Argument für HTML: Sie können ellenlange Links hinter einem kurzen prägnanten Begriff verstecken. In einer Text-E-Mail sieht der Leser immer die komplette Adresse. In Text-E-Mails müssen Sie daher auf möglichst kurze Links achten – die meisten E-Mail-Programme schneiden die Adresse nach knapp 80 Zeichen ab und brechen den Rest in die nächste Zeile um. Zwar könnte der Leser Zeile für Zeile in seine Browser-Eingabezeile kopieren und dann mit Enter bestätigen, doch für eine Werbebotschaft werden die meisten diesen Aufwand wohl scheuen.

Aus Marketing-Sicht ist HTML zur Erfolgskontrolle allemal besser. Nur mit in HTML-E-Mails referenzierten, aus dem Web nachzuladenden Bildern lässt sich das Öffnen der E-Mail beim Leser erkennen. Allerdings kann immer noch nicht jedes E-Mail-Programm HTML-formatierte E-Mails anzeigen. Auch möchte es nicht jeder Benutzer, dessen Programm es vermag. Sorgen Sie zumindest dafür, dass auch eine Version in reinem ASCII-Text dabei ist – diese kann nun wirklich jeder lesen, auch auf einer Textkonsole unter Linux. Versenden Sie also immer beide Teile (dafür hat sich auch der Begriff Multipart-Format eingebürgert).

ASCII, American Standard Code for Information Interchange ⇨	Ein auf absolut jedem Rechner, egal unter welchem Betriebssystem, lesbares Textformat. Der einheitliche Standard, zumindest für die in allen Sprachen verwendeten Buchstaben, umfasst insgesamt 256 Zeichen. Die Standards, also alle kleinen und großen Buchstaben von a bis z und die Zahlen sowie einige Steuerzeichen sind in der unteren Hälfte untergebracht. Die Besonderheiten eines jeden Landes, etwa die deutschen Umlaute, sind in landesspezifischen Zeichensätzen untergebracht, welche die „oberen" 128 Bits des Zeichensatzes nutzen

Aussendezeit beachten

Damit der Newsletter vom Kunden nicht sofort als Spam deklariert und gelöscht wird, sollten Sie nicht nur auf einen aussagekräftigen Betreff achten. Tag und Uhrzeit der Aussendung spielen ebenfalls eine Rolle.

Die durchschnittliche Anzahl der E-Mails, die ein Internet-Nutzer in Deutschland erhält, variiert von Studie zu Studie. Es könnten 30 sein, einige Studien gehen von mehr als 40 aus. Davon dürften – doch hier variieren die Studien ebenfalls – nicht mehr als zehn privater Natur sein, der Rest ist gewerbliche Post von Unternehmen. Nun, was machen Sie, wenn Sie vor einem Berg von 30 Werbe-E-Mails stehen? Zunächst sicher anhand der Betreffzeile einige davon ungelesen in das virtuelle Nirwana katapultieren.

Die nächste Frage ist, wann und wie oft ein Nutzer sein E-Mail-Postfach abfragt. Berufliche Nutzer, deren PCs permanent mit dem Internet verbunden sind, stellen ihre E-Mail-Programme häufig so ein, dass sie alle paar Minuten nach neuer Post schauen. Sollten Ihre Kunden Ihren Newsletter hauptsächlich am Arbeitsplatz lesen, verschicken Sie ihn auch während der Arbeitszeit – sonst geht er im morgendlichen E-Mail-Batzen unter.

Anders sieht es aus, wenn die Empfänger hauptsächlich Privatleute sind. Diese fragen meistens erst am Abend ihr E-Mail-Konto ab. Häufig jedoch tun sie das mehrmals. Also verschicken Sie Ihren Newsletter am Abend, etwa gegen 21 Uhr. So haben Sie die Chance, dass Ihr Newsletter im zweiten oder dritten Schwung E-Mails besser auffällt.

Noch besser ist es, wenn Sie berufliche und private Nutzung auseinander halten können. Dann verschicken Sie den Newsletter eben zwei Mal: Tagsüber an die gewerblichen Kunden und abends an die Privatleute. Eine grobe Einschätzung über die Nutzung können Sie vornehmen, wenn Sie Tag und Uhrzeit der Newsletter-Anmeldung speichern: User, die sich am Wochenende oder am Abend anmelden, sind mit einiger Wahrscheinlichkeit Privatkunden, während sich beruflich Interessierte wohl eher zu normalen Bürozeiten anmelden.

Teilweise können Sie berufliche oder private Nutzung schon anhand der E-Mail-Adressen erkennen. Der Nutzer einer Free-Mail-Adresse von *Web.de* oder *gmx.de* ist mit hoher Wahrscheinlichkeit Privatmann, andere Adressen können Sie durch die Eingabe des Domainnamens in den Web-Browser schnell überprüfen.

Vorsicht ist allerdings bei *T-Online*-Adressen angebracht: Viele Einzelunternehmer und Freiberufler benutzen weiterhin ihre T-Online-Adresse, weil diese schon seit diversen Jahren bei ihren Kunden bekannt ist und sich nicht ändern soll.

> **T-Online**
> ⇨
>
> Deutschlands größter Internet-Provider, die von T-Online vertriebene Zugangssoftware ist für den reinen Internet-Zugang nicht notwendig.

Rechtlich ist diese Vorgehensweise jedoch bedenklich. Ebenso kritisch ist es, wenn Sie zugekaufte Daten[37] mit den vorhandenen Daten Ihrer Newsletter-Teilnehmer abgleichen. Der Kunde, der nur eine E-Mail-Adresse angegeben hat, wird sich schon fragen, woher Sie seinen Namen kennen. So erzeugen Sie nur Misstrauen bei den Kunden, sie fühlen sich ausspioniert.

Fragen Sie bei der Anmeldung also lieber nach, wann der Newsletter verschickt werden soll. Ein einfacher Radiobutton bei der Newsletter-Anmeldung auf der Webseite reicht dazu aus. Sie können natürlich auch fragen, ob der neue Abonnent Privatmann oder Gewerbetreibender ist – aber erklären Sie dem Kunden, wozu Sie diese Angaben benötigen.

Der Aussendetag ist ebenso wichtig

Denken Sie aber nicht nur an die Tageszeit. Auch der Wochentag ist wichtig. So ist bei Abverkäufen per E-Mail damit zu rechnen, dass die allermeisten Bestellungen – und vor allem die Nachfragen – innerhalb von 48 Stunden nach dem Versand eintreffen. Da wäre es dumm, die Nachrichten kurz vor dem Wochenende zu senden und den Anrufbeantworter als verlässliche Aushilfe in der Firma zu belassen. Sorgen Sie dafür, dass die Kunden ihre Fragen beantwortet bekommen und dass sie vor allem ihre Bestellungen loswerden. Der Montag ist jedoch auch ein etwas unglücklicher Tag für den Versand. Am Wochenanfang gehen Ihre E-Mails eventuell in der Flut der Nachrichten vom Wochenende unter, während eine Aussendung am Freitag bei Berufstätigen durch die Gedanken an das kommende Wochen-

---

[37] Manchmal müssen Sie diese Daten gar nicht kaufen. So mancher gibt nämlich über seine eigene Homepage oder über andere Veröffentlichungen diverse Informationen über sich selbst preis. Diese finden Sie am einfachsten, indem Sie Vor- und Nachname (in Anführungszeichen) in eine Suchmaschine eingeben.

ende weniger Erfolg haben wird. Dienstag oder Mittwoch sind im Allgemeinen die besten Tage.

Eine Aktion kurz vor oder in der Ferienzeit wird weniger Empfänger erreichen, da sich einige Teilnehmer im Urlaub befinden und das E-Mail-Postfach bereits überquillt. Kampagnen für bestimmte Anlässe wie Weihnachten oder Ostern dürfen Sie ebenso nicht erst zwei Wochen vor dem Termin starten – da haben schon die meisten ihre Einkäufe erledigt und die Reisen gebucht.

Marketing-Fallen vermeiden

So mancher Tipp aus der klassischen Marketing-Literatur führt bei der Verwendung im Internet zu verbrannter Erde. Das Marketing ist nun mal nicht eins-zu-eins übersetzbar. Aber auch einige Tipps aus der Internet-Ecke halten nicht, was deren Verfasser versprechen.

Auch wenn manche es immer noch anders machen: Verwenden Sie nur das Double-Opt-In-Verfahren. Wenn Ihre Software dazu nicht in der Lage ist, suchen Sie sich eine andere (bei einigen Dutzend Adressen können Sie allerdings Double-Opt-In auch händisch nachbilden, ohne dass es den Lesern auffällt. Eine einfache Newsletter-Verwaltung stelle ich Ihnen in Kapitel 5.2 vor) oder beauftragen Sie einen Dienstleister. Selbst Confirmed-Opt-In hinterlässt heute schon fast einen schalen Beigeschmack, Opt-Out führt nur zu Verärgerung. E-Mail-Marketing mit Fremdadressen ohne Einwilligung funktioniert nicht und ist zudem ein Spiel mit dem Feuer.

Haben Sie doch einmal den Fehler begangen, mit Fremdadressen ohne Einwilligung zu arbeiten, wird es Beschwerden hageln. Den Ruf als Spammer wieder los zu werden, ist schwer. Sie können versuchen, sich bei den Lesern zu entschuldigen, allerdings werden Sie einige Empfänger nicht mehr erreichen, da Ihre Absenderadresse in diversen Spam-Filtern oder sogar Ihr E-Mail-Server in einer schwarzen Liste[38] gelandet ist. Und schreiben Sie auf keinen Fall, dass Sie die Adresse des einzelnen Kunden ge-

---

[38] RBL, Realtime Blackhole List, schwarze Listen von Rechnern, von denen Spam gesendet wurde oder die das Senden von Spam begünstigen.

löscht haben – das Mindeste ist, dass Sie alle ohne Permission gekauften Adressen löschen und versprechen, so etwas nie wieder zu tun.

E-Mail-Server ⇨	Der für den Empfang und Versand von E-Mails zuständige Server im eigenen Netzwerk. Die Benutzer empfangen ihre E-Mails entweder über das POP3 oder das IMAP4-Protokoll, zum Versand dient SMTP.
SMTP, Simple Mail Transport Protocol ⇨	Protokoll, mit dessen Hilfe E-Mails versendet werden. Private Nutzer müssen sich häufig erst am SMTP-Server anmelden, um eine E-Mail zu verschicken. Anderenfalls wird der Versand abgelehnt. Dies ist eine Maßnahme gegen Spammer.

Komisch ist auch der Tipp, unwillige Kunden per Post-Mailing auf die Vorzüge des hauseigenen Newsletters hinzuweisen – und zwar so lange, bis sie sich endlich in den Newsletter eintragen. Könnte sein, dass das nervt. Und wenn mich jemand nervt, möchte ich bestimmt keine Geschäftsbeziehung mit ihm eingehen.

Umgang mit Fremdadressen

Die Verwendung von Fremdadressen kann durchaus Erfolg haben. Dabei sind jedoch einige Punkte zu beachten.

E-Mails mit dem Adresseigner als Absender haben höhere Responseraten als Mailings, bei denen der Werbetreibende im Absender steht. Da die Permission ebenfalls beim Eigner vorhanden ist und nicht bei Ihnen, sollte der Absender grundsätzlich der Adresseigner sein und nicht der Werbetreibende. Nur wenn Sie mit einer sehr starken Marke daher kommen, wird man Ihnen ein abweichendes Verhalten verzeihen – ansonsten haben Sie sehr schnell den Ruf des Spammers weg.

Auch in E-Mails mit Fremdadressen gehören ein Impressum und die Möglichkeit zur Kündigung des Abonnements. Sträubt sich der Adresshändler dagegen: Finger weg. Er sollte Sie hingegen mit einem kurzen Text als besonderen Kooperationspartner empfehlen.

Gütesiegel für erwünschtes Online-Marketing

Wenn Sie alle praktischen und rechtlichen Tipps für die Direktansprache Ihrer Kunden in diesem Buch beherzigen, sollten Sie Ihren Browser zum „eco – Electronic Commerce Forum – Verband der deutschen Internetwirtschaft e.V."[39] steuern. Der eco-Arbeitskreis Online-Marketing hat im letzten Jahr eine Initiative für eine „Richtlinie für erwünschtes Online-Marketing"[40] ins Leben gerufen. Zum Erscheinen dieses Buches sollte eine Jury unter Leitung des Arbeitskreisleiters Dr. Torsten Schwarz bereit sein, eine größere Zahl von Anmeldungen für das Gütesiegel des eco entgegen zu nehmen.

Nach einer Überprüfung durch ein Mitglied der Jury dürfen Sie das Gütesiegel des Verbandes auf Ihrer Web-Seite führen. Mit diesem verpflichten Sie sich zu einem echten Permission Marketing – und Ihre zukünftigen Leser und potenziellen Kunden können sich sicher sein, dass Sie mit ihren Daten ordentlich umgehen. Das Gütesiegel dürfen Sie verwenden, solange Sie sich an diese Selbstverpflichtung halten. Verstoßen Sie dagegen, wird Ihnen das Siegel wieder aberkannt.

Ein etwas anders strukturiertes Gütesiegel will auch der Deutsche Direktmarketing Verband[41] herausgeben[42], allerdings plant der Verband eher eine Zertifizierung von E-Mail-Direktmarketing-Anbietern.

---

[39] www.eco.de

[40] www.eco.de/servlet/PB/menu/1060426_ll/index.html

[41] www.ddv.de

[42] www.go4emarketing.de/seiten/recht/r03.html

1.8   Messbarkeit des E-Mail-Marketing

Nur die Kontrolle über den Erfolg des eigenen Newsletters hilft Ihnen, den Newsletter zu verbessern und mehr Leser und dadurch mehr Kunden zu gewinnen. Doch Vorsicht: Einige der im Folgenden angerissenen Möglichkeiten verpflichten Sie dazu, Ihre Datenschutz-Policy zu ergänzen – wenn Sie nicht vorhaben, dagegen zu verstoßen. Aber auch wenn Sie Ihren Lesern sagen, dass Sie Web-Bugs oder personalisierte Links verwenden, werden einige davon nicht sonderlich angetan sein: Niemand wird gerne ausspioniert. Sie müssen selbst entscheiden, ob Sie diese Mittel einsetzen.

Ähnlich wie bei der Bannerwerbung gibt es verschiedene Möglichkeiten für die wichtige Erfolgskontrolle: Die meisten Informationen liegen in den Log-Dateien von Web- und E-Mail-Server versteckt. Damit diese die notwendigen Informationen auch herausgeben, müssen Sie Ihre eigenen Newsletter sowie die Werbung in fremden Newslettern entsprechend vorbereiten. Dazu gehört, niemals die genau gleiche Werbung in verschiedenen Newslettern zu schalten. Nur eine gute Vorbereitung verschafft die Information, welche Newsletter die meisten Klicks bringen und welche bei zukünftigen Schaltungen eher zu vernachlässigen sind.

Mehr Erfolg durch Tracking

Mit jedem E-Mail-Programm können Sie Empfangs- und Lesebestätigungen vom Empfänger anfordern. Doch schon für die Bestätigung der Übermittlung (receipt notification, confirmation of delivery) gibt es keinen von allen E-Mail-Programmen unterstützten gemeinsamen Standard. Zudem kann jeder Benutzer selbst einstellen, ob er dem Absender diese Information zukommen lassen möchte.

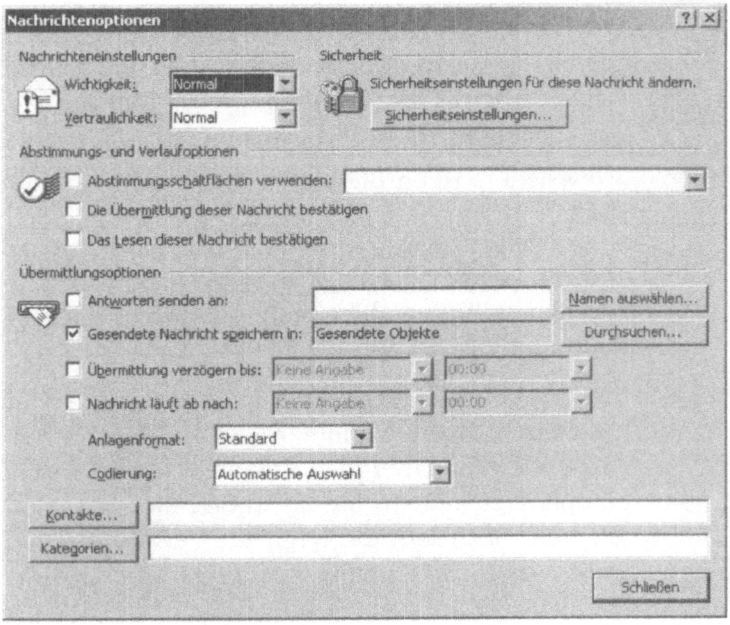

Abb. 1-13: Im Dialog für die Nachrichten-Optionen können Sie Übermittlungs- und Lesebestätigungen für Ihre Nachricht anfordern.

Noch weniger standardisiert ist die Lesebestätigung (read notification, confirmation of reading). Und sie ist datenschutzrechtlich noch wesentlich bedenklicher. Meiner Meinung nach geht es nämlich niemanden etwas an, wann ich seine E-Mail lese. Auch weil einige Spammer auf den beiden genannten Wegen eine Adress-Überprüfung versuchen, haben wohl die meisten Internet-Benutzer eine automatische Antwort auf diese Anfragen abgestellt.

Anzahl der Leser feststellen

In HTML-E-Mails können Sie kleine Bilder einfügen, die das E-Mail-Programm beim Öffnen der E-Mail von Ihrem Web-Server abruft. Dieses meistens nur ein mal ein Pixel große und in der Hintergrundfarbe der HTML-E-Mail gehaltene Bild versucht das E-Mail-Programm dann vom Web-Server des Absenders zu laden.

Zählen Sie die Anzahl der vom Web-Server abgerufenen Dateien, die Sie ja genau dazu in die HTML-E-Mails eingefügt haben.

Die durch diese Web-Bugs gemessene Öffnungsrate ist jedoch kleiner als die echte: Die Empfänger der Nur-Text-Version Ihres Newsletters rufen diese Datei nicht ab, und einige Benutzer verbieten ihrem E-Mail-Programm, Dateien aus dem Web nachzuladen. Dazu kommen die Offline-Leser, die beim Lesen einer E-Mail erschrocken das Modem ausschalten, wenn das E-Mail-Programm das Bild laden möchte und dazu eine Internet-Verbindung aufbaut.

Wenn Sie die Verteilung zwischen privaten und geschäftlichen Nutzern kennen, können Sie die ungefähre Öffnungsrate damit zumindest annähernd bestimmen. Den Prozentsatz der HTML-Empfänger kennen Sie ja. Geben Sie dann noch ein oder zwei Prozent dazu, um die Nachlade-Verweigerer mit hinein zu rechnen. Über die Öffnungsrate führen Sie natürlich Buch. Nur so können Sie am Steigen oder Sinken Trends in der Akzeptanz erkennen.

Weisen Sie Ihre Leser auf die Verwendung dieses Bildes in Ihrer Privacy-Policy hin! Niemand wird gerne ausspioniert, wenn Sie aber Ihre Leser über die anonyme Datenerhebung informieren, sind viele sicher bereit, diese zu tolerieren.

Person der Leser feststellen

In manchen Köpfen der Werbewirtschaft scheint es allerdings noch nicht angekommen zu sein, dass Internet-Benutzer sich ungern ausspionieren lassen. Anders ist es nicht zu erklären, dass die Informationsgemeinschaft zur Feststellung der Verbreitung von Werbeträgern[43] die Verwendung von JavaScript in HTML-Newslettern propagiert.

IVW
⇨

Die Informationsgemeinschaft zur Feststellung der Verbreitung von Werbeträgern legt Standards für die Reichweitenermittlung von Web-Seiten, Newslettern

---

[43] www.ivw.de

und Printmedien fest. IVW-geprüfte Angebote sind für Werbekunden besser einschätzbar.

Das Tragische daran: SpamAssassin, ein bei Administratoren von E-Mail-Servern sehr beliebtes Programm zur Bekämpfung von Spam, vergibt für JavaScript-Code in E-Mails eine sehr hohe Punktzahl. Je höher die Punktzahl, desto höher ist die Wahrscheinlichkeit, dass die E-Mail vom Empfänger automatisch gelöscht wird. Eine bessere Möglichkeit, sich unbeliebt zu machen, fällt mir kaum noch ein. Eine Aufstellung der weiteren Spamassassin-Scoring-Kriterien finden Sie unter spamassasin.org /tests.html.

Etwas harmloser: personalisierte Bilder

Nicht ganz so kritisch sind personalisierte Web-Bugs, eine Erweiterung der erwähnten kleinen Bilddateien. Wenn Sie jedem Leser seine persönliche Datei auf Ihrem Web-Server anbieten, können Sie feststellen, ob er die E-Mail geöffnet hat (diese Datei muss übrigens physikalisch gar nicht vorhanden sein. Auf die Anfrage nach einer Datei wie www.endspam.de/newsletter1.gif?ID= 12345678 gibt zumindest der Web-Server Apache in seiner Standard-Konfiguration immer die Datei newsletter1.gif zurück, wenn der Web-Server nicht für die Auswertung eingerichtet wurde. Die ID taucht nur in der Log-Datei auf).

So können Sie feststellen, wann Ihre Premium-Kunden Ihre E-Mails lesen. Wählen Sie die Zeit des Newsletter-Versands anhand ihrer bevorzugten E-Mail-Öffnungszeiten. In der Anzahl begrenzte Sonderangebote verschicken Sie dann so, dass diese zuerst Zugriff darauf erhalten.

Auch Spammer nutzen Web-Bugs

Spammer generieren über diesen Weg allerdings auch gültige E-Mail-Adressen. Sie schicken einfach hunderte oder tausende von E-Mails an eine einzelne Domain. Das Postfach versuchen sie zu erraten, indem sie einfach alle möglichen Buchstabenkombinationen bis zu einer bestimmten Länge verwenden. Wird eine Datei vom Web-Server abgerufen, stellt die Datenbank eine Verbindung zur E-Mail-Adresse her und erklärt sie für gültig.

Daher ist die Überprüfung der E-Mail-Öffnung bei vielen Internet-Benutzern nicht sonderlich beliebt. Sie schalten einfach die HTML-Anzeigen ihres E-Mail-Programms aus. Sie könnten zwar HTML-E-Mails anzeigen lassen, sie wollen es aber nicht. Aus Sicherheitsgründen. Weil Sie ihre E-Mail-Adresse nicht verifizieren lassen wollen. Weil sie das Öffnen einer HTML-E-Mail nicht bestätigen wollen. Oder sie benutzen ganz absichtlich E-Mail-Programme, die zwar HTML anzeigen können, aber keine Dateien aus dem Internet nachladen. Oder sie schützen sich durch eine Firewall dagegen. Der Möglichkeiten gibt es einige, genaueres erfahren Sie im Kapitel 5.3 ab Seite 240.

Firewall ⇨	Eine Firewall schützt an das Internet angeschlossene PCs vor den Gefahren, indem diese nur erwünschte Kommunikation mit dem Netz zulässt (Achtung: Teilweise Wunschdenken).

Beliebte Themen feststellen

Recht einfach ist es hingegen, ganz legal die Beliebtheit einzelner Themen zu ermitteln. Dazu gehört nicht mehr als die Auswertung der Log-Dateien Ihres Web-Servers. Anhand unterschiedlicher Informationen stellen Sie fest, welche Themen bei Ihren Lesern am besten ankommen. Auf den Web-Seiten zu den einzelnen Beiträgen sollten Sie dem Leser die Möglichkeit bieten, anderen die Artikel zum Lesen zu empfehlen. Beobachten Sie, welche Themen es sind, die am häufigsten weiterempfohlen werden, denn diese bringen Ihnen die meisten Neukunden.

Stellen Sie ebenfalls eine Rangfolge auf, an welchen Positionen die am häufigsten angeklickten Themen in Ihren Newslettern sich befanden. Wenn Ihnen bestimmte Themen später besonders am Herzen liegen, dann setzten Sie sie auf diese Positionen.

Nicht alle ausgehenden E-Mails müssen gleich sein. Experimentieren Sie mit verschiedenen Betreff-Zeilen, leicht veränderten Texten und versenden Sie vorab 10 oder 20 Prozent der Nachrichten in dieser leicht veränderten Form. Messen Sie, welche Form bei den Nutzern besser ankommt.

Landing Pages

Nur in wenigen Newslettern erscheinen komplette Artikel. Häufig erscheint lediglich der Anfang des Textes im Newsletter, der komplette Artikel ist über einen Link auf der Homepage des Anbieters zu erreichen. Bei Newsletter-Werbung funktioniert es ähnlich: Weiterführende Informationen erhält der Leser auf der Homepage oder eben per E-Mail.

Nun sollen aber die Leser nicht irgendwo auf der Homepage landen. Wir wollen ja wissen, wie sie auf uns aufmerksam geworden sind, wo wir in Zukunft werben sollen und wo besser nicht. Wir wollen wissen, wer welchen Artikel liest und welcher Artikel von wem weiter empfohlen wird.

Eine einfache Adress-Änderung der Landing Page reicht aus, um festzustellen, aus welchem Newsletter die meisten Leser auf Ihre Homepage kommen. Jede Werbung bekommt eine eigene Adresse, die per sofortiger Weiterleitung zu den gewünschten Informationen führt. Dies geschieht in der Regel durch ein so genanntes http-Redirect im Header der weiterleitenden HTML-Seite:

```
<HTML>
<HEAD>
<TITLE>Newsletter1</TITLE>
<META HTTP-EQUIV=REFRESH CON-
TENT='0;URL=/newsletter.html'>
</HEAD>

...
```

Die Seite selbst kann durchaus schlicht gehalten sein, sie sollte aber einen anklickbaren Hinweis auf das Ziel der Weiterleitung enthalten. Zwar sollten alle halbwegs modernen Browser automatisch und sofort (Anzahl der Sekunden im obigen Beispiel ist Null) dem vorgeschriebenen Weg folgen, doch für die Benutzer der letzten Browser-Dinosaurier ist ein hilfreicher Tipp mitunter sinnvoll.

Die Angabe einer ID funktioniert übrigens auch bei HTML-Seiten. Sie können also genauso gut einen Link in der Form http://www.endspam.de/newsletter?ID?12345 verwenden.

Damit ist auch klar, wie eine personalisierte Auswertung funktioniert – wenn es erwünscht ist. Jede einzelne E-Mail bekommt eine eigene ID, die mit der E-Mail-Adresse in Verbindung steht. Aus den Log-Dateien des Web-Servers geht dann hervor, welcher Leser welchen Link angeklickt hat.

So stellen Sie etwa fest, welche Themen Ihre Premium-Kunden besonders interessieren. Richten Sie Ihren Newsletter besonders auf diese aus. Opfern Sie C-Kunden-Themen, verstärken Sie B-Kunden-Themen. Speichern Sie zu jedem Leser, welche Artikel ihn besonders interessieren.

Aber Vorsicht: Jeder Leser hat das Recht, Einsicht in bei Ihnen gespeicherte persönliche Daten zu nehmen. Zwar wird sich ein A-Kunde nur selten über eine bevorzugte Behandlung beschweren, doch B- oder erst recht C-Kunden sind ganz schnell weg, wenn sie von ihrer Einstufung erfahren. Dazu kann es passieren, dass diese nicht nur Ihren Newsletter kündigen, sondern über ihre „unmögliche Einstufung" bei einem der bekannten Online-Meinungsportale berichten.

Sind Ihre Leser hauptsächlich gewerbliche Kunden, deutet der Abruf der gleichen Datei (oder eben der gleichen ID) von unterschiedlichen IP-Adressen übrigens darauf hin, dass der Leser seine E-Mail an einen anderen weitergeleitet hat. Privatkunden bekommen bei der Einwahl in das Netz immer eine neue IP-Adresse zugewiesen, mit einer Standleitung an das Internet angebundene Firmen präsentieren fast immer die gleiche.

| **IP-Adresse** ⇨ | Jeder PC im öffentlichen Internet hat eine weltweit eindeutige IP-Adresse, damit Verbindungen zwischen einzelnen Rechnern möglich sind. Private Anwender, die über eine Wählverbindung in das Netz gehen, erhalten bei jeder Einwahl eine andere IP-Adresse aus dem Pool des Providers zugewiesen, während |

Server fast immer über die gleiche IP-Nummer verfügen. Da man sich diese Nummern nur schwer merken kann, entstand das Domain Name System (DNS), das Namen in Nummern übersetzt.

Mit personalisierten Links können Sie auch feststellen, welche Hyperlinks von Menschen angeklickt wurden, die ansonsten noch nie irgendetwas angeklickt haben. Das sind die Inhalte, mit denen Sie abwanderungsgefährdete Leser halten können.

Segmentieren Sie die Empfänger. Bilden Sie Gruppen von Lesern, die sich für das gleiche Thema interessieren. Diese können Sie mit speziellen E-Mails noch besser erreichen. Versenden Sie individuelle E-Mails mit einem speziellen Themen-Sonderangebot an jemanden, der mehrfach Hyperlinks zu einem bestimmten Themenbereich angeklickt hat.

E-Mail-Response auswerten

Newsletter können, auch wenn sie nicht im HTML-Format verschickt werden, E-Mail-Adressen und auch Internet-Links enthalten, etwa mailto:info@domain.de?Subject=newsletter1 oder mailto:info@domain.de? Subject=newsletter2. Die meisten aktuellen E-Mail-Clients übernehmen den durch „Subject=" beschriebenen Teil hinter dem Fragezeichen bei einem Klick als Betreff beim Verfassen einer neuen E-Mail. Das können Sie zum einen nutzen, um verschiedene Newsletter zu unterscheiden, zum anderen gibt es Ihnen die Möglichkeit, unterschiedliche Texte – seien es nun Preislisten oder Produktbeschreibungen – per Autoresponder automatisch an die Leser zurückzuschicken. Gleiches funktioniert auch mit unterschiedlichen E-Mail-Adressen in der Form newsletter1@domain.de oder newsletter2@domain.de (dann müssen Sie allerdings entsprechend viele E-Mail-Acounts bereitstellen).

Die Anzahl der Anfragen nach den Autorespondern verstecken sich, wie nicht anders zu erwarten, in den Log-Dateien des E-Mail-Servers. Wenn Sie keinen E-Mail-Server zur Verfügung haben, können Sie auch mit Ihrem normalen E-Mail-Client Autoresponder aufsetzen – wie, erfahren Sie im Kapitel 5.2.

1.9 Betrachtung von Kosten und Nutzen

E-Mail-Marketing ist günstig – im Vergleich zum klassischen Mailing. Kostenlos ist es allerdings nicht. Nur beim Versand fallen schließlich geringere Kosten an – andere Kostenarten wie Erstellungskosten bleiben gleich oder bewegen sich zumindest auf gleicher Höhe. Im Einzelnen:

Kosten für die E-Mail-Adressen

Der Aufbau eines eigenen E-Mail-Verteilers kostet Geld. Kommen die Adressen etwa über den eigenen Web-Server hinein, so müssen anteilige Kosten für den Betrieb dieses Servers auf das Marketingbudget umgelegt werden. Gelangen Sie über ein Gewinnspiel an die Adressen, so gelten eben sämtliche Kosten für das Gewinnspiel als Erhebungskosten für den E-Mail-Verteiler. Dazu kommen Kosten für die Pflege der Adressen. Zwar nehmen Ihnen bei geschickter Programmierung die Leser einiges an Arbeit ab, aber auch diese Programmierung kostet Geld. Das gelegentliche manuelle Sichten der Adressen lässt sich nicht automatisieren, hier fallen auf jeden Fall Personalkosten an.

Die Pflege der Adressen braucht Sie nicht zu kümmern, wenn Sie mit Fremdadressen arbeiten. Aber der Dienstleister, über den Sie diese Adressen benutzen dürfen, möchte das auch bezahlt haben. Damit einher geht allerdings schon die Selektion der Adressen, die im Fall eines eigenen Verteilers manuell erfolgt und dadurch mit Arbeit und Personalkosten verbunden ist.

Erstellungskosten

Eine E-Mail ist schnell geschrieben. Nun, das kommt auf die E-Mail an: Wenn man sich etwa Gedanken über Betreffzeile und Text, Gestaltung, spezielle Formatierungen und Layout oder gar Antwortmöglichkeiten macht. Vielleicht müssen auch noch ein paar Bilder geknipst, eine Grafik erstellt oder Landing Pages abgeklärt und programmiert werden. Dazu kommen unterschiedliche Versionen für HTML- und Text-E-Mails. Wenn man es mit dem HTML übertreibt, kommt auch der so gar nicht selten genutzte *AOL*-E-Mail-Client[44] ins Stolpern. Das alles bedarf bei einem regelmäßigen Newsletter schon einige Stunden Arbeit im Monat.

Ist die E-Mail erstellt, muss sie nur noch in das Versandsystem eingefügt werden – doch das ist in den meisten Fällen nicht kostenlos zu haben. Oder man übergibt die Arbeit einem externen Dienstleister. Auch der möchte Geld für seine Leistung sehen.

Um Folgekosten in Form von Schadenersatzforderungen, Abmahnungen oder einstweiligen Verfügungen zu entgehen, sollten Sie auch vor einer Kampagne mal mit einem Rechtsanwalt über die Kampagne reden. Und der möchte ein Honorar sehen.

Versandkosten

Bei den Versandkosten spielt die E-Mail natürlich ihre Stärke aus. Der Versand einer einzelnen E-Mail kostet wirklich fast nichts. In der Summe werden es jedoch ein paar Euro, die Sie für den Versand einrechnen müssen. Die setzten sich aus Kosten für den PC, für die Internet-Anbindung und dem IP-Traffic zusammen.

Im Vergleich zu einer klassischen Mailing-Aktion liegen die Kosten durch den unschlagbar preiswerten Versand deutlich günstiger. Die Herstellungs- und Versandkosten von Papier-Mailings steigen einfach mit der Anzahl der Empfänger. Ob aber 100 oder 10000 E-Mails das Haus verlassen, spielt bei der Kostenbetrachtung nun wirklich keine Rolle mehr.

Sonstige Kosten

Die Folgekosten einer E-Mail-Kampagne liegen wieder im Bereich eines üblichen Mailings: Informationsmaterial und für diese Kampagne vergünstigte Produkte oder Gewinnspiel-Gewinne müssen verschickt, Anrufe und E-Mails beantwortet werden. Gerade der letzte Punkt kann bei einer großen Anzahl von Empfängern zum Problem werden (Lösungsansätze finden Sie im Kapitel

---

[44] Mit einem Zusatzprogramm können AOL-Nutzer übrigens ihre E-Mails bei AOL abholen und mit einem üblichen POP3-Client lesen: www.heise.de/ct/shareware/default.shtml?prg=11259

5.2). Keine Angst: Zum Nutzen aus der ja ebenfalls durch Arbeitszeit zu bezahlenden Auswertung kommen wir gleich.

Reporting und Kampagnen-Analyse

Eine Print-Kampagne bietet nur wenige Möglichkeiten zur Auswertung. Beim E-Mail-Marketing ist es hingegen recht einfach, den Erfolg einer Kampagne exakt zu messen und vor allem einzelnen Werbeaktionen zuzuordnen. Eine Erfolgsmessung lässt sich in mehreren Schritten vornehmen.

Haben Sie den Versand und das weitere Handling der Werbeaktion einem externen Dienstleister überlassen, sollten Sie vorher mit ihm Absprachen über das Reporting treffen. Im Idealfall erlaubt er Ihnen einen Realtime-Einblick in die noch laufende Kampagne.

Mindestens sollte er jedoch die folgenden Parameter zum Abschluss der Kampagne bereitstellen können. Wenn Sie das Handling komplett selbst übernehmen, werden Sie erst einige Programme ausprobieren, Scripte schreiben und viele Erfahrungen sammeln müssen – oder Sie holen sich einen Berater ins Haus.

- Die *Bounce-Rate* gibt an, wie viele der E-Mails nicht an den Empfänger zugestellt werden konnten. Nach Abzug dieser „Verlustanzahl" erhält man die Anzahl der tatsächlichen E-Mail-Auslieferungen, häufig auch als Netto-Empfänger bezeichnet. Sie bildet die Basis für weitere Berechnungen.

Bounce ⇨	Kommt eine E-Mail aus technischen Gründen nicht beim Empfänger an, spricht man von Bounces. Zu unterscheiden sind Soft-Bounces (eventuell Mailbox überfüllt) und Hard-Bounces (Empfänger existiert nicht).

- Die *Opening-Rate* dokumentiert, wie viele Empfänger ihre E-Mail geöffnet haben. Diese Zahl können Sie nur erhalten, wenn Sie E-Mails im HTML-Format verschickt haben. Heute gehen wir davon aus, dass zwischen 80 und 95 Prozent aller Empfänger E-Mails im HTML-Format lesen können und dies auch wollen, die HTML-Anzeige also nicht abgeschaltet haben. Arbeiten Sie mit personalisierten Web-Bugs, können Sie bei jedem einzelnen Empfänger feststellen, ob er Ihre E-Mail geöffnet hat.

- Die *Click-Through-Rate* bezeichnet den Prozentsatz der Nettoempfänger, die einen Link angeklickt haben. Wenn personalisierte Links verschickt wurden, gibt sie Auskunft, welche Links von wem und wie oft geklickt wurden. Leistungsstarke Technik und ausgefeilte Reportings können sogar Auskunft über die Dauer zwischen Öffnung und erstem oder späteren weiteren Klicks geben. Haben Sie etwa mehrere Links innerhalb der E-Mail gesetzt, so können Sie dadurch herausfinden, welche Position im Newsletter für die Leser am attraktivsten ist und Ihre nächste Werbung entsprechend darauf ausrichten.

- Die *Unsubscribe-Rate* erfasst, wie viele Empfänger sich infolge eines Mailings aus der Empfängerliste abmelden. Einige Dienstleister fragen bei den Ex-Lesern nach den Gründen für die Abmeldung nach – als Antwort kommt jedoch meist nur „zu viele E-Mails" oder „uninteressante Inhalte" zurück. Auch der Wechsel der E-Mail-Adresse ist ein häufig genannter Grund für die Kündigung. Eine gewisse Unsubscribe-Rate ist bei jedem Mailing normal – fragen Sie nach, wie hoch sie normalerweise ist und lassen Sie sich die bei Ihrem Mailing aufgetretene Rate nennen. Weicht sie sehr von der üblichen Quote ab, sollten Sie Schlüsse für Folgekampagnen ziehen.

- Liegt die Landing-Page nicht auf Ihrem eigenen Web-Server, so müssen Sie die übermittelten Zahlen mit Ihren eigenen Server-Log-Dateien abgleichen[45]. Nur mit Hilfe eines genauen Abgleichs können Sie feststellen, wie viele Besucher von der Landing-Page nicht mehr zu Ihrem eigenen Angebot weiter geklickt haben. Kommt es etwa trotz hoher Click-Throughs kaum zu Käufen oder Anfragen, dann ist das Angebot entweder nicht richtig vorgestellt worden, oder der Weg vom

---

[45] Dazu ist es sinnvoll, wenn auch Ihr Web-Server seine Uhrzeit per Funkmodul von der Atomuhr der PTB erhält. Etwaige Abweichungen in den Uhrzeiten der beiden Log-Dateien können Sie sonst zum Wahnsinn treiben.

Werbetext zum anschließenden Kauf ist an irgendeiner Stelle gestört. Spezielle Auswertungssoftware für Ihren Server verrät Ihnen weitere Optimierungsmöglichkeiten, etwa die Benutzerführung oder Gestaltung der Web-Seiten.

Aus den vom Dienstleister übermittelten oder eigens berechneten Zahlen können Sie nun den Erfolg Ihrer Kampagne errechnen.

- Der *Cost per View* bezeichnet die reinen Sichtkontakte und stellt die Kampagnenkosten den generierten Öffnungen des Mailings gegenüber.

- Bei der Berechnung der *Conversion-Rate* muss vorab das Ziel der Kampagne feststehen. Zur Auswahl stehen etwa der Kauf bestimmter Produkte oder Dienstleistungen, die Anforderung weiterführender Informationen oder der einfache Besuch der Web-Seite.

- Mit *Cost per Order* werden die zur Erzielung eines Verkaufes investierten Kosten bezeichnet. Statt Cost per Order können je nach Kampagnen-Ziel auch Cost per Registration oder Cost per Lead gemessen werden. War das Ziel die Erhöhung der Besucherzahlen eines Web-Angebots, spricht man auch vom Cost per Click.

- Zu guter Letzt lässt sich die Wirtschaftlichkeit einer Kampagne mit Hilfe einer Kosten-Umsatz-Analyse ermitteln. Und danach sollten Sie wissen, ob Sie jemals wieder eine E-Mail-Marketing-Kampagne durchführen

Glaskugel-Marketing

Den Erfolg einer E-Mail-Kampagne kann niemand voraus sagen. Zu unterschiedlich sind die Parameter. Nicht jedes Produkt lässt sich gleichermaßen leicht oder schwer verkaufen, jede Zielgruppe ist anders. Besonders die ersten Kampagnen leiden unter mangelnder Erfahrung der Beteiligten. Erfahrene Dienstleister nennen Ihnen aber vorab schon ihre Erfahrungen – sie kennen ihr Adressmaterial.

Click-Through-Raten lagen einmal um zehn Prozent und die Conversion-Rate bei etwa zwei Prozent – mit fallender Tendenz. Die Rücklaufquote kann bei falscher Adressauswahl und schlechter Werbung aber auch bei nur einem zehntel Prozent liegen.

Gute Zielgruppenselektion, exzellent gemachte Newsletter, knackige Betreffzeilen und gute Angebote lassen die Werte einzelner Kampagnen deutlich steigen. Ohne Fleiß kein Preis. E-Mail-Marketing ist, wie schon erwähnt, günstiger als klassische Mailings, die Technik alleine kann jedoch keine Wunder vollbringen.

Finden Sie heraus, wofür sich Ihre Empfänger interessieren, und bilden Sie Segmente mit ähnlichen Interessen. Schicken Sie Sonderangebote nicht an alle Kunden, sondern nur an die, die eine gute Umwandlungsquote für genau dieses Angebot erwarten lassen (das steigert nicht nur die Umwandlungsquote. Es senkt auch die Kündigungsquote bei denen, die auf Ihr Angebot sowieso nicht eingegangen wären).

Beobachten Sie An- und Abmeldungen. Bilden Sie Mittelwerte, um langfristige Trends zu erkennen. Segmentieren Sie aber auch hier, und konzentrieren Sie sich auf Ihre besonders wertvollen Kunden. Suchen Sie die Zielgruppe mit der höchsten Kündigungsquote. Ist diese Zielgruppe wichtig für Sie, widmen Sie ihr eine eigene Rubrik im Newsletter. Stellen Sie fest, welche Faktoren zu einer erhöhten Anmeldequote führen.

Die Deutschen gelten als Schnäppchenjäger. Je höher Response und Kauf incentiviert werden, desto höher sind Response- und Kaufrate. Umso schlechter sind dann aber auch die Wiederkaufraten. War die schon die Response incentiviert, so folgt auf berauschende Klickraten meist nur eine niedrige Kaufrate. Wiederkäufer und Stammkunden gewinnen Sie so nur wenige. Vor allem bei einem Neukunden müssen Sie genau aufpassen, wie viel er Sie kostet.

1.10   Marketing und Pressearbeit

Wie unterscheidet sich das Marketing – also die Ansprache des End- oder Geschäftskunden – von der Ansprache des Journalisten? Nicht wesentlich. Auch die Presse will genaue Informationen, sie will keinen überflüssigen Ballast in Ihren Meldungen, und digitale Anhänge sind ebenso verpönt (zumindest, wenn sie unaufgefordert und in großen Mengen an der Pressemitteilung hängen). Die Vorteile der elektronischen Pressearbeit liegen klar auf der Hand:

- Ein Presseverteiler ist relativ schnell aufgebaut. Woher Sie die Adressen der Journalisten bekommen, erfahren Sie einige Seiten weiter.

- Statt in der Masse der täglich in einer Redaktion eingehenden Meldungen unterzugehen, erreicht man direkt den zuständigen Redakteur – zumindest, wenn seine persönliche E-Mail-Adresse bekannt ist.

- Die Nachricht ist in kürzester Zeit beim Redakteur, die Zeit für den Postversand fällt weg.

- Die Kosten fallen geringer aus, da Druck, Verpackung und Versand wegfallen – zu den sowieso notwendigen Arbeiten der Erstellung der Pressemitteilung kommen einzig die Onlinekosten hinzu.

- Die Arbeit funktioniert zur Not mit dem gewohnten E-Mail-Programm, da die Anzahl der Empfänger meist überschaubar ist.

Spezielle E-Mail-Programme (siehe Kapitel 5.2, S. 224) erlauben die Personalisierung der Nachrichten. Ja, auch Redakteure werden gerne mal gebauchpinselt. Wenn Sie bereits ein Programm für das E-Mail-Marketing einsetzen, dann benutzen Sie dieses auch für die Aussendung der Pressemitteilungen. Alle Redakteure erhalten so den gleichen Text, aber mit persönlicher Ansprache oder sogar einen auf den Redakteur speziell zugeschnittenen Nachsatz. Nutzen Sie persönliche Ansprachen aus – wenn Sie sich mit dem Redakteur am Telefon duzen, tun Sie das auch in der E-Mail.

Mit der Pressearbeit ist meistens mehr Arbeit verbunden als mit dem Versenden eines Newsletters an potenzielle oder Stammkunden. Doch mit dem Abdruck auch nur einer Meldung hat sich der Aufwand häufig schon gelohnt.

Adressen finden

Doch woher kommen nun die Adressen für den Presseverteiler? Sie können zum Bahnhofskiosk gehen und alle relevanten Zeitungen und Zeitschriften kaufen. Aus dem Impressum einer jeden generieren Sie nun eine persönliche Verteilerliste. Sicher keine schlechte Idee, da Sie so auch einen Überblick über mögliche Schwerpunkte einzelner Publikationen bekommen und so Ihre Pressearbeit gezielt auf die einzelnen einrichten können.

Einfacher geht's mit den klassischen Werken der Pressearbeit. Zwei davon finden Sie inzwischen auch im Internet: Das *Presse- und Medienhandbuch* vom *Stamm-Verlag*[46] sowie die *Zimpel*-Nachschlagewerke von den *GWV Fachverlagen*[47]. Diese gestatten auch einen Gastzugang, sodass Sie zunächst in die angebotenen Funktionen hineinschnuppern können.

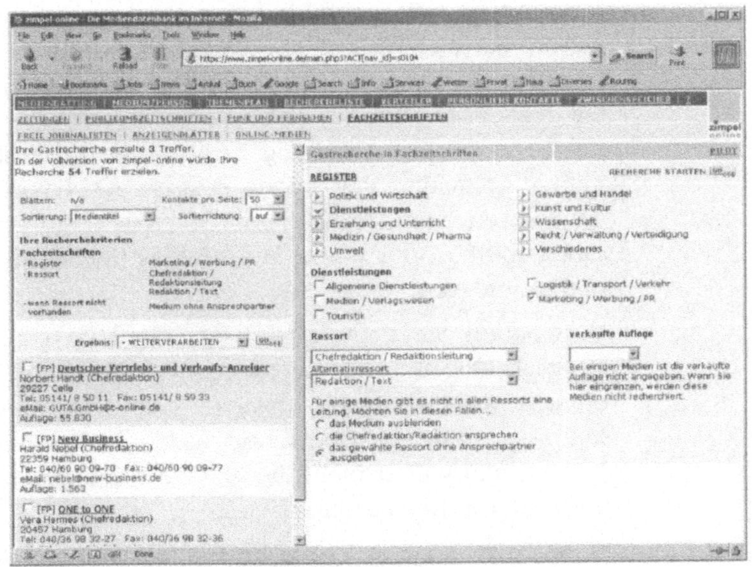

Abb. 1-14: Die *Zimpel*-Datenbank lässt eine Online-Abfrage zu.

Die *Kroll-Pressetaschenbücher* können Sie zwar online bestellen, eine Online-Recherche bietet der *Kroll-Verlag*[48] bisher jedoch

---

[46] www.stamm.de

[47] www.zimpel-online.de

[48] www.kroll-verlag.de

nicht an. Dafür stellt der Verlag mit seinen verschiedenen Werken eine breite Auswahl an Adressbüchern bereit. Der *Media-Daten-Verlag*[49], ebenfalls unter den *GWV Fachverlagen* angesiedelt bietet sein Produkt *RedaktionsAdress* ebenfalls nur als Printprodukt an.

Zwar bringen die Verlage ihre Bücher teilweise mehrmals im Jahr heraus, doch während der Drucklegung ist bereits ein Teil der Einträge veraltet. Wenn möglich, setzen Sie daher auf Online-Sammlungen. Zudem entfällt dadurch das mühselige Abtippen der Adressen.

Tipps & Tricks zur erfolgreichen Pressemitteilung

Journalisten müssen fehlerfreies Deutsch schreiben. Daher reagieren sie auch besonders allergisch, wenn sie jemand in nicht fehlerfreiem Deutsch anschreibt. Sicher verzeihen sie kleine Fehler – aber der Einsatz einer Rechtschreibprüfung vor dem Versand einer Pressemitteilung ist allererste Marketingpflicht. Es gilt immer noch das Vier-Augen-Prinzip: Alles von einem Kollegen gegenlesen lassen oder zumindest vor dem Versand noch kurz einen Kaffee oder einen Tee trinken und dann selbst noch einmal durchlesen.

Verwenden Sie nicht allzu viele Gedanken auf eine knackige Überschrift. Sollte der Redakteur Ihre Meldung verwenden, wird er sich wahrscheinlich sowieso noch eine andere ausdenken. Mal passt ihm die Überschrift nicht, mal passt sie nicht in das Layout, mal will er nicht die gleiche Überschrift wie die Kollegen aus anderen Redaktionen.

Beim Text sieht es etwas anders aus. Einige Redaktionen nehmen durchaus den originalen Text und drucken ihn – häufig etwas gekürzt – ab. Vor allem Online-Magazine kürzen nur selten, schließlich spielt hier der Platz keine Rolle. Die wesentlichen Faktoren in der Mitteilung müssen dann aber auch passen:

- Als allererstes müssen Sie einen Grund für eine Pressemitteilung haben. Es muss sich um eine Information von allgemeinem Interesse handeln. Redakteure hassen nichts mehr als

---

[49] www.mediadaten.de

heiße Luft. In Redaktionen mit hohem Postaufkommen kann eine einzige nichts sagende Meldung schon zu Verdammnis der gesamten Firma führen.

- An den Anfang einer jeden Pressemitteilung gehört der Aufmacher – die Sensation. Erst danach kommen die ausführlichen Informationen.

- In der Kürze liegt die Würze. Eine einzelne Pressemitteilung wird nie ganz alleine eine Seite zieren; sie muss sich die Seite mit Meldungen anderer Unternehmen teilen. Passt eine andere Mitteilung vom Platz besser rein, so fällt die längere raus.

- Sie sollten die sieben großen „W"s der Pressearbeit beachten. Beantworten Sie die Fragen am besten in der unten dargestellten Reihenfolge:

  - Wer?

  - Was?

  - Wo?

  - Wann?

  - Wie?

  - Warum

  - Welche Quelle? (nicht immer notwendig)

- Keine Wiederholungen, keine Füllwörter, keine Floskeln, kein Nominalstil, keine Passivsätze. Abkürzungen nur, sofern sie branchenüblich sind. Kurz und knapp texten, aber nah am Thema bleiben.

- Vereinfachen Sie dem Redakteur seine Arbeit so weit wie möglich. Hat er ein Verständnisproblem, muss er nachfragen. Wenn keine Zeit dafür ist oder er niemanden erreicht, dann nimmt er halt eine andere Meldung.

- Bleiben Sie in Pressemitteilungen auf jeden Fall ehrlich. Sicher, ein wenig Übertreibung schadet nicht. Aber wenn ein Pressevertreter Sie bei einer Lüge erwischt, dann schlägt die Meldung schnell ins Negative um.

- Alles, was die Presse im Zusammenhang mit dieser Mitteilung interessieren könnte, gehört auch in die Meldung hinein, gerne auch als Hintergrundinformation. Für Nachfragen muss immer ein Ansprechpartner genannt sein, der am Tag der Aussendung nicht um 14 Uhr Feierabend machen darf. Die folgenden Informationen sind Mindeststandard:

- Vor- und Zuname des Ansprechpartners, eventuell Titel

- Position im Unternehmen

- Telefon, Fax- und in besonderen Fällen Mobiltelefonnummer des zuständigen Mitarbeiters

- Web- und E-Mail-Adresse – zum einen für die Presse, zum anderen für den Abdruck

- Adresse und Rechtsform des Unternehmens

- Nur selten erhalten Redaktionen eine Mitteilung eines Unternehmens exklusiv. Davon gehen sie aus. Wenn Sie ausnahmsweise einer Redaktion exklusiv eine Vorabmeldung zukommen lassen, dann machen Sie den Redakteur darauf aufmerksam. Er wird dem Thema dadurch sicher größere Aufmerksamkeit widmen.

- Versuchen Sie nicht, dem Redakteur eine Anzeige als Information zu verkaufen. Sein Verlag möchte für Anzeigen Geld sehen – warum sollte er Ihre Anzeige im redaktionellen Teil kostenlos abdrucken?

- Der E-Mail-Versand erleichtert nicht nur Ihnen die Arbeit, sondern auch den Redaktionen. Sie können den Text direkt aus Ihrer E-Mail heraus kopieren und weiter verarbeiten. Deshalb kopieren Sie den reinen Text auf jeden Fall in die E-Mail hinein und hängen ihn nicht als Word-Dokument an. Einen Link auf formatierte Dokumente auf Ihrer eigenen Homepage können Sie hinzufügen.

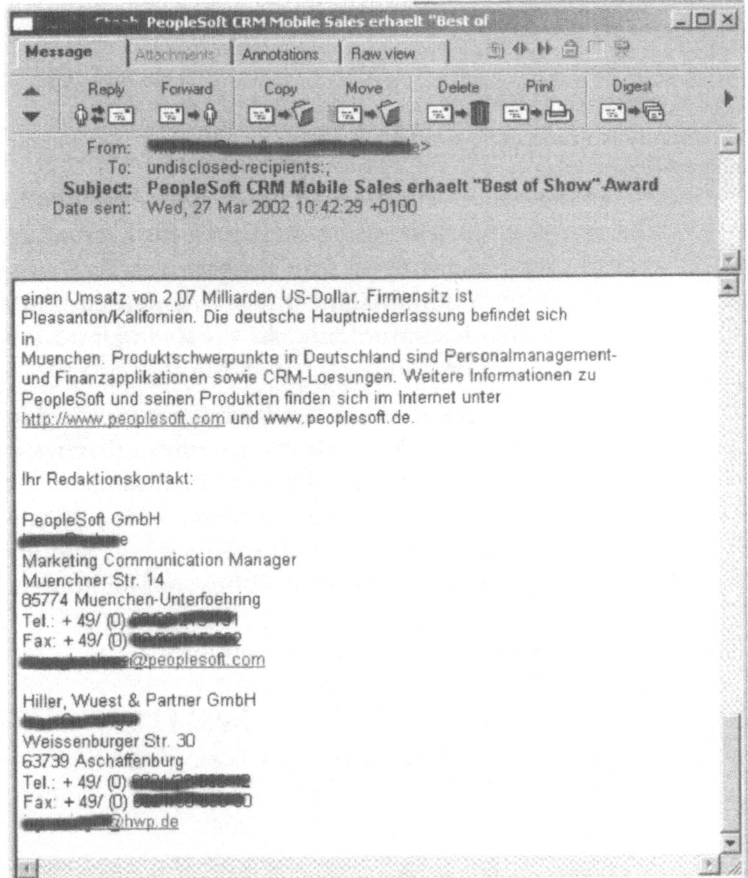

Abb. 1-15: Bei dieser Pressemitteilung klappt's auch mit dem
Kontakt. Für brandaktuelle Meldungen sollte noch eine Handy-
Nummer auftauchen, damit der Redakteur nicht am Abend mit
dem Anrufbeantworter sprechen muss.

Tipps für die Presse-Seiten auf Ihrer Homepage

Viele Unternehmen stellen den Medien auf ihren Webseiten keine oder nur unzureichende Informationen zur Verfügung. Mit ein
paar einfachen Regeln können Sie Ihren Webauftritt für Journalisten verbessern.

- Schaffen Sei einen eigenen Bereich für die Presse. Je nach Unternehmensgröße teilen Sie diesen noch nach Unternehmenspresse, Fachpresse und Publikumspresse auf. Nennen Sie Ansprechpartner für alle Bereiche mit Vor- und Zuname, Funktion, E-Mail-Adresse und Telefon-Durchwahl.

- Keine Restriktionen! Lassen Sie jeden Surfer in den Pressebereich hineinschauen. Nichts ist für Journalisten ärgerlicher, als am späten Abend im Pressebereich eine Ergänzung für einen schon überfälligen Artikel suchen zu müssen – um dann schnell festzustellen, dass die zwingend notwendige Akkreditierung erst am nächsten Tag möglich ist.

- Stellen Sie alle Pressemitteilungen – auch zum Download im PDF- oder RTF-Format – online. Erstellen Sie ein Unternehmensprofil. Verfassen Sie Biografien der Unternehmensführung. Setzen Sie eine Suchmaschine auf, mit deren Hilfe nur der Pressebereich durchsuchbar ist. Die internationale Presse ist zumindest für die wichtigsten Meldungen auch in Englisch dankbar, ebenso sollte ein gut englisch sprechender Ansprechpartner genannt werden.

PDF, Portable Document Format ⇨	Die Verwendung des „Portable Document Format" erlaubt es, Dokumente mit Text und Bildern immer gleich aussehen zu lassen – egal unter welchem Betriebssystem. Die zum Betrachten notwendige Software ist kostenlos erhältlich.

- Journalisten verwenden für Hintergrundinformationen gerne Goodies wie Firmen- oder Produkt-Historie. Erläutern Sie die Geschichte des Unternehmens und einzelner wegweisender Produkte, stellen Sie Bildmaterial dazu bereit.

- Der Pressebereich muss von der Homepage aus gut erreichbar sein. Übersichtlichkeit ist Trumpf.

- Vom Pressebereich aus müssen sämtliche Unternehmens- und Produktinformationen erreichbar sein. Sie brauchen die Seiten nicht doppelt auf den Server zu spielen – ein Link reicht. Journalisten suchen zuerst im Pressebereich, erst wenn die gewünschten Informationen dort nicht verfügbar sind, wandern sie seufzend in den Produktbereich.

- Zu fast jeder Pressemitteilung lässt sich ein Foto beilegen. Stellen Sie dies auch im Internet zum Abruf bereit. Ob Firmenlogo, das Management, Produktfotos oder Screenshots: Geben Sie zu jedem Bild Pixelgröße und Kilobyte an, stellen Sie JPEG- und TIFF-Bilder bereit, achten Sie auf eine reprofähige Qualität. Zeitungen benötigen 300 dpi. Jedes Bild muss eine Beschreibung haben. Da Journalisten Bilder häufig zur späteren Verwendung auf die eigene Festplatte laden: Geben Sie den Bildern sprechende Namen.

- Wenn Ihr Unternehmen gelegentlich auf Messen präsent ist, integrieren Sie einen Terminkalender. Geben Sie der Presse Gelegenheit, vorab einen Termin mit Ihnen zu vereinbaren. Auch Pressekonferenzen, Workshops und andere Veranstaltungen, auf denen Sie etwa als Sponsor auftreten, bieten Gelegenheit zum Kontakt mit den Redakteuren.

- Auch wenn Sie gerade auf einer Veranstaltung sind: Aktuelle Presseinformationen müssen sofort ins Web. Journalisten können nicht zu jeder Veranstaltung kommen, da häufig zeitliche Überschneidungen auftreten. Dann suchen sie im Pressebereich nach Informationen.

Bieten Sie Journalisten einen eigenen Newsletter an. Fragen Sie die Presse, welche Informationen sie benötigt. Aber auch Journalisten wechseln von Zeit zu Zeit ihren Aufgabenbereich und sind dann vielleicht nicht mehr für das Produkt Ihrer Firma zuständig. Um nun umständliches Telefonieren zu vermeiden, sollten Sie dem Journalisten im Newsletter eine Möglichkeit bieten, sich von selbigem abzumelden. Am besten dient dazu ein Web-Formular, dessen Adresse immer im Newsletter enthalten ist. Dieses sollte auch die Frage enthalten, warum der Pressevertreter sich abmeldet (bitte mit einem Feld für einen freien Text, aus Kritik kann man ja nur lernen). Ein Feld sollten Sie für die Angabe eines neuen Ansprechpartners bereits vorsehen, am besten mit Name, Adresse, Telefon und E-Mail. Gewissenhaft arbeitende Redakteure füllen dieses Formular aus – und Ihr Newsletter ist ohne eigene Arbeit auf dem aktuellen Stand.

Kommunikationsverhalten

Bei diesem Kapitel möchte ich auf die traditionelle Form der Kapitel-Einleitung verzichten und Ihnen auf eine andere Form nahe bringen, warum Sie dieses Kapitel lesen sollten.

Auf einer Zugfahrt nahm schräg gegenüber von mir ein etwa 35-jähriger Mann Platz. Um an einem Tisch arbeiten zu können, nahm er es in Kauf, diesen mit einem anderen Herrn zu teilen. Er zückte Zettel und Stift und begann zu schreiben. Ohne genau hinzuschauen, konnte ich erahnen, dass es teilweise Stichwörter, teils aber auch ganze Sätze waren. Nachdem er zwei DIN-A4-Seiten voll geschrieben hatte, griff er zum Handy, wohl um seinen Bericht zu übermitteln.

Die bekanntermaßen schlechte Verbindungsqualität in einem schnell fahrenden ICE führte zu mehrmaligen „Hallo, hören Sie mich?", gefolgt von einem neuen Anruf mit einem einleitenden „Ich war gerade in einem Funkloch", bis der Zug nach einer Viertelstunde an einem roten Signal halten musste. Insgesamt hatte der Mann etwa 20 Minuten damit zugebracht, seinen Bericht telefonisch zu übermitteln. Danach wussten alle Mitreisenden, dass er bei einem Bauunternehmen beschäftigt war und dass die meisten Mitarbeiter auf der von ihm gerade besuchten Baustelle nicht den von ihm gewünschten Arbeitseinsatz bringen.

Völlig normale Situation, meinen Sie? Nicht ganz: Hätte der Reisende statt des Papiers den darunter fast vergrabenen PDA benutzt, der sogar mit einer kleinen Tastatur ausgestattet war, und den Bericht dann per E-Mail abgesetzt, wäre nicht nur den Mitreisenden die Belästigung, sondern den beiden Gesprächspartnern auch viel Verdruss und Arbeitszeit erspart worden.

Der zunehmenden Elektronisierung der Kunden kann sich auch das Marketing nicht mehr verschließen. Mediengerechte Kommunikationsformen haben sich jedoch noch nicht herausgebildet

– dieses Kapitel schafft einen Überblick und wirft auch einen Blick in eine hoch technisierte Marketing-Zukunft.

2.1 Von der analogen zur digitalen Kommunikation

Traditionelle Verhaltensweisen prägen unseren Alltag. Moderne Kommunikationsmittel benutzen wir anders, als es ihnen angemessen ist. Wir bauen sie in unseren Alltag ein, wie es uns passt – aber nicht, wie es ihnen vielleicht zusteht. Es dauert immer eine gewisse Zeit, bis wir uns an die Möglichkeiten einer neuen Technik gewöhnt haben.

Erinnern Sie sich an die Zeit, in der die ersten Anrufbeantworter in Privathaushalten Einzug hielten? Zunächst wollte niemand mit diesen unpersönlichen Kisten reden, vor allem ältere Menschen legten erschreckt den Hörer wieder auf. Viele hielten es geradezu für unverschämt, dass sie mit einer Maschine sprechen sollten. Neben dummem Gestammel waren dann auch viele Beschwerden über diese unmögliche Art der Kommunikation auf den Geräten zu hören.

Heute jedoch ist eine asynchrone Kommunikation per Anrufbeantworter völlig normal. Die Denkrichtung hat sich um 180 Grad gedreht. Wer einmal versucht hat, bei einer Behörde den zuständigen Mitarbeiter für sein Anliegen ans Telefon zu bekommen, wünscht sich nichts mehr als einen Anrufbeantworter am anderen Ende der Leitung. Statt ein vernünftiges Voice-Mail-System einzurichten, muten es uns vor allem Behörden aber immer noch zu, Dutzende Male die gleiche Nummer zu wählen, um unsere Nachrichten, Beschwerden und Wünsche vorzubringen. Eine echte Verschwendung an Arbeits- und vor allem Lebenszeit[50].

Technik verändert das Kommunikationsverhalten

Handy und PC, vor allem aber das Internet haben das Kommunikationsverhalten in den letzten Jahren noch einmal deutlich

---

[50] Einige Energieversorgungsunternehmen haben übrigens inzwischen die Zeichen der Zeit erkannt. Sie bieten in ihren Online-Centern dem Kunden die Möglichkeit, aktuelle Zählerstände per Internet zu übermitteln. Das spart natürlich dem Unternehmen Kosten, aber man braucht sich auch keinen Tag Urlaub mehr zu nehmen, um untätig auf den Ableser zu warten.

verändert. Im Internet-Mutterland USA ist es schon seit einigen Jahren üblich, dass die meiste Kommunikation per E-Mail abläuft. Ein Telefonanruf – erst recht als Reaktion auf eine E-Mail – wird von vielen Menschen als unhöflich empfunden. Anderen fernmündlich die eigene Zeit zu stehlen und ihnen so die eigene aufzudrücken gilt schon in vielen Kreisen als Makel der Rückständigkeit. Der Gipfel ist jedoch die telefonische Nachfrage, ob denn eine gerade geschriebene E-Mail schon angekommen sei.

Eine der sozialen Konsequenzen der digitalen Revolution ist die Veränderung der privaten und geschäftlichen Kommunikation. Sie erzwingt den Wechsel von analogen Medien wie Brief, Fax, Telefon und Konferenz zu modernen Kommunikationsmitteln wie E-Mail, Chat, Instant Messaging und Intranet-Workplaces. Den Umgang mit diesen Medien müssen viele Menschen jedoch erst noch lernen.

Chat ⇨	Eine Online-Diskussion per Tastatur. Manchmal werden auch ein Mikrofon und ein Headset verwendet, dann spricht man von einem Voice-Chat. Zur Erweiterung auf den Video-Chat benötigen beide Partner eine Kamera.

Die Schere zwischen analog und digital

Den meisten kann man noch nicht einmal Böswilligkeit unterstellen. Sie machen einfach weiter wie bisher. Dadurch aber, dass viele in analoger Kommunikation stehen bleiben, andere hingegen die neuen digitalen Medien möglichst weit ausreizen, entsteht ein Kommunikationsgefälle in der Gesellschaft. Die Fortschrittlichen können mit den Rückständigen nur noch schwer kommunizieren.

Diese Kluft wird von Tag zu Tag größer. Jedes Jahr steigt die Anzahl der Internet-Benutzer, jeden Tag melden sich hunderte bei einem Unified-Messaging-Service an.

Wer weiter ausschließlich auf die Mittel der analogen Welt vertraut, schließt sich selbst vom Fortschritt aus. Verpasste Gelegenheiten und Geschäfte, gestörte Kontakte zu Freunden und Bekannten sind die unweigerliche Folge. Schaffte früher ein Telefonat gute Voraussetzungen für einen Auftrag, ist heute die E-Mail als Reaktionsmedium dem Telefon schon einiges voraus.

Der Zugang zum Internet oder der Besitz eines Handys führt allerdings noch nicht dazu, dass der Benutzer auf der Stelle die neuen digitalen Regeln verwendet. Falscher Einsatz der neuen Kommunikationsmittel ist eine häufige Folge. Es fehlt eine historisch gewachsene und instinktive Etikette, die uns ganz automatisch daran hindert, intimste Geheimnisse per Postkarte zu verschicken oder in der Oper Zeitung zu lesen.

Gesprächskiller Handy

Früher waren Telefone so installiert, dass ein ungestörtes und damit auch nicht störendes Telefonieren möglich war. Selbst Telefonzellen hatten eine Tür. Das Handy als immer-und-überall-erreichbar-Telefon führt hingegen zu unhöflichen und störenden Verhaltensweisen. Wann immer es klingelt, gehen wir ran oder schauen zumindest auf dem Display, ob der Anruf wichtig sein könnte. Schon die Blicke der Umstehenden machen eine sofortige Reaktion auf das Gedüdel des Handys notwendig. Nur seit langem im Umgang mit dem Mobiltelefon gewohnte Menschen greifen souverän in die Hemdtasche, lehnen den Anruf ab und leiten den Anrufer damit auf die Voice-Mail-Box weiter.

Wer den Anruf jedoch annimmt, macht seinen aktuellen Gesprächspartnern klar, dass diese jetzt wirklich unwichtig sind. Wenn Sie ein wichtiges Gespräch erwarten, teilen Sie das Ihren Gesprächspartnern vorab mit und nennen Sie auch den Grund für einen eventuellen Anruf – vor allem private Gründe wie bevorstehende Geburt oder Krankenhausaufenthalt der Frau stoßen in den meisten Fällen auf Verständnis.

Neue technische Möglichkeiten der Kommunikation erleichtern das Leben und machen die Arbeit effektiver, verwirren aber nicht nur die, die ihnen das erste Mal begegnen – selbst erfahrene Nutzer geben manchmal zu, diese Möglichkeiten rücksichtslos oder ineffizient zu benutzen.

Diese Unsicherheit führt häufig zu einem möglichst sparsamen Einsatz der neuen Medien oder eben zu Übernahme der alten, analogen Kommunikationsdekrete. Doch zu mancher neuen Kommunikationsform wie dem Online-Chat existiert keine Entsprechung in der analogen Welt.

Medienbruch zwischen analog und digital

Ein Beispiel für nicht an digitale Verhältnisse angepasste Kommunikation: Vor einigen Wochen hatte ich mich per Web-Formular zu einem Seminar angemeldet. Der Anbieter wollte sich mit weiteren Informationen bei mir melden, versprach er auf der Web-Seite. Seine Antwort kam auf einem unerwarteten Weg – mit der gelben Post. Neben dem Medienbruch hatte der Brief den Nachteil, deutlich später beim Empfänger zu sein als eine E-Mail (und das zu höheren Kosten). Die Informationen aus dem Brief, etwa die Anfahrtbeschreibung, hätte ich mir bei Bedarf selbst ausdrucken können. Der Anbieter nutzt seine Web-Seite damit nur zur Präsentation – eine digitale Einbahnstraße.

Elektronische Archive vs. Papierberge

Als weiteres Problem kommt die Archivierung hinzu. Eine E-Mail liegt in meinem E-Mail-Programm, ich kann jederzeit darauf zugreifen. Der Brief, in dem Themen und Referenten des Seminars genannt wurden, ist längst in einem Stapel Papier verschwunden. Eine E-Mail könnte ich über die Suchfunktion meines E-Mail-Programms leicht wieder finden.

Papier und Sprache sind flüchtig

Papier ist zwar vom Prinzip her kein flüchtiges Medium, entzieht sich aber durch die Unordnung vieler Menschen dem schnellen Zugriff. Ein Telefonat ist per Definition flüchtig, die Inhalte damit nicht beweisbar. Das führte vor allem in den Anfangstagen des Telefons dazu, dass es unter Geschäftsleuten als eher unhöflich galt, geschäftliche Dinge über den heißen Draht zu besprechen. Ein handgeschriebener Brief war Geschäftsleuten damals lieber.

Die Flüchtigkeit ist auch heute noch das größte Problem beim Telefonieren – ein Telefonat lässt sich nicht digital in meiner Mailbox ablegen, damit ich einen schnellen Zugriff auf die besprochenen Dinge habe. Einer Aufzeichnung eines Telefongesprächs widersprechen die meisten Menschen – spontan daher gesagte Dinge würden plötzlich für lange Zeit gespeichert und könnten damit sogar an Unbeteiligte weiter geleitet werden.

Alleine eine Voice-Mail-Nachricht, über einen Unified-Messaging-Anbieter in meine Mailbox zugestellt, bleibt über lange Zeit erhalten. Der E-Mail ist sie dennoch unterlegen: Ihre Inhalte gibt sie nur von sich, wenn man sie abspielt. Der Inhalt ist nicht durchsuchbar.

UMS, Unified Messaging ⇨	Die Vereinigung von E-Mail, Fax, Anrufbeantworter und SMS in einem Programm.

Das Faxgerät, immer noch eines der wichtigsten Kommunikationsmittel in der Geschäftswelt, unterliegt dem gleichen Manko. Ein Fax lässt sich nur unter Mühen elektronisch weiter verarbeiten. Selbst ein über einen UMS-Anbieter in schon digitaler Form zugestelltes Fax benötigt immer noch eine Texterkennungs-Software, um die Inhalte durchsuchbar abzuspeichern.

Medienbruch vermeiden

Digitale Kommunikation bedeutet die Vermeidung des Medienbruchs. Nur Wenige kämen wohl auf den Gedanken, eine auf dem Anrufbeantworter hinterlassene Nachricht per E-Mail oder Fax zu beantworten. Nein, in diesem Fall greifen wir zum Telefon. Dieses Verhalten auch bei der E-Mail als normal zu empfinden, also im gleichen Medium zu bleiben, müssen wir erst noch lernen.

2.2   Die Schwächen der E-Mail und ihre Überwindung

Kaum hat man eine gute Sache für sich entdeckt, fallen einem auch schon Nachteile auf. Hat man etwa per E-Mail eine dringende Anfrage abgeschickt, so kann man sich nicht im Geringsten sicher sein, dass der Empfänger sie überhaupt bekommt, geschweige denn liest oder sogar beantwortet. In dringenden Fällen wird man also weiterhin zum Telefon greifen. Diesen Nachteil teilt sich die E-Mail jedoch mit Faxen und traditionellen Briefen (vom Einschreiben jetzt mal abgesehen), ja selbst mit der

SMS. Die Kommunikation verläuft asynchron. Eine spontane Verabredung zum Abendessen per E-Mail dürfte in den meisten Fällen scheitern – nur wenige Menschen fragen stündlich ihren privaten E-Mail-Acount ab. Als weiterer Nachteil kommt die Emotionslosigkeit der E-Mail hinzu.

Emoticons statt Gestik

In persönlichen Gesprächen von Mensch zu Mensch vermittelt nicht nur das gesprochene Wort, was der Redner gerade meint. Auch Gestik, Mimik, Körperhaltung und Stimmlage beeinflussen massiv die Worte und bestimmen zu einem großen Teil, wie die gesprochenen Wörter beim Zuhörer ankommen. All das fehlt der E-Mail. Zur Überwindung dieser Schwächen dienen die schon in grauer Computer-Steinzeit erfundenen Emoticons – aus dem normalen ASCII-Zeichensatz bestehende Gesichter. Die am häufigsten verwendeten:

- :-) drückt Freude aus

- :-(drückt Kummer aus

- ;-) Verschmitztes Lächeln mit einem zugekniffenen Auge

Auf Anhieb hat wohl noch nie jemand diese Zeichen verstanden. Eine kurze Anleitung: Neigen Sie einmal den Kopf um 90 Grad zur linken Schulter (oder das Buch um 90 Grad nach rechts ;-) – dann sehen Sie zwei Augen, eine Nase und einen Mund.

Als Erweiterung der Emoticons kann man die HTML-E-Mail ansehen. Mit etwas Mühe lässt sich eine E-Mail so schreiben, dass sie einem normalen Geschäftsbrief gleicht. Auch eine gewisse Interaktivität lässt sich per HTML-Formular in eine E-Mail einbauen. Weiter geht sie aber auch nicht – wenn es ernst wird, etwa bei Vertragsunterlagen, überwiegt in Deutschland noch der Versand per Papier. Papierene Unterlagen lassen sich vom Ausfüllenden nicht mehr verändern.

Kommt es aber auf Schnelligkeit und gleichzeitig Datensicherheit an, hat sich im Geschäftsleben das Portable Document Format, kurz PDF genannt, durchgesetzt. Der für die Darstellung auf dem Bildschirm notwendige *Acrobat Reader* ist für alle verbreiteten Betriebssysteme kostenlos erhältlich. PDF-Dokumente lassen sich als ausfüllbar erstellen, per Passwort vor Veränderung schützen oder sogar als „nicht druckbar" speichern (mit Hilfe der ebenfalls kostenlos erhältlichen Tools *GhostView* und *GhostScript*[51] lässt sich ein solches Dokument jedoch meist trotzdem auf den Drucker ausgeben).

Nahezu jedes technische Gerät, zu dem eine CD geliefert wird, enthält heute die Gebrauchsanleitung als PDF-Datei, ebenso liegt auf der CD meist eine Windows-Version des *Acrobat Readers.* Mehr als 300 Millionen Kopien des Reader sollen sich weltweit in Umlauf befinden – auf geschäftlich genutzten PCs wird der Administrator ganz von selbst dafür sorgen, dass dem Anwender das Programm zur Verfügung steht.

Der zum Erstellen von PDF-Dateien üblicherweise verwendete Adobe Acrobat kostet rund 300 Euro. Mit Hilfe einiger kostenloser Tools können Sie jedoch auch ohne das Adobe-Programm PDF-Dateien erstellen[52].

E-Mail ohne E-Mail-Adresse

Mehr als die Hälfte aller Bundesbürger über 14 Jahren haben einen Internet-Anschluss – und damit wohl auch mindestens eine E-Mail-Adresse. Um mehr als 18 Prozent hat die Zahl der Nutzer innerhalb des letzten Jahres zugenommen. Bleibt derzeit also noch knapp die Hälfte der Bundesbürger über 14 Jahren über, die wir wohl nicht per E-Mail erreichen können.

Häufig wissen wir aber auch gar nicht, ob der gewünschte E-Mail-Partner überhaupt eine E-Mail-Adresse hat. Vielleicht hat er, aber er gibt sie nur auf Anfrage heraus. Oder nur guten Freunden, weil er keinen Spam über diese Adresse bekommen möchte. Eine diskrete Kontaktaufnahme ist per Telefon nicht möglich – was bleibt, sind Fax und SMS. Vor allem in Behörden ist das Fax noch wesentlich weiter verbreitet als die E-Mail, wie ich gerade wieder am eigenen Leibe erfahren musste.

Vor etwa einem Monat hörte ich bei einem Telefonat mit einem Behördenmitarbeiter auf die Frage nach seiner E-Mail-Adresse

---

[51] www.ghostscript.com

[52] www.rumborak.de, Bereich „Produktives"

nur, dass „die das hier gerade eingerichtet haben" und er seine Adresse noch gar nicht kenne. Ich könne ihm aber gerne ein Fax schicken.

Der Bund will ja mit seiner Initiative BundOnline 2005 bis zum Jahr 2005 alle internetfähigen Dienstleistungen der Bundesverwaltung online bereitstellen. „BundOnline 2005 wird dafür sorgen, dass Bürger und Wirtschaft die Dienstleistungen der Bundesverwaltung einfacher, schneller und kostengünstiger in Anspruch nehmen können."[53]

Ich hab da so meine Zweifel, ob E-Mail-Kommunikation mit den Behörden schon 2005 möglich sein wird.

Fix ein Fax

Wie im obigen Beispiel schon gesehen: In der Verwaltung, aber auch in vielen großen und vor allem kleinen Betrieben mit kurz vor der Betriebsübergabe stehenden Inhabern dominiert das Faxgerät die geschäftliche Kommunikation. Faxgeräte rattern weltweit[54] immer noch in Milliardenzahl. Dazu kommen Millionen von PCs, die mit einem Faxmodem oder einer Fax-fähigen ISDN-Karte ausgerüstet sind. Diese empfangen Faxe nicht in Papierform, sondern als digitale Datei, die Platz sparend auf der PC-Festplatte abgelegt wird.

Unternehmen mit hohem Fax-Aufkommen können einen eignen Fax-Server aufsetzen, der Faxe per E-Mail an die zuständigen Mitarbeiter weiterleitet. Sogar rudimentäre Ansätze zur automatischen Verteilung sind verfügbar, etwa über eine eingebaute optische Texterkennung, die Absenderkennung oder verschiedene ISDN-Rufnummern.

Aufwendige Konfiguration, permanent laufender PC und Kosten für die Software halten wohl die meisten privaten Anwender von der Installation eines eigenen Fax-Servers ab. Privatleute sollten

---

[53] www.bundonline2005.de

[54] Nach Angaben der Gesellschaft für Konsumforschung (www.gfk.de) wurden im letzten Jahr in Deutschland noch knapp eine Million reine Faxgeräte verkauft, dazu etwa 300 000 Kombigeräte, also etwa Drucker, die mit einer Faxfunktion ausgestattet sind.

den Fax-Empfang einfach über einen der vielen Free-Mail-Dienste erledigen – einige verteilen nicht nur kostenlose E-Mail-Adressen, sondern auch kostenlose Fax-Rufnummern. Für kleinere Firmen eignen sich kleinere Fax-Lösungen[55], die auch den Fax-Versand von allen Arbeitsplätzen aus übernehmen.

Volkssport SMS

Teeny-Volkssport Nummer eins ist SMS-Schreiben, vom Duden seit einigen Jahren als simsen bezeichnet. Anfang 2003 sind rund 60 Millionen Mobilfunkkunden in Deutschland per SMS erreichbar. 2002 haben 23,6 Milliarden SMS den Netzbetreibern einen schönen Umsatz eingebracht, Schätzungen gehen von etwa 30 Prozent des Gesamtumsatzes durch SMS-Dienste aus.

Die originale SMS ist zwar immer noch auf 160 Zeichen beschränkt, aber dafür gibt es wohl kein Handy mehr, das SMS weder senden noch empfangen kann. Eine Sicherheit, dass die gesendete Nachricht auf der Stelle beim Empfänger ankommt, gibt es allerdings nicht: Ist das Handy etwa ausgeschaltet, kann die SMS-Zentrale des Netzbetreibers die Nachricht nicht zustellen. Der Absender erhält jedoch keine Rückmeldung, ob die Nachricht zugestellt werden konnte. Im Extremfall wird die Nachricht auf dem Server nach einer Woche gelöscht.

E-Mail per SMS

Selbst ein nicht top-aktuelles Mobiltelefon, das noch keinen E-Mail-Client enthält, ist per E-Mail erreichbar. Spezielle Gateways setzen E-Mails zu einer SMS um (und schneiden dabei zu lange E-Mails einfach ab). Allerdings verlangen die Netzbetreiber für die sonst kostenlosen Nachrichteneingänge auf dem eigenen Handy etwa den Beitrag, den sie für das Verschicken einer SMS berechnen – klar, den Absender der E-Mail können sie kaum ermitteln, zudem haben sie mit diesem wahrscheinlich keinen Vertrag über die Abrechnung dieser Leistung geschlossen.

Deshalb dürfen Sie auch auf gar keinen Fall einfach annehmen, dass ein Handy-Besitzer von Ihnen eine E-Mail empfangen kann.

---

[55] Lutz Labs, Fax um Fax, Faxserver-Software für kleine Netze, c' t 24/99, Seite 144

Da dieser Service für den Empfänger eben nicht kostenlos ist, muss jeder Handy-Benutzer diesen Dienst bei seinem Service-Provider oder Netzbetreiber extra freischalten lassen. Das tun jedoch nur wenige.

SMS erweitert

Seit einigen Monaten liegen nun erste Multimedia-Message-Handys in den Geschäften. Auch der Versand zwischen allen deutschen Netzen wird wohl in absehbarer Zeit möglich sein. Der Preis von mindestens 39 Cent pro Nachricht (der Versand von größeren Bildchen in Fremdnetze kann aber auch durchaus mehr als einen Euro kosten) dürfte aber viele Benutzer abschrecken, von der neuen multimedial-mobilen Welt Gebrauch zu machen.

Zur Kontaktaufnahme reicht die inzwischen rund zehn Jahre alte SMS auch völlig aus. Der Unterschied zwischen SMS und MMS lässt sich etwa mit dem Unterschied zwischen Text-E-Mail und HTML-E-Mail vergleichen. SMS und Text-E-Mail sind nicht unbedingt schön, aber funktionell. Dennoch rechnet etwa T-Mobile mit 30 bis 40 Millionen MMS für das Jahr 2003, im Jahr 2002 verschickten die Mobilfunkkunden gerade mal zwei Millionen Multimedia-Nachrichten.

Unified Messaging

Wenn schon Faxe und Voice-Nachrichten digital in der eigenen Mailbox auflaufen, könnte doch auch die SMS diesen Weg gehen. Das funktioniert etwa mit dem integrierten Kommunikationspaket *David* von *Tobit Software*[56] – einer Kommunikationszentrale für E-Mail, Fax und SMS. Ein am Server angebrachtes GSM-Modem mit eigener Handy-Nummer nimmt Kontakt mit der SMS-Zentrale des eigenen Netzbetreibers auf und versendet SMS, als eines der wenigen Produkte auf dem Markt kann David zudem SMS empfangen. Fax-Routing und ein eigener E-Mail-Server runden das Paket ab. Für ganz kleine Unternehmen ist das Produkt jedoch nicht so geeignet, da es schon einen fähigen Admi-

---

[56] www.tobit.de

nistrator voraussetzt. Auch der Preis von deutlich über 1000 Euro könnte so manches kleine Unternehmen abschrecken.

Warum ich es erwähne? Es vereint die Medien. Alle Nachrichten, die eingehen, landen im eigenen E-Mail-Client – ob E-Mail, Fax oder SMS. Auf welchem Weg der Anwender die Nachricht beantwortet, ist vom System nicht vorgegeben.

Selbst die großen Workgroup-Lösungen wie *Lotus Notes*, *Microsoft Exchange* oder *Netware Groupwise* bieten von Haus aus keine Integration von Sprach-, Fax- und SMS-Diensten. In kleinen Firmen existiert oft erst recht kein übergreifendes System, alle Kommunikationswege wie Telefon, Fax und E-Mail laufen parallel und haben keine gemeinsamen Schnittstellen. Die Voice-Mail besteht aus dem Anrufbeantworter in der Firma, der sich wahrscheinlich auch von unterwegs über das Telefon abfragen lässt, und für Faxe ist das gute alte Papierfaxgerät zuständig. Die Mehrheit der Firmen setzt weiterhin auf eigenständige Lösungen für die verschiedenen Kommunikationswege.

Vereinigte Kommunikation kommt unaufdringlich daher

Kommen Fax und Sprachnachricht aber unaufdringlich über das E-Mail-Programm daher, stören sie nicht bei der Arbeit. Wie bei der E-Mail sind die Inhalte verfügbar, wenn sie gebraucht werden – völlig unabhängig vom Medium. Ein Unified-Messeging-System ist kompatibel zu allen, die noch auf die alte analoge Kommunikation setzen. Und zu denen, die auf moderne mobile Kommunikation setzen.

Doch bleibt den meisten wohl nur die Standard-Lösung: Faxe kommen per E-Mail, SMS per Handy. Will ich jemanden erreichen, so schicke ich ein Fax mit dem Fax-Programm oder tippe eine SMS in mein Mobiltelefon (oder nutze einen der preisgünstigen Internet-Dienste, die dazu noch um einiges komfortabler sind).

Instant tippen

SMS, Fax und E-Mail leiden jedoch unter dem gleichen Manko: Wer einmal eine mehrstufige Diskussion über eins dieser Medien hinter sich hat, wünscht sich nichts mehr als ein Medium, das die beiden Kommunikationspartner interaktiv und synchron miteinander in Verbindung bringt. Per E-Mail funktioniert das noch halbwegs, geübte SMS-Schreiber kennen das Spiel auch – aber eine Pingpong-Diskussion per Fax kann ich mir nun gar nicht mehr vorstellen.

Die letzte W3B-Studie[57] des Marktforschungsunternehmens *Fittkau & Maaß* belegt, dass viele Internet-Nutzer diese Nachteile schon erkannt haben. An der Ende 2002 durchgeführten Studie nahmen fast einhunderttausend deutsche Internet-Nutzer teil – und sie hoben das *Instant Messaging* auf Platz zwei aller Internet-Anwendungen, direkt nach der E-Mail.

Doch was ist das, ein Instant-Messaging-Programm? Und was macht man damit?

Zum einen tippen. Dazu muss nur der Benutzername (oder im Fall *MSN & Hotmail* die E-Mail-Adresse) des gewünschten Gesprächspartners bekannt sein. Instant Messaging hat sich allerdings noch nicht so weit durchgesetzt, dass ein jeder seine Messaging-Adresse auf der Visitenkarte platziert. Viele Privatleute geben auf ihren privaten Web-Seiten zwar ihre Messenger-Adresse an, doch im Geschäftsumfeld wird man diese Information wohl noch einige Zeit per Telefon oder E-Mail erfragen müssen.

---

[57] www.w3b.org

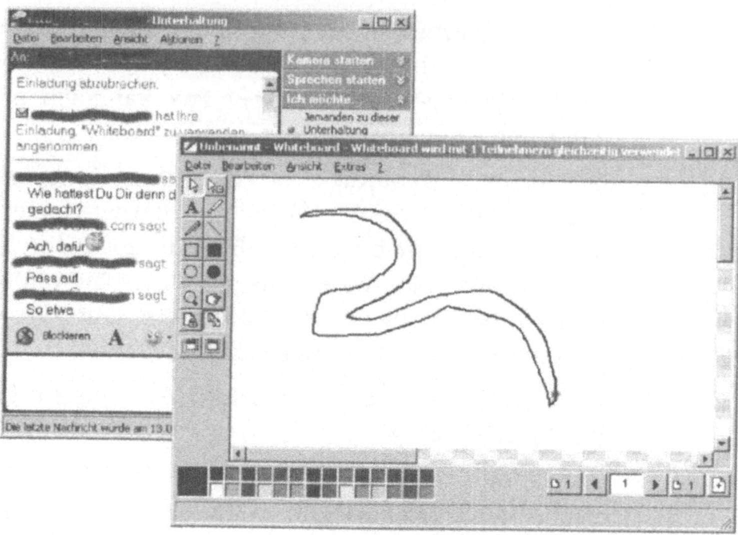

Abb. 2-1: Kurze Besprechung eines Schriftzugs per Instant Messaging.

Wie aus dem Screenshot zu sehen ist, ist mit dem Tippen aber noch lange nicht Schluss. So kann man etwa gemeinsam Programme nutzen und Daten bearbeiten oder die am PC angeschlossenen Kameras für einen Video-Chat benutzen. Die Kommunikation ist nicht auf zwei Personen beschränkt – im Prinzip kann eine beliebige Anzahl von Personen an der virtuellen Konferenz teilnehmen.

Zur Organisation der eigenen Kontakte dienen so genannte Buddy-Listen. Geht einer dieser Kontakte online, meldet das (hoffentlich) beim Systemstart geladene Programm dessen Anwesenheit und Chat-Bereitschaft.

Abb. 2-2: Der *MSN Messenger* meldet die Anmeldung eines Buddys.

Auch in Firmen kann ein solches System Sinn machen – zur kurzen Nachfrage während eines Telefonats etwa. Wer kennt nicht Ansagen à la „Bitte bleiben Sie mal kurz am Apparat", Wartemusik, kurzes Geknacke und Wartemusik – gefolgt von der Entschuldigung, dass der zuständige Kollege gerade nicht erreichbar sei. Im Instant Messenger ist für den ratlosen Mitarbeiter hingegen sofort ersichtlich, dass der wissende Kollege derzeit nicht verfügbar ist.

Instant Messaging bringt Spontaneität ins Meeting: Wenn plötzlich ein Spezialist zu einem bisher nicht bedachten Thema fehlt, kann man den eben mal in den Chat holen (wenn er gerade verfügbar ist. Aber wenn er nicht am Rechner sitzt, kann er wahrscheinlich auch nicht ans Telefon gehen). Und: es ist egal, wo sich dieser Spezialist befindet – ob im Büro nebenan oder auf den Malediven. Auch zur Verabredung des Mittagessens ist IM durchaus nützlich.

Nach der letzten W3B-Studie hat mit 17,7 Prozent Marktanteil der *MSN Messenger* die Nase vorn, gefolgt vom *AOL Instant Messenger* (16,4 %), *Yahoo Messenger* (12,3 %), *ICQ* (11,6 %) und dem *T-Online Messenger* (8,1 %). Wer Bekannte in verschiedenen Netzen hat, muss also mehrere Programme gleichzeitig laufen lassen – oder einen Client verwenden, der mehr als nur ein Protokoll spricht.

Für die Firma das Original

In Firmenumgebungen ist der Einsatz von Programmen von Drittherstellern allerdings nicht zu empfehlen. *AOL* & Co. achten sehr darauf, keine fremden Programme in ihr Netz zu lassen. Als *Microsoft* mit seinem Messenger auf den Markt kam, änderte Vorreiter *AOL* fast täglich das Format des eigenen Programms, um MSN-Nutzern den Zugriff auf die bei *AOL* angemeldeten User zu versperren. Auch heute noch passiert es immer wieder, dass ein Nicht-AOL-Client von *AOL* nicht akzeptiert wird – der lädt schließlich keine Werbung herunter und mindert dadurch die Einnahmen des Anbieters.

Der weltweite geschäftliche Einsatz dieser Messenger hat jedoch einen entscheidenden Nachteil: Selbst wenn eine Nachricht nur an den PC im Nebenraum gehen soll, wandert sie über die Server des Anbieters – im Extremfall in die USA und wieder zurück. Damit steht Angreifern der gesamte Nachrichtenverkehr zur Verfügung – und zwar bei fast allen Messengern in nicht verschlüsselter Form.

Eine sichere Inhouse-Kommunikation ist dennoch möglich, auch in vernetzten Standorten. Einige Firmen bieten nicht nur eigene Clients für MSN & Co. an, sondern eigene Server, die neben dem icq-, MSN- oder AIM-Protokoll auch eigene IM-Protokolle sprechen. Zur Auswahl stehen einerseits kostenlose Programme wie *Jabber*[58] oder der auf *Microsoft Exchange* aufsetzende *Exchange 2000 Instant Messaging Service*, zum anderen bietet etwa Ipswitch[59] sein *Ipswitch Instant Messenger* oder sogar *AOL* selbst die *Enterprise AIM Services* kostenpflichtig an.

Die meisten Programme unterstützen auch Audio- und Video-Chats, allen voran der *MSN Messenger*. Häufig bedienen sie sich dabei dem ebenfalls von *Microsoft* stammenden Programm *Netmeeting*. Im geschäftlichen Umfeld ist Video-Chat wohl eher unüblich – den meisten dürfte es zu albern sein, mit Kopfhörer und Mikrofon oder Headset bewaffnet in die WebCam zu starren.

Kommunikationsformen

Bereits die Fragestellung stellt meistens klar, welche Kommunikationsform die angemessene ist. Kurze und dringende Anfragen startet man am besten per Instant Messaging, wenn das nicht möglich ist, per SMS oder Fax. Die jeweiligen Empfänger erhalten im Allgemeinen eine akustische Nachricht über den Eingang und können sofort reagieren, wenn sie es für sinnvoll halten.

Eine Diskussion mit mehr als zwei Teilnehmern lässt sich nur per IM sinnvoll führen, hier spielen andere Kommunikationsformen praktisch keine Rolle. Das gilt leider noch nicht für die, die immer noch alles mit ihrem E-Mail-Client erledigen wollen: Die Diskussion funktioniert zwar, ist aber mühselig.

---

[58] www.jabber.org

[59] www.ipswitch.com

Längere Dialoge fängt man hingegen am besten per E-Mail an. So kann der Empfänger sich zu gegebener Zeit mit der Nachricht beschäftigen und mit genügend Muße darauf eingehen.

IM im Marketing

Eine spontane Kontaktaufnahme mit einem potenziellen Kunden per Instant Messaging dürfte wohl kaum ein Kunde sonderlich gut finden. Dennoch bietet sich die Installation bei Service- oder Vertriebspersonal durchaus an. So kann der Kunde – wenn er es will – schnell eine Frage zu einem bestimmten Produkt loswerden und er bekommt im Normalfall auch eine schnelle Antwort. Anders als die bekannten Call-Back-Buttons, die einen Anruf eines Call-Center-Mitarbeiters auslösen, kann eine IM-Lösung auch aus dem normalen Büro heraus und mit dem vorhandenen Personal eine effektive Steigerung der Kundenbindung bewirken.

Call-Center ⇨	Dient zur Annahme von vielen Telefonanrufen (Inbound) oder zur aktiven Ansprache von Konsumenten (Outbound).

2.3   Praktische Regeln für die E-Mail-Kommunikation

Sicher haben Sie auch schon die eine oder andere E-Mail erhalten, die beim Lesen zum Aufstellen Ihrer Nackenhaare geführt hat: Rechtschreibfehler en masse, falsche oder gar keine Kommasetzung und weder ein Hallo noch ein Tschüss. In der privaten Kommunikation mag einiges davon ja gerade noch angehen – aber auch eine Rechtschreibprüfung findet nicht jeden Tippfehler. Auf ein einleitendes Hallo kann man bei spätestens beim E-Mail-Pingpong verzichten.

In der geschäftlichen Kommunikation zeigt man durch den Aufwand, mit dem man eine E-Mail erstellt, jedoch sehr deutlich, was man vom Empfänger hält. Eine entsprechende Reaktion (oder eben auch gar keine) ist dann eben auch erwarten.

Die folgenden Anregungen dienen zwar dazu, eine höfliche und dennoch schnelle Kommunikation zu ermöglichen. Dennoch haben sie auch Gültigkeit für das E-Mail-Marketing: E-Mail-

Marketing bedeutet nicht nur, E-Mails in großer Zahl auszusenden, auch die Betreuung eines einzelnen Kunden gehört dazu.

Eine E-Mail dient der schnellen Kommunikation, soll dabei aber nicht unhöflich sein. Versetzen Sie sich beim Schreiben in die Lage des Empfängers. Wie kommt Ihre E-Mail bei ihm an, welche Informationen braucht er, um Ihre E-Mail schnell zu beantworten, warum sollte er sie überhaupt beantworten. Eine E-Mail dient nicht dem Egoismus des Absenders. Sie sollte ebenfalls Informationen für den Empfänger enthalten.

Sinnvoller Betreff

Ihre E-Mail muss im Wust des Eingangsordners viel beschäftigter Menschen auffallen, damit dieser sie öffnet. Natürlich kann die Absenderadresse schon ein Grund dafür sein, mehr Aufmerksamkeit erreichen Sie jedoch durch prägnante Betreffzeilen. Wenn diese nicht klar das Thema nennt oder neugierig macht, werden Nachrichten oft spät oder gar nicht gelesen.

Der Betreff sollte mit dem Thema der E-Mail korrespondieren. Im Folgeschluss heißt das, dass man für mehrere unterschiedliche Themen auch verschiedene E-Mails schreiben sollte und diese mit einem eigenen Betreff versehen losschickt. So kann der Empfänger erst die eine oder andere Nachricht beantworten und sich mit den für ihn unwichtigeren Themen später beschäftigen. Sie erhöhen so Ihre Chance auf eine schnelle Antwort.

Kurz & Knapp, aber freundlich

Trotz Kommunikationsbeschleunigung: Verzichten Sie niemals auf die formelle Anrede. Wenn Sie den Empfänger im realen Leben duzen, ist es in der E-Mail selbstverständlich auch erlaubt – ansonsten ist das Sie geboten. Hatten Sie in der letzten Zeit Kontakt zum Empfänger, macht sich auch ein Einleitungssatz gut, der noch einmal kurz auf das Thema eingeht und ein positives Resümee zieht. Auch die Frage nach der Gesundheit ist erlaubt, der Einleitungssatz soll einfach eine positive Stimmung beim Empfänger schaffen. Viele Menschen bekommen jedoch täglich so viele E-Mails, dass sie sich nicht mit langen Ausführungen oder sogar Kurzgeschichten aufhalten möchten.

E-Mails sollten klar machen, was der Absender möchte. Keine geschwungenen Formulierungen, verwenden Sie möglichst einfache Sätze, um Ihr Anliegen zu beschreiben. Benutzen Sie eindeutige Wörter – Doppeldeutigkeiten können zu Missverständnissen führen. Verwenden Sie weder übertrieben viele Fremdwörter noch Abkürzungen – allenfalls branchenübliche. Vermeiden Sie Abkürzungen wie cu (see you), thx (thanks) oder asap (as soon as possible) – solche Abkürzungen gehören nicht in die geschäftliche Korrespondenz.

Verzichten Sie auf die Verwendung von Emoticons. Sie sind im geschäftlichen Schriftverkehr nur in Ausnahmefällen angebracht. Man kann nicht voraussetzen, dass der Empfänger die Symbole auch kennt. Wählen Sie stattdessen Ihre Worte so, dass keine Emoticons notwendig sind.

Erleichtern Sie dem Empfänger, Ihnen eine Antwort zu geben. Dazu gehört auch, dass Sie bei Zitaten und Referenzen die Quelle angeben. Wenn er erst nach Informationen suchen muss, die Sie schon haben, wird er wenig Lust haben, schnell zu antworten. Der E-Mail Empfänger darf sicher auch eine korrekte Schreibweise seines Namens und seines Unternehmens erwarten.

Wählen Sie die direkte, persönliche Ansprache und schreiben auch selbst in der eigenen Person. Auch wenn Sie als Angestellter eines Unternehmens eine E-Mail schreiben, dann schreiben Sie die E-Mail und nicht das Unternehmen. Schreiben Sie daher „ich würde mich freuen" statt „wir würden uns freuen".

Füllsätze, die in der verbalen Kommunikation üblich sind, haben in einer E-Mail nichts zu suchen. Auch jegliche Form der Übertreibung, Ironie oder Sarkasmus könnte beim Empfänger falsch ankommen. Er sieht Sie nicht und kann deshalb Ihr Minenspiel nicht beobachten.

Rechtschreibung und Form

Auch wenn der Sinn und Zweck elektronischer Post darin liegt, dass sie schnell geschrieben und verschickt wird, sollte man sich trotzdem bemühen, Tipp- und Rechtschreibfehler zu vermeiden. Eine von Fehlern strotzende Mail ist nicht lässig, sondern unhöflich. Gerade weil Ihre E-Mails in erster Linie auf dem Bildschirm gelesen werden, sollten Sie besonderen Wert auf Klarheit und Deutlichkeit legen. Dazu gehört die richtige Interpunktion – nach neuer Rechtschreibung eher weniger Kommas als mehr –, möglichst wenige Ausrufezeichen und optische Trennung einzelner Gedanken durch Absätze.

Auf eine weit verbreitete Unsitte möchte ich zudem hinweisen: Zwischen den letzten Buchstaben eines Satzes und dem Satzendezeichen gehört kein Leerzeichen. Diese häufig als Plenken bezeichnete Unart kann ganze Absätze falsch umbrechen und sieht zudem einfach nur komisch aus. Benutzen Sie auch nur ein Ausrufe- oder Fragezeichen pro Satz. Das reicht, um Ihr Anliegen klar zu machen.

Wenn Sie Groß- und Kleinschreibung nicht unterscheiden, erschweren Sie dem Adressaten das Lesen Ihrer Nachricht. Ausschließliche Großschreibung wird oft als Schreien verstanden, ausschließliche Kleinschreibung als Faulheit. In geschäftlichen E-Mails sollte das nie passieren, aber auch privat ist das kein guter Stil. Wenn Sie einzelne Wörter hervorheben möchten, benutzen Sie die Formatierungen des E-Mail-Programms oder einzelne Sternchen (*) um die Wörter herum – je nachdem, ob Sie Text- oder HTML-E-Mails verwenden. Sparsamer Gebrauch steigert die Wirkung.

Die Verwendung der deutschen Umlaute ä, ö, und ü sowie des ß wird von einigen immer noch verteufelt. Da aber jeder halbwegs moderne E-Mail-Client den verwendeten Zeichensatz im normalerweise unsichtbaren Kopf der E-Mail übermittelt und bei der Darstellung beachtet, halte ich es nicht mehr für notwendig, Umlaute zu maskieren – schön sieht es sowieso nicht aus. Wer immer noch einen völlig veralteten Client einsetzt, der kann durch jahrelange Übung auch verhunzte Umlaute flüssig lesen.

Allerdings kann es immer noch Meinungsverschiedenheiten zwischen einzelnen E-Mail-Clients über die Verwendung der deutschen Umlaute geben: Das Gespann Outlook Express und Pegasus Mail sind sich häufig nicht grün. Der Fehler liegt wohl beim

Microsoft-Programm, das sich nicht an den Internet-Standard rfc 2045[60] hält.

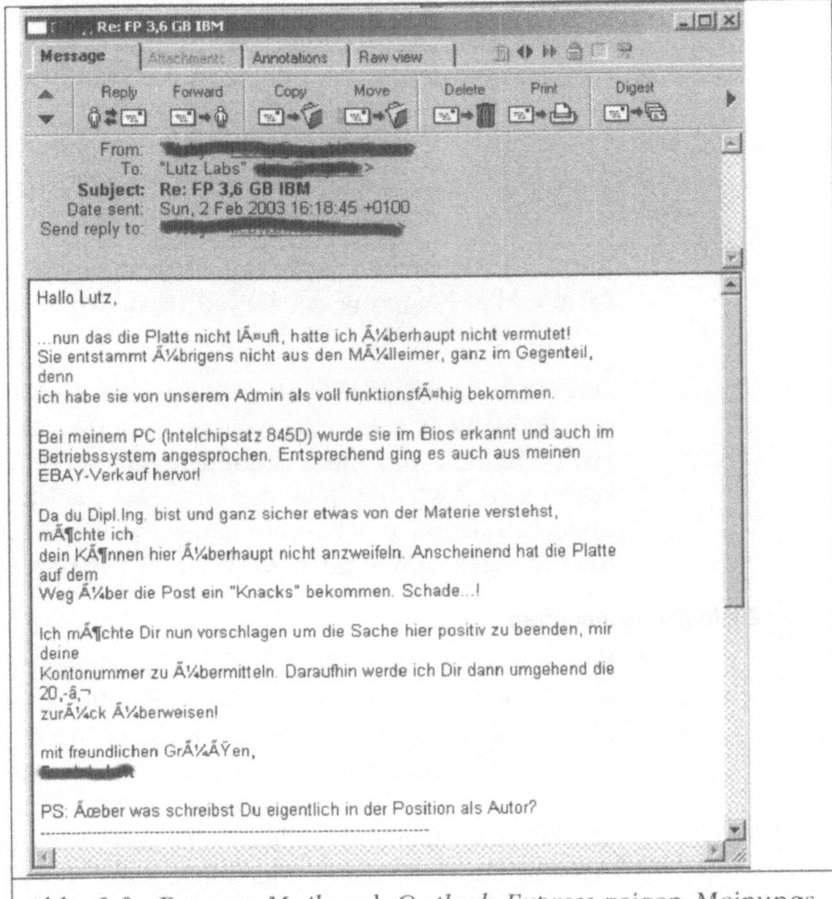

Abb. 2-3: *Pegasus Mail* und *Outlook Express* zeigen Meinungsverschiedenheiten beim Umgang mit den Umlauten.

Tischtennis per E-Mail

Das E-Mail-Pingpong zwischen zwei verschiedenen Clients kann die Lesbarkeit der Betreffzeile beeinträchtigen. Setzt der eine das Internet-Standard-gemäße „Re:" davor und der andere die deut-

---

[60] www.ietf.org/rfc/rfc2045.txt

sche Abwandlung „AW:" (für Antwort), kommt es nach einigen E-Mails zu unschönen Verschiebungen.

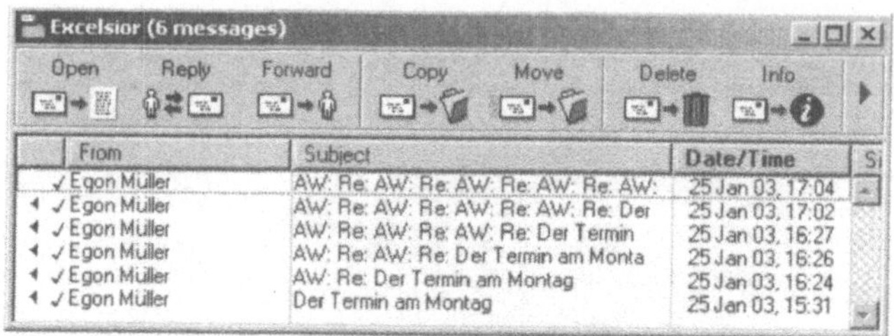

Abb. 2-4: Verstehen sich die Programme nicht, verschwindet beim E-Mail-Pingpong der Betreff der E-Mail.

Das eigene Antwortzeichen erkennen die meisten Mailer, sie setzen dann nicht noch ein weiteres vor den Betreff. So entfernt etwa Outlook das „Re", kümmert sich aber nicht darum, ob schon ein „AW" vor dem Betreff steht – es setzt immer ein zusätzliches davor. Löschen Sie dann und wann mal einen Teil der überflüssigen „AWs" oder „Res".

Zitate richtig einsetzen

Ein großer Vorteil der E-Mail gegenüber einem Brief ist das Zitat. Bei einer Antwort kopieren alle E-Mail-Programme auf Wunsch die E-Mail des Absenders in die Antwort hinein, meistens mit einer spitzen Klammer vor jeder Zeile als Zeichen des Zitats. An der Frage, wohin diese Zitatzeilen gehören und in welcher Menge sie vorhanden sein sollten, scheiden sich jedoch die Geister. Das Grundprinzip ist ja eigentlich, dass die Antwort nach der Frage kommt, aber...

Bei kurzen und knappen E-Mails halte ich es für vertretbar, den eigenen Text vor die originale Nachricht zu setzen. Damit hat der Empfänger die Möglichkeit, seine eigene unzerrissene E-Mail zur Kontrolle noch einmal komplett zu lesen. Ihr Text sollte mit der eigenen Signatur enden. Bitte stellen Sie keinen eigenen Text mehr unter das Zitat: Bei dieser Methode erwartet der Empfänger, dass die E-Mail wirklich mit seinem Text endet.

Benutzen Sie diese Methode jedoch im Usenet, werden Sie Flames ernten. „Bitte TOFU abstellen" heißt es dann meistens. Bei umfangreichen E-Mails mit unterschiedlichen Themen halte ich diese „**T**ext **O**ben, **F**ollow-up **U**nten"-Methode auch nicht für sinnvoll. Längeren Texten tut es durchaus gut, wenn der Teil, auf den Sie sich gerade beziehen, direkt vor Ihrem Text zitiert wird.

Flame ⇨	Vor allem in Newsgroups verbreitete Anmache, weil sich ein Benutzer danebenbenommen hat.

Aber es muss nicht jeder einzelne Satz zitiert werden. Dieser Grundsatz stammt zwar noch aus einer Zeit, in der Datenübertragungsraten im Bereich einiger hundert Byte pro Sekunde gang und gäbe waren und deshalb Sparsamkeit bei der zu übertragenden Datenmenge eine Rolle spielte, doch hat er bei zerstückelten Zitaten immer noch seine Gültigkeit. Wenn Sie einzelne Sätze löschen, können Sie dies durch eine eigene Zeile mit drei in eckigen Klammern gesetzten Punkten kennzeichnen.

Damit zerstückeln Sie jedoch nicht nur die originale E-Mail. Auch Ihr eigener Text wirkt nicht mehr „aus einem Guss", er spricht nicht mehr für sich selbst. Zum Glück stellen die meisten E-Mail-Programme Zitate in einer anderen Farbe dar, sodass der Empfänger zumindest sofort erkennen kann, welcher Teil des Textes neu ist.

Manche Menschen mögen es auch einfach nicht, wenn ihr Text zerstückelt wird. Diese Verhaltensweise entspringt zwar der alten analogen Kommunikation per Brief, sie sollte aber auch hier nicht ignoriert werden. Wenn Sie also eine E-Mail-Antwort erhalten, die keinerlei Zitat Ihrer ursprünglichen Nachricht enthält, dann haben Sie zwei Möglichkeiten: Entweder weisen Sie den Absender auf die Vorteile des Zitierens hin oder Sie akzeptieren seine Einstellung und verhalten sich so, wie der Absender es anscheinend wünscht: Löschen Sie auch seinen Text bei einer Antwort. Fügen Sie dann aber einen Kommentar à la „Ich habe mich Ihrer Vorgehensweise angepasst und zitiere auf Ihren unausgesprochenen Wunsch hin Ihre Nachricht ebenfalls nicht" hinzu.

Signaturen

Jedes E-Mail-Programm bietet die Möglichkeit, ausgehenden Nachrichten eine Signatur anzuhängen. Diese sollte vor allem auf andere Kommunikationswege hinweisen: Post- und Web-Adresse, Telefon- und Faxnummer gehören ebenso dort hinein wie der Firmenname. Diese Informationen ersparen dem Empfänger umständliches Nachfragen, wenn der Kommunikationsweg E-Mail einmal nicht mehr passend sein sollte. Informativ ist ebenfalls die Angabe der Position und der Abteilung des Absenders.

Besser als ein schlampiges „MfG" am Ende der E-Mail ist die ausgeschriebene Version. Auch dies lässt sich über die Signatur einstellen, sodass man sich beim Versand nicht mehr darum kümmern muss. Viele E-Mail-Programme beherrschen mehr als eine Signatur. Falls Sie etwa häufiger in anderen Sprachen schreiben, so erstellen Sie sich eine Signatur in der entsprechenden Sprache und wählen diese bei Bedarf aus. Diese Signatur darf auch eine werbliche Wirkung haben – so können Sie etwa genau hier auf einen Newsletter Ihres Unternehmens hinweisen…

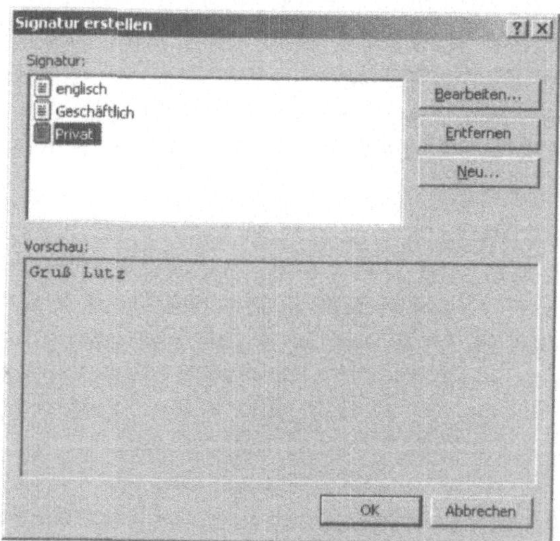

Abb. 2-4 Verschiedene Signaturen mit Outlook.

Wenn ich in Eile bin, vergesse ich auch schon mal die „richtige" Signatur auszuwählen. Nun ist es sicher schlimmer, einen Geschäftskontakt mit einem kurzen „Gruß Lutz" zu verabschieden, als einem Freund den geschäftlichen Sermon zu schicken. Die Standard-Signatur sollte also immer die geschäftliche sein.

Alte Regeln besagen, dass eine Signatur nicht länger als vier Zeilen sein sollte. Sicher, die eigentliche E-Mail sollte nicht unbedingt kürzer sein als die Signatur, aber die Vier-Zeilen-Regel halte ich für zu starr (das gilt nicht für Signaturen, die auch im Usenet Verwendung finden. Längere Signaturen führen dort garantiert zu Mahnungen, diese bitte zu kürzen. Usenet-Signaturen sollten übrigens mit zwei Bindestrichen und einem Leerzeichen auf der ersten Zeile beginnen – gängige Usenet-Clients erkennen so Signaturen und trennen sie bei der Antwort ab).

Den Versuch, möglichst viele Informationen durch eine Spaltendarstellung in der Signatur unterzubringen, sollten Sie übrigens gar nicht erst starten. DOS-Programme mit festen Schriftweiten sind nun wirklich so langsam ausgestorben – Windows-Programme verwenden im Allgemeinen eine Proportionalschrift, die solche Spaltendarstellungen total verhackstückt.

Verschiedene Programme bieten die Möglichkeit, die eigene digitale Visitenkarte (vCard) an jede ausgehende E-Mail anzuhängen. Dies stößt bei den Empfängern jedoch nicht immer auf Gegenliebe. Vor allem bei Pingpong-Diskussionen per E-Mail erwartet der Empfänger vielleicht einen anderen Anhang als die zehnte vCard. Auch zeigt nicht jedes E-Mail-Programm auf den ersten Blick Informationen über die enthaltenen Attachments mit an, zudem haben die Empfänger nach der ersten E-Mail ja bereits die Information. Die Lesbarkeit der vCard beschränkt sich dazu auf Windows-Systeme und MacOS ab Version 10.2.

Digitale Anhänge

Als Unsitte möchte ich das unerlaubte Verschicken von Attachments, also digitalen Anhängen, bezeichnen. Nicht jeder freut sich über diverse MegaByte Urlaubsvideo in Briefmarkengröße. Auch ist ohne Nachfrage völlig unklar, ob der Empfänger das zum Abspielen nötige Programm installiert hat. Die meisten Anwender müssen auch für die zum Download notwendige Zeit oder die Datenmenge bezahlen.

Wird die Datenmenge zu groß, weigert sich eventuell sogar der Provider, die E-Mail überhaupt anzunehmen (vor allem private Postfächer sind häufig in der Größe auf fünf MegaByte beschränkt). Das Komprimieren von Dateien bringt übrigens nicht immer etwas: Gerade Bilddateien im JPG-Format, wie sie aus fast jeder handelsüblichen Digitalkamera kommen, lassen sich nur mit Qualitätsverlusten per Bildbearbeitung, nicht aber durch ein Programm wie WinZip komprimieren. Beim Versand per E-Mail erhöht sich die Datenmenge aus technischen Gründen dazu noch einmal um etwa ein Drittel.

Auch der Versand von Office-Dateien stößt nicht unbedingt auf Gegenliebe. Zu häufig sind diese mit Makroviren verseucht, die beim Aufruf des Anhangs zu Schäden am PC führen. Zwar ist die Verwendung eines Virenscanners heute erste PC-Anwenderpflicht, aber veraltete Virensignaturen helfen nicht gegen neue Viren.

Wenn Sie Dokumente verschicken müssen, tun Sie dies am besten im Portable Document Format. Fügen Sie nie kommentarlos Dateien an Ihre E-Mails an: Schreiben Sie immer eine kurze Zusammenfassung in den Text, welche Informationen die angehängte Datei enthält. So kann der Empfänger schnell entscheiden, ob der Inhalt der Datei für ihn jetzt relevant ist oder ob er die Datei später öffnen kann. Falls die Datei nicht zu groß ist, können Sie auch den gesamten Text in die E-Mail kopieren. Ist der Empfänger nur am Inhalt und nicht an der Form interessiert, kann er den Anhang sofort löschen.

Das früher gültige Argument, dass unerwünschte Dateianhänge die Festplatten der Empfänger zumüllen würden, ist heute nicht mehr ganz so schlagkräftig: Der derzeit aktuelle Festplattengrößen-Rekordhalter, die Firma Maxtor, bietet auf einer einzigen Festplatte 250 GigaByte Speicherplatz – für rund 350 Euro, ein Preis, den ich vor wenigen Jahren noch für eine 200 MegaByte-Platte bezahlt habe.

Empfänger einer E-Mail bestimmen

Wohl in den allermeisten Fällen hat eine geschäftliche E-Mail nur einen Empfänger. Soll noch jemand eine Kopie dieser E-Mail erhalten, kommt dessen Adresse in das Carbon Copy-Feld, meist kurz als cc-Feld bezeichnet. Ein Schattendasein führt leider das bcc-Feld, in manchen Programmen ist es per Default gar nicht eingeblendet. Soll der Empfänger nicht erfahren, dass noch jemand diese E-Mail bekommen hat, verwenden Sie eben dieses „Blind Carbon Copy"-Feld. Eine Rund-E-Mail an verschiedene Empfänger außerhalb der eigenen Firma erstellt man ebenfalls am besten unter Verwendung der Blindkopie. So sind die E-Mail-Adressen der einzelnen Empfänger für diese nicht sichtbar. Das ist nicht nur ein Beitrag zum Datenschutz für diese, sondern auch eine Vorsichtsmaßnahme: Kennen die Empfänger sich nicht, können Sie auch nicht ohne Ihr Wissen Absprachen zu Ihren Ungunsten miteinander treffen.

Ein weiterer Nachteil der cc-Methode: Einige E-Mail-Programme stellen die cc-Liste an den Anfang der E-Mail. Die Empfänger müssen erst nach unten blättern, um den für sie vielleicht relevanten Text zu lesen.

bcc, Blind Carbon Copy ⇨	Im bcc-Feld einer E-Mail wird ein Empfänger eingetragen, von dem der eigentliche Adressat einer E-Mail nichts erfahren soll. Für einen Newsletter ist das bcc-Feld nicht geeignet: Es fehlt die persönliche Ansprache und zudem bleiben einige E-Mails in Spam-Filtern hängen.

Bleibt nur die Frage nach dem Empfänger. Hier tragen Sie am besten Ihre eigene E-Mail-Adresse oder die eines Kollegen im Haus ein.

Vorsicht beim Weiterleiten

Eine E-Mail unterliegt in Deutschland wie ein Brief dem Fernmeldegeheimnis. Nun, Sie zeigen Ihre Briefe auch nicht jedem.

Warum sollten Sie es dann mit der E-Mail tun? Es gilt als unhöflich, ohne Zustimmung des Absenders dessen Nachrichten an andere weiterzuleiten. Erst recht die Veröffentlichung in Newsgruppen oder Mailinglisten stellt einen ziemlichen Affront dar. Individuelle Post ist genauso vertraulich zu behandeln wie ein Brief.

Fremde E-Mails sollten zwar nicht weitergeleitet werden, es passiert aber doch häufig. Dies bedeutet vorsichtig zu sein, wenn Sie über andere schreiben. Bleiben Sie höflich und professionell – es kann sein, dass der, über den Sie gerade schreiben, diese E-Mail eines Tages in seinem Posteingang findet.

Weiter geleitete E-Mails können noch einen anderen Stolperstein enthalten. Je nach Methode der Weiterleitung kann es sein, dass Sie eine Antwort nicht an den ursprünglichen Fragesteller senden, sondern an den Weiterleiter. Vor allem innerhalb der Firma stößt dieses häufig auf Unverständnis; Sie erhalten die E-Mail postwendend zurück. Haben Sie keine Kopie der ursprünglichen E-Mail, so hüten Sie sich dennoch, die vom Kollegen zurück erhaltene Nachricht einfach an den ursprünglichen Absender weiter zu leiten: Externe E-Mails sollten nie interne Verarbeitungsschritte dokumentieren. Löschen Sie auch eventuelle im Betreff hinzu gefügte Hinweise wie „Fwd:".

Müll aus dem Netz – Hoaxes und Konsorten

Nepper, Schlepper und Bauernfänger haben im Internet ein ideales Medium für ihre Zwecke gefunden. Kaum ein Tag vergeht, an dem ich nicht eine falsche Viruswarnung erhalte, an einem finanziell riskanten Pyramidenspiel teilnehmen soll oder ein angeblich krankes Kind mit einer E-Mail beglücken soll.

Anfang 2003 war es besonders schlimm: Die Angst vor einem Krieg im Irak führte zu einem erhöhten Aufkommen einer E-Mail in meinem Postfach, die sich als Petition der UNO gegen eben diesen ausgab. In allen Nachrichten hatten sich angeblich bereits mehr als 400 Menschen gegen den Krieg ausgesprochen und dies mit ihrem Namen und Wohnort unterschrieben.

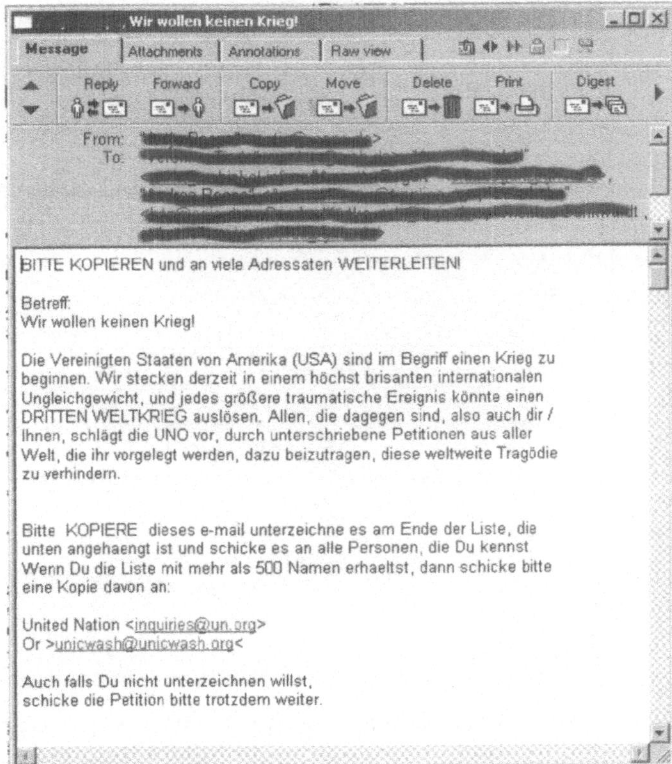

Abb. 2-5: Die UNO ist gegen den Irak-Krieg. Sagt zumindest diese E-Mail. Stimmt aber so nicht.

Ein kurzer Blick auf die Homepage einer der angegebenen Organisationen bestätigt jedoch den Verdacht, dass diese E-Mail ein Hoax ist, also eine Falschmeldung. Sogar der E-Mail-Server der Organisation soll unter dem Ansturm der dort unerwünschten Nachrichten zwischenzeitlich zusammengebrochen sein. Diese E-Mail kursiert übrigens schon mehr als ein Jahr im Netz.

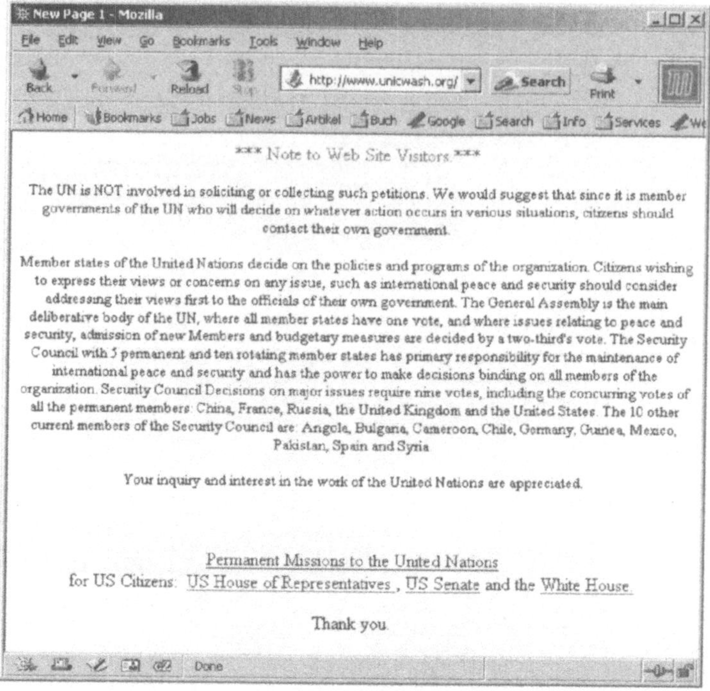

Abb. 2-6: Die Aufklärung auf der Web-Seite der UNO.

Die Konsequenz sollte sein, solche Nachrichten zumindest mit einem gehörigen Teil an gesundem Menschenverstand zu lesen – weiterleiten sollten Sie vermeiden, wenn Sie sich nicht unbeliebt machen oder als unprofessionell erscheinen möchten. Firmen können durch eine E-Mail-Policy vermeiden, dass solche Nachrichten extern weitergeleitet werden (mehr dazu im Kapitel 4.2 ab S. 203)

Sicherheit beim mailen

E-Mails unterliegen dem Fernmeldegeheimnis. Das schützt sie jedoch nicht davor, von anderen gelesen zu werden. Schließlich gelangt Ihre E-Mail nicht direkt von Ihrem PC zum PC des Empfängers, einige Stationen dazwischen sind für Verteilung und Zustellung erforderlich. An allen diesen Stellen kann die E-Mail prinzipiell gelesen werden. Wie immer gilt: Vorsicht beim ungeschützten Verkehr.

Durch Verschlüsselungstechniken können Sie wichtige Nachrichten vor dem Lesen durch Dritte schützen (siehe Kapitel 3.3, S. 164). Als Alternativen gelten Telefon und Brief – Briefe können jedoch auch schnell in falsche Hände geraten und verschlüsselnde Telefone sind noch sehr selten (wenngleich auf dem Markt verfügbar[61.62]) und schützen nicht vor Horchern im gleichen Raum.

Einige E-Mail-Programme sind auch in Verbindung mit unaufmerksamen Schreibern Schuld für die Zustellung der E-Mail an die falsche Person: Ergänzt das Programm Namen oder E-Mail-Adresse bereits nach wenigen Zeichen, muss dies nicht unbedingt die richtige Adresse sein. Wer nicht aufpasst, verschickt eine private Nachricht aus Versehen an den eigenen Chef, dessen Name mit den gleichen Buchstaben beginnt wie der des Freundes.

2.4   Die Über-E-Mail der Zukunft

Schon eine oberflächliche Betrachtung der Computer- und Internet-Entwicklung der letzten Jahre macht klar, dass die Entwicklung nicht stehen bleiben kann. Immer kleiner, immer leistungsfähiger und vor allem immer mobiler werden die Produkte, die beim Blick auf die von uns noch verwendeten Geräte häufig ein „haben wollen" auslösen. Die Kommunikation wird nicht mehr über stationäre PCs laufen, sondern über moderne mobile Geräte – schließlich haben wir uns schon lange an das Vorhandensein unserer Mobiltelefone gewöhnt. Weitere Funktionen mit erweiterten Möglichkeiten werden die heute bekannte Kommunikationsform immer weiter zurückdrängen.

Dieser Trend lässt sich schon an den seit langem verfügbaren Notebooks ablesen: Während der Notebook-Absatz im letzten

---

61 Lutz Labs, Lauscher ausgetrickst, Sichere Kommunikation über ISDN, c't 16/99, Seite 62

62 www.beaucom.de/html/handy.html

Quartal 2002 in Deutschland gegenüber dem Vorjahr um rund ein Viertel stieg, mussten die Hersteller bei den stationären Desktop-PCs einen Rückgang von mehr als 10 Prozent hinnehmen. Dieser Trend dürfte sich verstärken, allerdings nicht auf Notebooks beschränkt, sondern hin zu PDAs, Mobiltelefonen, der *Smartphones* genannten Kombination aus beiden und anderen mit dem Internet verbundenen mobilen Geräten.

Die Visionen für die Nutzung von Computer und Internet in einigen Jahren gehen davon aus, dass die eigentlichen Geräte kaum mehr in Erscheinung treten – zumindest nicht in ihrer heutigen Form. Sicher wird man noch einen kleinen persönlichen Communicator mit sich tragen, irgendwo in der Kleidung versteckt. Dieser dient einfach nur noch dazu, dem Besitzer das Leben so weit wie möglich zu erleichtern. Er vernetzt sich drahtlos mit den im Büro oder zu Hause vorhandenen PCs und synchronisiert die notwendigen Daten, er dient als Fernbedienung für HiFi-Anlage und Fernseher (deren Innenleben schon lange einem Standard-PC ähnelt), er managt Verabredungen und kennt den Inhalt des Kühlschranks. Das oft beschworene Ende der PC-Ära ist das nicht – es ist nur das Ende der grauen Kisten, die lärmend unter unseren Schreibtischen stehen. Die neuen PCs verstecken sich in irgendeinem Raum, während wir mit den mobilen Geräten darauf zugreifen. Egal, wo wir uns gerade befinden – unsere Daten sind schon da. Ob nun im Büro per Kurzstreckenfunk, im Garten per WLAN oder irgendwo auf der Welt per UMTS oder wie auch immer die jeweiligen Nachfolger heißen werden.

Welche Funktechnik auch immer uns mit dem Netz verbindet – sie wird allgegenwärtig und breitbandig sein. Das Immer-und-überall-Verfügbar-Netz. Manche nennen es das *EverNet*.

Diese Kommunikatoren werden unsere Stimmen erkennen, unsere Handschrift in eine lesbare Form übersetzen und auf Bewegungen reagieren. Und eine E-Mail in dieser Welt hat mit einer E-Mail von heute nicht mehr viel gemeinsam: Vorbei die Zeiten, dass wir uns aus Rücksicht auf die technischen Möglichkeiten der Empfänger auf puren Text beschränkt haben. Es wird uns vollkommen gleich sein, ob eine E-Mail nun aus Text, Sprache oder Video besteht.

Vorbei allerdings auch das Marketing, wie wir es heute kennen. In der Welt von morgen fordert der Benutzer von sich aus Informationen zu bestimmten Produkten, deren Verfügbarkeit und Preisen an. Wenn etwa Kühlschrank, Rezeptdatenbank und Benutzer sich auf das abendliche Menü geeinigt haben, schickt der Communicator eine Suchanfrage nach den benötigten Zutaten hinaus – an alle Geschäfte, die im Umkreis des aktuellen Standorts liegen, dank Global Positioning System oder Galileo weiß er schließlich, wo er sich gerade befindet. Der Benutzer von morgen kauft dann auf dem Heimweg beim günstigsten Geschäft ein – oder lässt sich die Einkäufe gleich nach Hause liefern, wo ein von außen zugänglicher Kühlschrank vom Lieferanten per speziell für ihn generiertem Einmal-Passwort geöffnet werden kann.

Vielleicht erliegt der moderne Einkäufer aber auch den Lockungen moderner Werbung. Eine Litfasssäule von morgen wird sicher nicht mehr mit Papier beklebt, sonder per Zentralcomputer angesteuerte Displays präsentieren. Warum sollte diese nicht auch den Kontakt zum vorbeilaufenden Communicator aufnehmen und jedem hundertsten Kontakt einen Rabatt beim nächsten Italiener versprechen? Auch kann ein zukünftiger Internet-Händler bei solchen Anfragen individuell auf den Kunden eingehen. Wenn Ihr Fisch etwas teurer ist als bei der Konkurrenz: Was hindert Sie, dem Anfrager gleich ein Angebot für die doch sicher notwendigen Zitronen zu machen? Das könnte die Werbung werden, die Menschen eigentlich haben wollen: Genau auf die ganz individuellen Bedürfnisse zugeschnitten, zum richtigen Zeitpunkt und innerhalb von Sekundenbruchteilen.

Dass wir bei Konferenzen in Zukunft weder Sprachnotizen in unseren Communicator sprechen (zu laut), eine virtuelle Tastatur bedienen (zu hohe Konzentration erforderlich) noch auf Papier schreiben (analoges Medium, erneutes Abschreiben erforderlich) sollte klar sein: Der berührungsempfindliche Bildschirm unseres Communicators kann schließlich auch Handschriften erkennen und diese gleich zur Grundlage des Gesprächsprotokolls machen.

Wir könnten jedoch auch einfach mit einem Stift auf eine ebene Fläche schreiben – die integrierte Kamera unseres ständigen Begleiters wird die Bewegungen schon erkennen. Oder wir bekommen einen Teil des Besprechungstischs zugeordnet, den wir für unsere Notizen nutzen können. Wer weiß.

Eine an unserem Kopf befestigte Kamera wird das Gleiche sehen, was wir sehen. Wir könnten ein Gesicht zu einem Gespräch aufzeichnen – und beim nächsten Gespräch haben wir die Informationen über den Gesprächspartner wieder im Head-mounted-Display – ein ebenfalls am Kopf befestigter kleiner Monitor, den nur wir einsehen können. Unser Communicator erkennt augenblicklich die Person und stellt die verfügbaren Daten dar. Vielleicht arbeiten wir auch wirklich mit den Händen, wie Tom Cruise im Science-Fiction-Film Minority Report, und schieben Objekte durch einen virtuellen Raum.

Eine schon bald mögliche Anwendung verheißt die Forschung britischer Wissenschaftler[63]: Sie haben einen Lügendetektor entwickelt, der Videobilder von Interviews analysiert und Gestik und Mimik nach verräterischen unbewussten Zeichen untersucht. Eine Erfolgsquote von 80 Prozent versprechen die Wissenschaftler bereits. Wäre das nichts? Wenn während eines Gesprächs der Communicator heftig mit seinem Vibrationsakku wackelt, will er uns mitteilen, dass unser Gegenüber lügt.[64]

Alles in Einem

Tragen wir heute noch Handy, PDA und MP3-Player mit uns herum, werden wir in Zukunft mit einem einzelnen Communicator auskommen. Nicht mehr wir müssen uns an die Eigenheiten des Gerätes anpassen, sondern das Gerät erkennt, welche Aufgabe es gerade bewältigen soll und lädt die dafür notwendige Software aus dem Netz nach.

---

[63] www.independent.co.uk/story.jsp?story=373121

[64] Ich bin mir nicht so ganz im Klaren, ob ich das will. Aber es wird wohl möglich sein.

Doch der Reihe nach: Das Internet der Computer ist langsam vorbei – derzeit stecken wir am Anfang der Phase des Internets der Dinge, in denen Computer stecken.

Mini-Computer als Satelliten

Dazu gehören vor allem drahtlose Benutzerterminals, auch Smart Displays genannt. Sie nehmen eine drahtlose Verbindung mit dem stationären Windows-PC auf und stellen die auf dem PC laufenden Programme dar. Wie fast zu erwarten, stellt *Microsoft* die Grundlage mit *„Windows CE for Smart Display"*.

Der nächste Schritt dürften kleine autarke Geräte sein, die uns per Mini-Display am Kühlschrank oder im Schlafzimmer Wetter- oder Sportnachrichten anzeigen oder uns über aktuelle Aktienkurse auf dem Laufenden halten. Smart Personal Object Technology (SPOT) nennt Microsoft-Chef Bill Gates diese Geräte, die sich drahtlos mit dem Internet-PC verbinden.

Die HiFi-Anlage im PC

Schon im Anrollen sind PCs fürs Wohnzimmer, die Aufgaben von HiFi-Anlage und Fernseher übernehmen sollen. Das *Windows XP Media Center* soll gleichermaßen als PC, DVD- und CD-Player, Fernseher sowie digitale Jukebox dienen und ist vor allem für das jugendliche Publikum gedacht. Mit einer üppig dimensionierten Festplatte soll es den Videorecorder ersetzen, zur Datensicherung enthält es einen DVD-Brenner. Zur Bedienung dient neben der Tastatur auch eine Fernbedienung.

Allerdings möchten die Hersteller konventioneller Konsumer-Geräte den PC-Herstellern das Feld nicht kampflos überlassen. So ist etwa in Japan bereits ein digitaler Sony-Videorecorder erhältlich, der über eine ständige Internet-Verbindung mit Programminformationen versorgt wird. Der Anwender muss gar nicht mehr entscheiden, welche Sendungen das Gerät aufzeichnen soll – er gibt einfach seine persönlichen Vorlieben ein. Zeichnet der Recorder versehentlich eine unpassende Sendung auf, soll es sich sogar dafür entschuldigen (ich befürchte allerdings, dass diese nette Geste in der europäischen Version wegfallen wird). Zusätzlich soll ein kostenpflichtiger Service angeboten werden, der die Steuerung über ein Mobilfunkgerät zulässt.

Hausautomation per Intranet

Der PC von morgen dient nicht nur als Zentrale für die persönliche Kommunikation. Häuslebauer müssen daher gleich diverse Steuerleitungen (oder besser Netzwerkkabel) für die intelligenten Steuerungen von morgen vorsehen. Ich kann mir heute noch nicht vorstellen, dass alle Geräte drahtlos miteinander kommunizieren.

Ob Sie nun ausschließlich per Fingerabdruck-Scanner in Ihr eigenes Haus hineinkommen, mit einem genuschelten „mach mal wärmer hier" die Temperatur einstellen oder der Kühlschrank Sie auf den Ablauf des Mindesthaltbarkeitsdatums der Milch hinweist – viele kleine Helferlein werden nur darauf warten, von Ihnen eingebaut zu werden.

Wirklich tragbare Computer

Auf der anderen Seite stehen tragbare Computer. Nein, keine Notebooks oder PDAs. Wearables. In der Kleidung eingebundene Computer. Erste Ansätze gibt es schon: Mit tragbaren Mini-Computern scannen etwa Vertreter Regale im Kaufhaus für die Nachbestellungen.

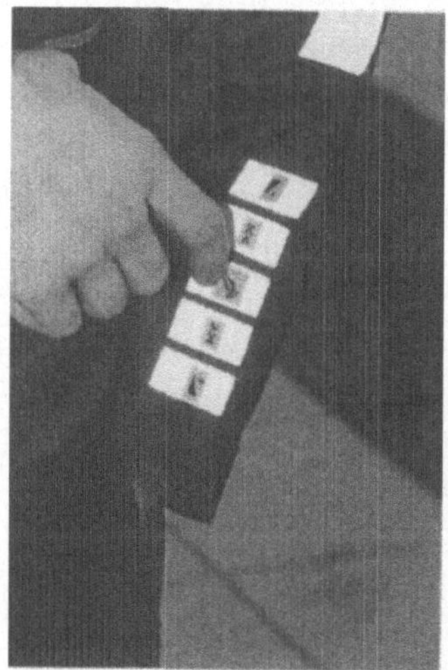

Abb. 2-7: Jacke mit integriertem Bedienfeld für einen Minidisc-Player (Foto: Infineon)

Aber auch die Freizeitindustrie nimmt schon mal Maß. So vertreibt etwa *Burton*[65] die Snowboard-Jacke *AG Clone MD Jacket*, die am linken Ärmel mit dem Bedienfeld eines Minidisc-Players versehen ist. Den Player muss der Snowboarder zwar noch in die Tasche stecken, doch die Richtung stimmt. Und: Die Jacke ist voll waschbar.

Radio und Fernsehen

Die Kommunikationswege verschmelzen miteinander. Ob nun Digitalradio oder –Fernsehen, UMTS oder WLAN und Bluetooth – wir werden Geräte haben, die wir durch zusätzliche Software für alle diese Übertragungsverfahren nutzen können, gegen entsprechende Gebühr, versteht sich. Der Benutzer von morgen möchte nicht mehr wissen, welche Technik er für einen bestimmten Dienst benötigt, der Dienst soll ihm einfach die notwendigen Erweiterungen auf seinen Communicator spielen und die gewünschten Informationen rausrücken. Dabei sind die Benutzer nicht auf ihre angestammten Netze beschränkt – so könnte der Download von UMTS-Software ebenso über digitale Rundfunk- (DAB) oder Fernsehnetze (DVB-T) stattfinden.

DAB, Digital Audio Broadcasting ⇨	DAB ist ein standardisiertes Verfahren zur digitalen Übertragung von Radiosignalen. Es soll störungsfreien Empfang auch im Auto bieten.
DVB-T, Digital Video Broadcasting ⇨	Ausstrahlung digitaler Fernsehprogramme über Antenne. Durch diese Technik stehen wesentlich mehr Programme bei verminderter Strahlenbelastung zur Verfügung. Läuft derzeit in vielen Regionen im Probebetrieb, im Jahr 2010 sollen alle analogen Sender abgeschaltet sein.

---

[65] www.burton.com

Das einzige Problem für das mobile digitale Fernsehen ist und bleibt die Display-Größe – wer möchte sich schon das Endspiel der Fußball-Weltmeisterschaft auf einem Handy-Display anschauen. Aber vielleicht tut sich in den nächsten Jahren auch noch etwas an der Technik der heute noch viel zu schweren, zu teuren und zu anfälligen Beamer – eine große weiße Wand und das Kino-Erlebnis ist da (ok, da fehlt noch der „gute Ton", aber das bekommen wir auch noch hin).

Medizintechnik per Internet

Eine große Zukunft haben auch Dienste, die die Gesundheit des Menschen überwachen. Als wichtiger Ort der Früherkennung sollen etwa in Japan demnächst mit Internet-Anschluss versehene Toiletten dienen[66]. Was auf den ersten Blick merkwürdig anmutet, entpuppt sich bei näherem Hinsehen als logische Konsequenz aus der weitgehenden Auslastung der vorhandenen Pflegeplätze. So müssen vor allem ältere Patienten immer mehr in den eigenen vier Wänden gepflegt werden – die Toilette schlägt im Notfall dann Alarm oder übermittelt zumindest regelmäßig die wichtigsten medizinischen Kenndaten des Patienten. Japanische Datenschützer sehen allerdings schon jetzt Handlungsbedarf: So könne nicht nur der Blutzuckergehalt, sondern auch die Einnahme verbotener Substanzen übermittelt werden – nicht an den behandelnden Arzt, sondern der nächsten Polizeidienststelle.

Ein permanentes Bio-Monitoring lässt sich erreichen, wenn die Computer so klein geworden sind, dass sie mühelos am Handgelenk tragbar sind. Noch weiter gehen Forschungen des MIT Media Lab: Die Forscher arbeiten bereits seit mehreren Jahren daran, Sensoren zur Echtzeit-Gesundheitsüberwachung so zu verkleinern, dass sie dem Patienten gleich implantiert werden können.

---

[66] siehe www.nytimes.com/2002/10/08/international/asia/08JAPA.html. Japaner betreiben geradezu einen Toilettenkult. Viele japanische Toiletten begrüßen ihre Besucher, treiben milde Stromstöße durch die Pobacken, um den Fettgehalt zu bestimmen und unterhalten die Benutzer durch Musik. Die Toilette ist möglicherweise der einzige Ort, an dem ein Japaner wirklich ganz alleine sein kann.

Erste Anwendungen sind schon in Sicht: Amerikanische Forscher haben ein Implantat entwickelt, das wichtige Daten über eine Telefonleitung an den Doktor übermittelt. Herzpatienten sollen so auf viele Arztbesuche verzichten können.

Mehr Platz

Das Internet dehnt sich zumindest immer weiter aus. Die NASA rüstet ihre Shuttles versuchsweise mit kleinen PCs aus (233 MHz-Prozessor, 128 MB Arbeitsspeicher). Informationen zwischen Bodenstation und Raumschiff sollen verstärkt per Internet-Protokoll ausgetauscht werden. Aktuelle Daten aus dem Space Shuttle stehen dann über einen Standard-Web-Browser zur Verfügung.

In der Entwicklung befinden sich übrigens schon Protokolle, die für sehr große Distanzen ausgelegt sind. So gibt es bereits Gedanken, Stationen auf Planeten, Sonden und Satelliten als Relais-Posten für die Internet-Nachrichten[67] zu benutzen.

Ob diese Zukunftsvisionen nun wirklich realisierbar oder bei näherer Betrachtung nur noch Quatsch sind, wird die Zukunft zeigen. Auch die Kostenfrage stellt sich: Niemand weiß, ob sich diese Gadgets irgendwie amortisieren. Zumindest werden einige davon unsere gesamte Kommunikation, wenn nicht unser gesamtes Leben massiv verändern. Mit der E-Mail in der heutigen Form können wir allerdings noch einige Jahre gut leben, schließlich gehören neben den Early-Adoptern einer neuen Technik auch noch ganz viele „normale" Konsumenten zu unserem potenziellen Kundenkreis.

---

[67] Kai Steuernagel, IP-Netze – Planung und Design, Seite 236, Huetig 2002, ISBN 3-7782-3964-7

3 Rechtliche Betrachtungen

Online-Recht unterscheidet sich im Prinzip nur wenig vom dem, was wir auch im realen Leben beachten müssen. Geschäft ist Geschäft. Das meiste steht im Bürgerlichen Gesetzbuch. Einige Online-Erweiterungen sind dennoch zu beachten. Ob nun bei der Online-Auktion oder dem Online-Versandhandel, selbst für Anbieter eines Newsletters stehen viele Stolpersteine bereit. Nach der Lektüre dieses Kapitels sollten Sie die meisten umschiffen können.

Die Einführung der digitalen Signatur ändert einige Abläufe in Unternehmen. Neben der gesicherten Übertragung digitaler Dokumente ist damit auch erstmals eine rein digitale Aufbewahrung von Geschäftsunterlagen erlaubt.

Ist in Ihrer Firma das private Surfen am Arbeitsplatz erlaubt, sind ebenfalls einige Dinge zu beachten.

3.1 Einführung in das Internet-Recht

Bereits im Jahr 2001 urteilte das Oberlandesgericht München, dass ein Online-Abschluss eines Zeitschriftenabonnements per E-Mail grundsätzlich rechtsgültig sei[68]. Allerdings müssten dem Verbraucher Angaben über Preis und Versandkosten sowie nähere Bedingungen des Abos auf der Homepage zugänglich gemacht werden. Seitdem haben sich nicht nur Gerichte, sondern vor allem auch der Gesetzgeber intensiv mit dem Online-Recht beschäftigt.

Der E-Einkauf

Zu einem Vertragsabschluss gehören zwei Willenserklärungen: Ein Angebot und die Annahme desselben. Unterschiede zwischen Online-Welt und realem Leben gibt es nicht. Das Präsen-

---

[68] www.jurpc.de/rechtspr/20010104.htm

tieren einer Ware in einem Online-Shop ist also vergleichbar mit dem Auslegen der gleichen Ware in einem traditionellen Schaufenster. Wie im realen Leben gilt auch in der E-Welt: Das Auslegen der Ware stellt eine Aufforderung an den Kunden dar, ein Angebot abzugeben. Juristen ist das als „invitatio ad offerendum" bekannt. Wenn der potenzielle Käufer dem Händler mitteilt, dass er die Ware kaufen möchte, ist der Kaufvertrag noch nicht geschlossen. Es ist das Angebot an den Händler, einen Vertrag abzuschließen.

Sie als Händler können dieses Angebot annehmen (und Sie werden es in den meisten Fällen wohl auch), Sie können es aber auch ablehnen. In diesem Fall kommt kein Vertrag zustande, Sie werden dadurch nicht schadenersatzpflichtig. Online abgegebene Willenserklärungen gelten als Erklärungen unter Abwesenden.

Eine Antwort auf sein Angebot kann der Kunde in einer üblichen Zeit erwarten. Zur Bestimmung dieser Frist sind die Zeit der Übermittlung des Antrages, die Bearbeitungszeit und die Zeit der Übermittlung der Antwort heranzuziehen. Durch die hohe Geschwindigkeit im Internet und die weitgehende Automatisierung der Bestellvorgänge ist diese Frist im Netz kürzer anzusetzen als bei einem per Post angebahnten Geschäft. Teilt der Händler erst nach Ablauf dieser Frist mit, dass er die Ware nicht liefern kann, ist der Kunde an sein Angebot nicht mehr gebunden. Eine Woche stellt im Fall einer Online-Bestellung durchaus eine übliche Zeit dar, in der Sie auf ein Angebot reagieren sollten.

Keine Pflicht zur Annahmeerklärung

Natürlich gibt es Ausnahmen von diesem Grundsatz: Der Besteller geht im Normalfall davon aus, dass sein Angebot angenommen wird und er die Ware zum angegebenen Preis geliefert bekommt. Er erwartet eine Benachrichtigung nur für den Fall, dass seine Bestellung nicht bearbeitet wird. Dadurch wird in den meisten Fällen der Online-Bestellung eine so genannte Annahmeerklärung nach der Verkehrssitte nicht erwartet und ist somit auch nicht nötig.

Um sich die Annahmeerklärung zu ersparen, geben einige Online-Händler ohne Nachfrage Informationen zur Verfügbarkeit einzelner Produkte. Nach aller Erfahrung reagieren zudem zumindest die automatisiert arbeitenden Versandhäuser sofort, wenn sie eine Bestellung nicht annehmen können.

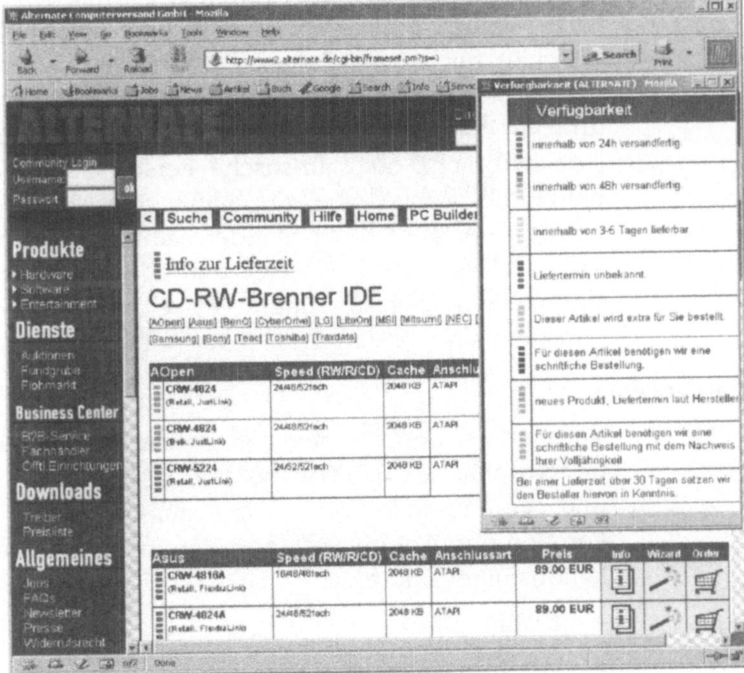

Abb. 3-1: Der Computerversand *Alternate*[69] weist durch hier leider nicht zu erkennende verschiedene Farben auf die Verfügbarkeit einzelner Produkte hin.

Fernkauf

Das frühere Fernabsatzgesetz ist seit Januar 2002 im Paragraph 312[70] des BGB verankert. Das Ziel des Fernabsatzgesetzes, nämlich die Stärkung der Stellung der Verbraucher, wurde mit der

---

[69] www.alternate.de

[70] dejure.org/gesetze/BGB/312b.html

Überführung noch einmal verstärkt. Der Paragraph gilt für Verträge über die Lieferung von Waren oder die Erbringung von Dienstleistungen, die zwischen Unternehmer und Verbraucher unter ausschließlicher Verwendung von Fernkommunikationsmitteln abgeschlossen wurden.

Wichtig ist hier die Unterscheidung zwischen Verbraucher und Unternehmer. Ein Verbraucher ist eine natürliche Person, die ein Geschäft für private Zwecke abschließt. Auch ein Unternehmer darf selbstverständlich privat etwas bestellen, auch für ihn als natürliche Person gilt das Gesetz. Ein Unternehmen hingegen ist jede natürliche oder juristische Person oder rechtsfähige Personengesellschaft, die bei Abschluss eines Rechtsgeschäfts in Ausübung ihrer gewerblichen oder selbständigen beruflichen Tätigkeit handelt. Das Gesetz enthält einen Mindestschutz für Verbraucher. Sofern andere Vorschriften für den Verbraucher günstiger sind, finden diese Vorschriften Anwendung.

Aus der Ferne

Verbraucher und Händler dürfen sich bis zum Zeitpunkt des Vertragsabschlusses nicht persönlich begegnen. Vertragsanbahnung und Vertragsabschluss dürfen ausschließlich über Mittel der Fernkommunikation zustande kommen. Erlaubte Fernkommunikationsmittel sind etwa:

- E-Mail
- Telefon
- Brief
- Fax

In einigen Fällen findet das Gesetz jedoch keine Anwendung:

- Verträge über Finanzgeschäfte (Bankgeschäfte, Wertpapiergeschäfte, Versicherungsgeschäfte)
- Lieferungen von Lebensmitteln, Getränken und anderen Haushaltsgegenständen des täglichen Bedarfs
- Grundstücksverträge
- Fernunterrichtsverträge
- Beförderungs- und Unterbringungsverträge

Dass das Gesetz keine Anwendung findet, heißt natürlich nicht, dass diese Geschäfte nicht online abgeschlossen werden dürfen – der Kunde kann nur nicht mehr nach dem Fernabsatzgesetz davon zurücktreten.

Pflichten des Unternehmens

Unternehmen müssen Verbraucher bei Vertragsanbahnung über Geschäftszweck und Identität des eigenen Unternehmens aufklären. Weiterhin hat das Unternehmen für den Verbraucher folgende Informationen bereitzuhalten:

- die vollständige Anschrift des Unternehmers (zum rechtsgültigen Online-Impressum später mehr)

- die wesentlichen Merkmale der angebotenen Waren oder Dienstleistungen

- den Preis einschließlich aller Steuern, Versand- und Lieferkosten

- das Bestehen eines Widerrufs- oder Rückgaberechtes nach §§355[71], 356[72] BGB

- Liefervorbehalte

- den Zeitpunkt des Zustandekommens des Vertrages (etwa bei Online-Auktionen)

- die Gültigkeitsdauer befristeter Angebote

Das Gesetz spricht von „dauerhaften Datenträgern", mit denen das Unternehmen diese Informationen bereitstellen muss. Dazu gehört neben Brief oder Fax und CD-ROM auch eine E-Mail. Die Möglichkeit, dass der Verbraucher die Informationen aktiv von der Homepage des Unternehmens lädt, reicht nach Ansicht Vieler nicht aus: Es ist nicht sichergestellt, dass der Verbraucher den Download selbst anstößt. Mit einer E-Mail sind Sie auf der sicheren Seite.

---

[71] dejure.org/gesetze/BGB/355.html

[72] dejure.org/gesetze/BGB/356.html

Zurücksendung

Der Unternehmer hat den Verbraucher auf sein Rückgabe- und Widerrufsrecht hinzuweisen, das dieser ohne Angabe von Gründen und auch per E-Mail ausüben kann. Versäumt es der Unternehmer, den Verbraucher spätestens mit der Lieferung über sein Widerrufsrecht zu informieren oder kann er die Belehrung nicht beweisen, verlängert sich die Widerrufsfrist von zwei Wochen auf einen Monat. Die Frist gilt für die Absendung des Widerrufs durch den Verbraucher, der Tag des Eingangs beim Unternehmen ist irrelevant. Das Widerrufsrecht erlischt spätestens sechs Monate nach Erhalt der Ware oder nach Ausführung der Dienstleistung. Das Widerrufsrecht kann auch bei Vertragsschluss durch ein Rückgaberecht nach §356 BGB ersetzt werden, eine Begründung für die Rücksendung ist auch hier nicht erforderlich. Es gilt dieselbe Frist wie für den Widerruf, sie beginnt aber erst ab Erhalt der Ware.

Nicht alles zurück

Das Widerrufsrecht gilt nicht für alle Waren und Dienstleistungen. Es ist bei folgenden Vertragsgegenständen ausgeschlossen:

- speziell nach den Wünschen des Kunden gefertigte Waren

- verderbliche Waren

- Audio- oder Videoaufzeichnungen

- entsiegelte Software

- bei Versteigerungen jeder Art (nicht Online-Auktionen, dazu später mehr)

Der Verbraucher hat einen Anspruch auf die Rückzahlung des Kaufpreises. Weiterhin haftet der Versandhändler für Transportschäden und trägt die Kosten des Rücktransportes. Liegt der Warenwert unter 40 Euro, lassen sich die Kosten für die Rücksendung jedoch durch Allgemeine Geschäftsbedingungen auf den Kunden übertragen. Der Verbraucher hat die Rücksendung selbst zu veranlassen, eine Abholung durch den Unternehmer kann er nicht verlangen. Trifft die Ware beim Verbraucher schon in einem defekten Zustand ein, so kann dieser sie immer auf Kosten des Unternehmers zurückschicken.

Gleiches Recht für Online- und Offline-Verträge

Wer eine CD im Laden kauft, die Versiegelung zerstört und sie dann dem Händler zurückbringt, hat schlechte Karten: Der Händler wird die Rücknahme verweigern. Deshalb gelten Fernabsatz-Gesetz und seine Nachfolger auch nicht für diesen Fall. Viele Juristen gehen davon aus, dass auch online bezahlte und auf die Festplatte gespeicherte Musik oder Software „zur Rücksendung nicht geeignet" ist und daher nach §312d[73] Abs.4 BGB vom Widerruf ausgeschlossen sind. Ein abschließendes Urteil ist bisher jedoch noch nicht ergangen.

Online-Auktionen

Es war lange umstritten, ob und wenn ja welche Online-Auktionen überhaupt unter den BGB-Begriff der Versteigerung fallen. Die aktuelle Rechtsprechung geht mittlerweile überwiegend davon aus, dass Versteigerungen mit dem Zuschlag durch einen Auktionator enden. Demnach sind Auktionen auf Ebay & Co. keine Versteigerungen im Sinne des BGB – und dem Verbraucher steht damit ein Widerrufsrecht unter den schon dargestellten Voraussetzungen zu.

Ein Widerrufsrecht gilt allerdings nur, wie schon erwähnt, bei Verträgen zwischen einem Verbraucher und einem Unternehmmen. Verträge zwischen Privatpersonen sind davon ebenso ausgeschlossen wie Verträge zwischen Unternehmen. Der häufig bei privaten Auktionen zu lesende Hinweis, dass der Verkäufer kein Widerrufsrecht einräumt, ist komplett überflüssig – es gibt keins.

---

[73] dejure.org/gesetze/BGB/312d.html

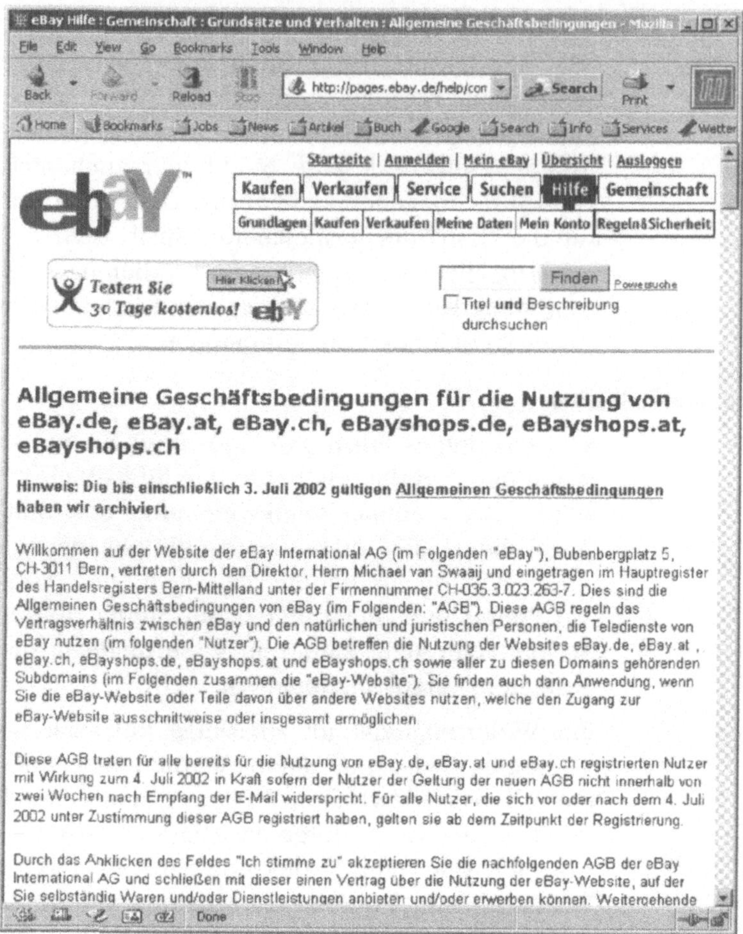

Abb. 3-2: Die Allgemeinen Geschäftsbedingungen von Ebay. Der komplette Abdruck hätte das Buch um etwa 16 Seiten verlängert...

Auch eine Online-Auktion ist ein Kauf

Abschließend zur Versteigerung à la Ebay: Es bleibt beim „invitatio ad offerendum". Der Verkäufer einer Online-Auktion stellt einen Artikel in ein virtuelles Schaufenster. Der Bieter mit dem höchsten Gebot gibt ein Angebot ab, dieses Angebot wird durch den Verkäufer angenommen. Kommt ein Vertrag zwischen Verbraucher und Unternehmen zustande, gelten – mit den oben beschriebenen Ausnahmen – die Paragraphen zum Fernabsatz aus dem BGB.

Internet-Auktionshäuser sind nur Vermittler

Die Auktionshäuser selbst treten im Allgemeinen nicht als Käufer oder Verkäufer auf. Bei einer Reklamation oder dem Rücktritt von einem Vertrag sind nicht sie die Ansprechpartner, sondern derjenige, von dem die Ware oder Dienstleistung bezogen wurde. Auf diesen kurzen Konsens lassen sich die ellenlangen Allgemeinen Geschäftsbedingungen der Betreiber meist bringen.

Alle Kosten angeben

Seit Januar 2003 gelten einige zusätzliche Verordnungen zum Fernabsatz, die vor allem Betreiber von Online-Shops betreffen – auch wenn sie mit Waren und Dienstleistungen handeln, die ausdrücklich nicht unter das Widerrufsrecht fallen. Sie müssen künftig auf den Werbe- beziehungsweise Katalogseiten ihres Web-Angebots ausdrücklich darauf hinweisen, dass die dort platzierten Preisangaben die Umsatzsteuer und sämtliche anderen Preisbestandteile enthalten. Darüber hinaus müssen sie dort auch angeben, ob für den Kunden zusätzliche Liefer- und Versandkosten anfallen. Diese Kosten in den AGBs zu verstecken ist verboten – diese Kosten müssen „deutlich wahrnehmbar" sein.

Die Angabe der Preise inklusive Umsatzsteuer ist für deutsche Online-Shop-Betreiber nichts Neues. Der zwingende Hinweis, dass diese enthalten sind, stellt die bisherige Rechtsprechung jedoch auf den Kopf. Bisher haben deutsche Richter diesen Hinweis als Verstoß gegen das Wettbewerbsrecht aufgefasst – der Kunde könnte ja denken, dass Angebote anderer Anbieter die Umsatzsteuer noch nicht enthalten würden...

Alle Geschäftsbedingungen

Auch das ehemalige AGB-Gesetz findet sich heute im BGB[74] wieder. Auf seine Allgemeinen Geschäftsbedingungen können Sie sich jedoch nur berufen, wenn sie Bestandteil des Vertrages sind. Dazu müssen Sie bei Vertragsabschluss ausdrücklich auf sie

---

[74] dejure.org/gesetze/BGB/305.html ff

hinweisen und dem Vertragspartner die Möglichkeit geben, diese in zumutbarer Weise zur Kenntnis zu nehmen. Das gilt selbstverständlich auch für Verträge, die über das Internet abgeschlossen werden.

Der deutlicher Hinweis „Es gelten unsere AGBs", verbunden mit einem Link auf dieselben, reichen für eine Einbeziehung aus. Sicherer ist es jedoch, sie dem Kunden vor einer Bestellung zwingend auf den Bildschirm zu bringen und den Kunden ankreuzen zu lassen, dass er sie gelesen und verstanden hat.

Auf keinen Fall dürfen sie versteckt werden, jeder potenzielle Kunde muss sie auch beim flüchtigen Lesen finden. Ein versteckter oder unklarer Hinweis kann dazu führen, dass die AGBs nicht einbezogen werden. Dazu hat die Rechtsprechung eine Reihe von Erfordernissen hinsichtlich von AGBs aufgestellt:

- AGBs müssen durch eine deutliche und sinnvolle Gliederung ein Mindestmaß an Übersichtlichkeit aufweisen.

- Der Text muss sprachlich und inhaltlich klar sein – auch Nichtjuristen müssen ihn verstehen können.

- Das Lesen darf nicht durch technische Möglichkeiten erschwert werden, etwa durch eine extrem kleine Schrift.

AGBs sollten in Deutsch abgefasst sein. Zwar sind englischsprachige AGBs nicht grundsätzlich unzulässig – schließlich sprechen die allermeisten Web-Seiten weltweit diese Sprache – doch ist das Vertrauen des Kunden einfacher zu gewinnen, wenn er geschäftliche Texte in seiner Muttersprache lesen kann.

E-Mail-Fallen

Nie, nie – nein, wirklich nie sollten Sie einfach eine unverlangte Werbe-E-Mail verschicken. Spam haben wir schon genug, und als deutscher Anbieter unterliegen Sie dem deutschen Recht. Der letzte Bundestagswahlkampf sollte auch dem letzten Zweifler gezeigt haben, dass viele Menschen darauf allergisch reagieren.

Das mussten auch schon fast alle großen Parteien feststellen: SPD[75], CSU[76], Grüne[77] und auch die Republikaner[78] haben im

---

[75] www.r-d-o.de/rspr/sozial.jpg

Umfeld der letzten Bundestagswahl einstweilige Verfügungen gegen die Versendung von so genannten E-Cards einstecken müssen. Über die Server aller genannten Parteien waren während des Wahlkampfes wohl tausende von E-Mails mit Parteienwerbung verschickt worden. Statt teils angeblicher Grüße eines Bekannten fand sich aber unter den Adressen eben Wahlwerbung der Parteien für die Bundestagswahl 2002.

Die Urteile bestätigen die inzwischen gängige Rechtsprechung gegen Spam: Wer auf einer Website die Möglichkeit des Versands von E-Cards bereithalte und es dadurch jedem Dritten ermögliche, unaufgeforderte E-Mails zu versenden, haftet als mittelbarer Störer für die beim Empfänger der Spam-E-Mail eingetretene Rechtsverletzung. Auch eine Abwägung der beteiligten Interessen – Partei- und Meinungsfreiheit einerseits und Recht auf ungestörte Geschäftsabläufe andererseits – führt nicht dazu, dass man Unbeteiligte zur Duldung unerwünschter Werbung verpflichten kann.

Sicher, die meisten Antragsteller dürften ein politisches Motiv gehabt haben, gegen den unerwünschten Empfang der Nachrichten vorzugehen, doch es zeigt den Trend: Sofern der Spammer in Deutschland sitzt, ist auch der Rechtsweg mit Erfolg gangbar.

Keine Challenge-E-Mails

Aber es geht noch weiter: Unverlangt erhaltene E-Mail-Nachrichten, die für einen eigenen Newsletter werben und Wege zum Erhalt dieses Newsletters enthalten, sind E-Mail-Werbung. Dies stellt eine Verletzung des Rechts am eingerichteten und ausgeübten Gewerbebetrieb beziehungsweise des Persönlichkeitsrechts im Sinne von §§1004[79] und 823[80] BGB dar. Behauptet

---

[76] www.heise.de/newsticker/data/jk-28.01.03-009/

[77] www.heise.de/newsticker/data/fr-01.08.02-000/

[78] www.jurpc.de/rechtspr/20030008.htm

[79] dejure.org/gesetze/BGB/1004.html

[80] dejure.org/gesetze/BGB/823.html

der Versender, dass der Empfänger die E-Mail angefordert hat, trägt er die Beweislast.

Es wird noch schlimmer:

Das Landgericht Berlin urteilte[81] im September 2002, dass bereits die unerwünschte Übersendung einer Newsletter-Anmeldung per E-Mail eine unzulässige Werbung darstellt. Der Antragsteller hatte eine E-Mail erhalten, in der er einen Link anklicken sollte, um die Aufnahme seiner E-Mail-Adresse in einen E-Mail-Verteiler zu bestätigen. Anderenfalls sollte er die E-Mail einfach löschen. Der Antragsteller sah darin bereits unerwünschte Werbung und beantragte den Erlass einer einstweiligen Verfügung gegen den Anbieter des Newsletters. Der Betreiber konnte nicht beweisen, dass der Antragsteller sich selbst den Link zur Bestätigung der Eintragung zugesandt hatte.

Der Beschluss könnte das Aus für Newsletter sein. Ganz so schlimm sehe ich es aber nicht, denn auch unter Juristen ist das Urteil umstritten. Schließlich ist die beanstandete Handlung gängige und auch von Anti-Spam-Aktivisten akzeptierte Praxis bei der Anmeldung zu einem Newsletter. Wie soll man es denn auch sonst machen? Per Post? Persönlich?

Gegenmaßnahmen...

Sie könnten nun bei der Newsletter-Anmeldung die aktuelle IP-Adresse des Nutzers speichern und zu seinen Nutzerdaten hinzufügen. Mit etwas Glück benutzt der Neukunde eine Wählleitung – die Provider heben die Zuordnung IP-Adresse zum eingewählter Benutzer zur Abrechnung einige Zeit auf. Zieht man Sie zeitnah vor Gericht, dürfte der Provider diese Daten herausgeben müssen. Sie könnten dann beweisen, dass der Benutzer die angeblich unverlangte E-Mail selbst angefordert hat.

Benutzt der Neukunde eine Standleitung, sollte sich über die gespeicherte IP-Adresse zumindest die Firma herausfinden lassen. Pech können Sie haben, wenn der Benutzer über eine Flatrate verfügt und nicht per T-Online ins Netz geht: Viele Flatrate-Anbieter speichern diese Daten nicht ab. Nach Ansicht des *Un-*

---

[81] www.jurpc.de/rechtspr/20020333.htm

abhängigen Landeszentrums für Datenschutz[82] in Kiel ist eine Speicherung der IP-Nummer zum konkreten Nachweis der Entgeltpflicht nicht erforderlich und damit grundsätzlich nicht erlaubt.

Das Regierungspräsidium Darmstadt in seiner Funktion als Datenschutzaufsichtsbehörde von *T-Online*[83], Deutschlands größtem Internet-Provider, sieht das etwas anders[84]. Es begründet die Erlaubnis zur Speicherung der IP-Adressen von T-Onlines Flatrate-Kunden unter anderem damit, dass der Anbieter die IP-Nummer zu Beweiszwecken benötige. Weiterhin erkannte die Darmstädter Behörde in der Protokollierung „ein geeignetes Mittel", um die Systemsicherheit zu gewährleisten und Hackerangriffe analysieren zu können. Das wird noch spannend.

...sind nicht erlaubt

Für Content-Provider – also etwa Anbieter eines Newsletters – sind jedoch feste und auch dynamische IP-Adressen keine anonymen Daten, sondern als personenbeziehbar anzusehen. Die Speicherung der IP-Adresse ist also nicht erlaubt – zumindest nicht ohne Einwilligung des Nutzers.

3.2   Datenschutzbestimmungen und –Richtlinien

„Das Grundrecht gewährleistet ... die Befugnis des Einzelnen, grundsätzlich selbst über die Preisgabe und Verwendung seiner persönlichen Daten zu bestimmen. Einschränkungen dieses Rechts auf „informelle Selbstbestimmung" sind nur im überwiegenden Allgemeininteresse zulässig"[85]. Damit haben wir zu leben.

Der Kunde bestimmt, welche Daten wir von und über ihn speichern. Natürlich: Wenn er etwas bei uns bestellt hat, brauchen wir seine postalische Adresse für die Auslieferung. Auch die

---

[82] www.datenschutzzentrum.de

[83] www.t-online.de

[84] www.heise.de/newsticker/data/hob-14.01.03-001/

[85] Volkszählungsurteil des Bundesverfassungsgerichts, Dezember 1983

E-Mail-Adresse für die Benachrichtigung ist sicher noch verständlich. Aber alles, was darüber hinausgeht, muss vom Kunden selbst gewollt sein. Zudem hat der Kunde das Recht, Informationen über sämtliche ihn betreffende Daten zu erhalten, auch wenn dieses Recht kaum jemand für sich in Anspruch nimmt. Umso wichtiger ist es für ein Unternehmen, dem Kunden einen verantwortungsvollen Umgang mit seinen Daten nachzuweisen – nur wer sich auch hier gut aufgehoben fühlt, bleibt gerne Kunde.

Die Datenschützer im Unternehmen kämpfen jedoch zunehmend mit einem Image-Problem: Vor allem in Vertrieb und Marketing herrscht gelegentlich die Ansicht vor, Datenschützer würden sie in ihrer Arbeit zumindest behindern, wenn nicht sogar diese verhindern. Wenn man nur auf den schnellen Verkauf schielt, mag diese Betrachtungsweise sogar eine gewisse Berechtigung haben. Für eine langfristige Beziehung zu einem Kunden spielt jedoch der Schutz seiner persönlichen Daten eine enorme Rolle.

Pflicht zur Bestellung eines Datenschutzbeauftragten

Nach den Vorschriften des Bundesdatenschutzgesetzes sind Unternehmen unter bestimmten Bedingungen verpflichtet, einen betrieblichen Datenschutzbeauftragten zu benennen. Peter Schaar, Geschäftsführer der Hamburger Firma *PrivCom Datenschutz*[86], schätzt, dass bis zu 80 Prozent der dazu verpflichteten Unternehmen dieser Pflicht nicht nachgehen. Das ist gefährlich: Der §43 des Bundesdatenschutzgesetzes sieht bei Verstößen Geldbußen von bis zu 250 000 Euro vor. *PrivCom* bietet in seinem Internet-Angebot einen Datenschutz-Check für Unternehmen an, mit dessen Hilfe Sie erste Hinweise bekommen, ob Sie zur Bennennung eines Datenschutzbeauftragten verpflichtet sind.

---

[86] www.privcom.de

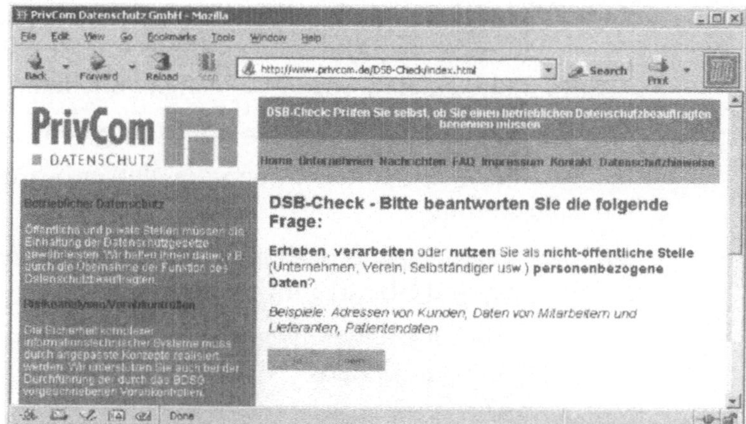

Abb. 3-3: Der Datenschutzcheck von *PrivCom*

Hier müssen Sie einige Fragen rund um die Erfassung und Speicherung personenbezogener Daten in Ihrem Unternehmen beantworten. Eine verbindliche Auskunft, ob ein Datenschutzbeauftragter in Ihrem Unternehmen Pflicht ist, kann jedoch nur die zuständige Datenschutzbehörde[87] erteilen.

Vorsicht ist auch bei der Wahl der Person des Datenschutzbeauftragten angesagt: Wenn der Datenschutzbeauftragte etwa als Abteilungsleiter der Marketing-Abteilung gleichzeitig der Haupt–nutzer der gesammelten Informationen ist, so könnte ein Interessenskonflikt vorliegen. Doch spricht nichts dagegen, dass der Datenschutzbeauftragte – ähnlich wie der in vielen Firmen vorgeschriebene Sicherheitsbeauftragte – diese Aufgabe neben seiner eigentlichen Tätigkeit ausführt.

Unsicherheit beseitigen

Die Unsicherheit der Kunden ist in diesem Bereich besonders hoch. Kann er nicht nachvollziehen, welche Daten für welche Zwecke gespeichert oder übermittelt werden, nimmt er im Zweifel die Dienstleistungen nicht in Anspruch. Er wechselt einfach den Anbieter – im Internet ist dieser meist nur einen Klick ent-

---

[87] www.datenschutz.de/(de)/institutionen/adressen

fernt. Man sollte daher die Einhaltung datenschutzrechtlicher Vorgaben nicht als notwendiges Übel, sondern als vertrauensbildende und kostengünstige Marketingmaßnahme begreifen.

Zu den Pflichten für den Dienstanbieter gehört:

- die Pflicht zur Unterrichtung der Nutzer bezüglich der Datenspeicherung

- die Voraussetzung der Einwilligung des Nutzers in die Verarbeitung und Übertragung seiner Daten

- die Auskunftspflicht gegenüber Betroffenen bezüglich der gespeicherten Daten

Impressumspflicht

Zu guter Letzt müssen Sie den Nutzer zunächst sehr genau informieren, wer Sie sind – einfacher gesagt, Sie müssen ein Impressum erstellen.

Diese Pflicht hat aufgrund zahlreicher Abmahnungen in der jüngsten Zeit zu Unsicherheiten im Netz geführt. Interessant dabei ist, dass sogar Rechtsanwälte betroffen waren, die auf ihrer Kanzlei-Seite wohl die eine oder andere Angabe im Impressum vergessen hatten.

Voraussetzung für eine Kennzeichnungs- oder Impressumspflicht ist zunächst ein geschäftsmäßiges Betreiben des Dienstangebotes. Es muss sich also um ein Angebot handeln, das einer nachhaltigen und auf Dauer angelegten Tätigkeit dient. Eine Gewinnerzielungsabsicht ist für eine Geschäftsmäßigkeit nicht erforderlich, auch nichtkommerzielle oder private Angebote können dieser Kennzeichnungspflicht unterliegen.

Ein vollständiges Impressum auf einer Website sollte folgende Angaben enthalten:

- Vollständiger Name (der Firma) und Anschrift

- Telefon- oder Faxnummer, E-Mail-Adresse

- Wenn vorhanden: Vertretungsberechtigter

- Wenn vorhanden: Register/Registernummer

- Umsatzsteueridentifikationsnummer (nicht Umsatzsteuernummer)

- Zusätzliche Regelungen für bestimmte Berufe

Sollte der angebotene Dienst einer Zulassungs- oder Aufsichtspflicht unterliegen, sind daneben Angaben über die zuständige Aufsichtbehörde inklusive Postanschrift notwendig.

Anbieter von journalistisch-redaktionell gestalteten Angeboten, die in periodischer Folge Texte verbreiten, müssen einen Verantwortlichen samt dessen Anschrift für die redaktionellen Inhalte benennen. Der Verantwortliche ist auch dann explizit anzugeben, wenn er mit dem Betreiber des Angebots identisch ist.

So kompliziert, wie es sich zunächst anhört, ist das Erstellen eines gesetzeskonformen Impressums jedoch nicht. So stellt etwa die Firma *digitale Informationssysteme* ein Tool[88] zur Verfügung, welches die allermeisten Abmahnversuche ins Leere laufen lassen sollte.

Gesetzt den Fall

Zur Bestimmung, unter welches Gesetz die eigenen Aktivitäten nun fallen, muss man zwischen verschiedenen Arten von Dienstleistungen unterscheiden.

Das Telekommunikationsgesetz[89] (TKG) gilt für Dienste auf der reinen Transportebene, also für Anbieter von Telekommunikationsdienstleistungen (E-Mail, Internet-Zugang, Telefonie). Die Anbieter haben zudem die Bestimmungen der Telekommunikationsdatenschutzverordnung[90] (TDSV) zu beachten.

Teledienstegesetz[91] (TDG) und Teledienstedatenschutzgesetz[92] (TDDSG) regeln vor allem die Bestimmungen zum Datenschutz bei Angeboten ohne redaktionelle Betreuung, etwa in Online-Shops oder beim Online-Banking.

---

[88] www.digi-info.de/webimpressum/

[89] www.netlaw.de/gesetze/tkg.htm

[90] www.netlaw.de/gesetze/tdsv.htm

[91] www.iid.de/iukdg/gesetz/teledienstegesetz.pdf

[92] www.iid.de/iukdg/gesetz/tddschutzgesetz.pdf

Steht hingegen die redaktionelle Bearbeitung und elektronische Verteilung von Inhalten im Vordergrund, haben sich die Betreiber an die zuständigen Normen des Mediendienste-Staatsvertrags[93] (MDStV) zu halten. Diese gelten nicht nur für Newsletter, sondern unter anderem auch für Unternehmenspräsentationen und die Online-Auftritte der Printmedien.

Ob ein Unternehmen nun Datenschutzbestimmungen nach dem Mediendienste-Staatsvertrags oder nach dem Teledienstedatenschutzgesetz einzuhalten hat, ist in der Theorie gar nicht so einfach zu entscheiden, da in vielen Unternehmen Merkmale beider Dienste vorhanden sind. In der Praxis macht es keinen großen Unterschied, da die maßgeblichen Vorschriften von Teledienstedatenschutzgesetz und Mediendienste-Staatsvertrag weitgehend gleich lautend sind: Halten Sie sich an die Datenschutzbestimmungen des einen Gesetzes, erfüllen Sie damit quasi automatisch auch die des anderen.

Teledienste

Bei der Bestellung von Waren und Dienstleistungen per Internet gilt das Teledienstedatenschutzgesetz. Der Dienstanbieter darf demnach so genannte Bestandsdaten (Daten, die für die Begründung, inhaltliche Ausgestaltung oder Änderung eines Vertragsverhältnisses nötig sind, etwa Name und Anschrift des Nutzers) nur erheben, wenn dies beispielsweise für die Rechnungsstellung nötig ist.

Zum Zweck der Marktforschung, der Werbung oder der bedarfsgerechten Gestaltung der Teledienste darf der Anbieter nur Nutzungsprofile erstellen, wenn er die Verwendung von Pseudonymen ermöglicht. Dies gilt aber auch nur dann, wenn der Nutzer diesem Verfahren nicht widersprochen hat und der Nutzer zuvor vom Diensteanbieter über das Widerspruchsrecht informiert wurde. Besitzt der Anbieter personenbezogene Daten über den Träger des Pseudonyms, darf er diese Daten nicht mit den Daten zusammenführen, die der Nutzer unter Verwendung seines Pseudonyms erzeugt hat.

---

[93] awmn.de/downloads/doc_mdstv_020302.pdf

Die Nutzungsdaten dürfen nur erhoben, verarbeitet und genutzt werden, um dem Verbraucher die Nutzung von Telediensten zu ermöglichen und abzurechnen. Hierzu gehören insbesondere Merkmale zur Identifikation des Nutzers, Angaben über Beginn und Ende sowie über den Umfang der jeweiligen Nutzung (etwa die Zeit der Internet-Nutzung, über die er anschließend vom Anbieter eine Rechnung erhält) und Angaben über die vom Nutzer in Anspruch genommenen Teledienste. Der Diensteanbieter darf Nutzungsdaten über das Ende des Nutzungsvorgangs hinaus verarbeiten und nutzen, soweit sie für die Abrechung mit dem Nutzer erforderlich sind (Abrechnungsdaten). Im Übrigen hat der Diensteanbieter die Daten unverzüglich, jedoch spätestens nach 80 Tagen, zu löschen.

An Dritte darf der Anbieter Nutzungsdaten nur weitergeben, wenn dies in anonymisierter Form geschieht. Abrechnungsdaten darf er weitergeben, wenn es zum Zwecke der Einziehung einer Forderung erforderlich ist.

Möchten Sie weitere Daten von den Kunden erheben, ist die Einwilligung des Kunden notwendig. Es reicht nicht aus, dem Kunden die Möglichkeit zum Widerspruch einzuräumen (wie es etwa im Bundesdatenschutzgesetz[94] vorgesehen ist). Der Nutzer muss nach §3 Abs. 1 TDDSG und §12 Abs. 2 MDStV vielmehr in die Verwendung seiner Daten ausdrücklich einwilligen. Dies ist vor allem bei der Übermittlung der Daten an Dritte zu Werbezwecken zu beachten.

Mediendienste

Ein häufiger Verstoß gegen den Mediendienste-Staatsvertrag besteht in der zwanghaften Abfrage des Namens bei der Anmeldung zu einem Newsletter. Fehlt der Hinweis, dass der Newsletter auch ohne Nennung des Namens bezogen werden kann, kann dies bereits gegen §13, 12 Abs. 5 MDStV verstoßen, der einen Grundsatz der „Datensparsamkeit" aufstellt (entsprechende Parallelvorschriften in §4 TDDSG und §3 Abs. 4 TDDSG). Sie

---

[94] www.netlaw.de/gesetze/bdsg.htm

müssen den Nutzer darüber informieren, dass auch eine anonyme Nutzung möglich ist.

Allerdings gibt es Ausnahmen. Der Mediendienste-Staatsvertrag etwa gilt nur für das Angebot und die Nutzung von an die Allgemeinheit gerichteten Informations- und Kommunikationsdiensten. Ebenso gilt das Teledienstedatenschutzgesetz nicht bei der Erhebung, Verarbeitung und Nutzung personenbezogener Daten

- im Dienst- und Arbeitsverhältnis, soweit die Nutzung der Teledienste zu ausschließlich beruflichen oder dienstlichen Zwecken erfolgt,

- innerhalb von oder zwischen Unternehmen oder öffentlichen Stellen, soweit die Nutzung der Teledienste zur ausschließlichen Steuerung von Arbeits- oder Geschäftsprozessen erfolgt.

Steht also die Bestellung eines Newsletters im Zusammenhang mit einer beruflichen Tätigkeit, so kann der Anbieter durchaus mehr als die E-Mail-Adresse verlangen – wenn der Kunde diese Daten nicht preisgeben möchte, kann er den Newsletter eben nicht abonnieren. Hier müssen Sie anhand Ihres Kundenstamms abwägen, ob Sie mehr als die E-Mail-Adresse verlangen.

Angemeldet

Wenn Sie bei der Anmeldung zu einem Newsletter alleine die E-Mail-Adresse abfragen, sind Sie zunächst auf der sicheren Seite. Natürlich wollen Sie aber mehr über den Kunden wissen. Sie könnten den Kunden dazu bei der Anmeldung zu einem Newsletter ein Häkchen an der Stelle „Ich habe die AGBs gelesen und akzeptiere diese" setzen lassen (mal ehrlich: Haben Sie jemals AGBs gelesen?). Als Einwilligung des Nutzers zur Verarbeitung seiner benutzerbezogenen Daten reicht dies allerdings nicht aus. Auch der Satz „Wir beachten die datenschutzrechtlichen Bestimmungen" genügt in keiner Weise den gesetzlichen Vorgaben.

Entweder verlinken Sie Ihre Privacy-Policy direkt neben dem Anmeldebutton, oder Sie erklären dem Nutzer direkt auf der Anmeldeseite, was Sie mit seinen Daten beabsichtigen. Das folgende gute Beispiel stammt aus der Web-Seite zur Anmeldung eines Newsletters[95], der nur Inhaltsverzeichnisse kommender Ausgaben der Computerzeitschrift *iX* enthält.

Datenschutz

Ihre E-Mail-Adresse wird auf unseren Servern gespeichert. Wir setzen sie ausschließlich für den Versand des Newsletters ein. Es findet keine personenbezogene Verwertung statt. Insbesondere geben wir keine Daten an Dritte weiter und werden sie weder für eigene Marketingzwecke nutzen noch mit anderen Datenquellen verknüpfen. Die statistische Auswertung anonymisierter Datensätze bleibt vorbehalten.

Hinweise sind Pflicht

Abschließend lässt sich folgendes festhalten: Wenn Sie die Einwilligung des Nutzers gemäß den Paragraphen des Teledienstedatenschutzgesetzes oder des Mediendienste-Staatsvertrags haben, dann können Sie auch seine Daten benutzen. Er muss seine Einwilligung aktiv bekunden. Sie müssen ihm nur sagen, welche Daten Sie zu welchem Zweck sammeln – wenn er Ihnen seine Daten daraufhin noch gibt, dürfen Sie sie auch verwenden.

Auskunftspflicht

Der Kunde hat jederzeit das Recht, über gespeicherte Daten zu seiner Person Auskunft zu verlangen. Auch Sie haben sicher schon einmal persönliche Daten bei einem Online-Dienst eingegeben. Die Anforderung nach der Auskunft muss nicht unbedingt in einer scharfen Form geschehen. Versuchen Sie es ruhig einmal. Schreiben Sie das Unternehmen an. Nennen Sie alle E-Mail-Adressen, die Sie üblicherweise verwenden und Ihren Vor- und Zunamen. Bei gut organisierten Firmen erreichen Sie den Datenschutzbeauftragten häufig unter der E-Mail-Adresse datenschutz@firma.de oder privacy@firma.de.

---

95 www.heise.de/bin/newsletter/listinfo/ix-inhalt

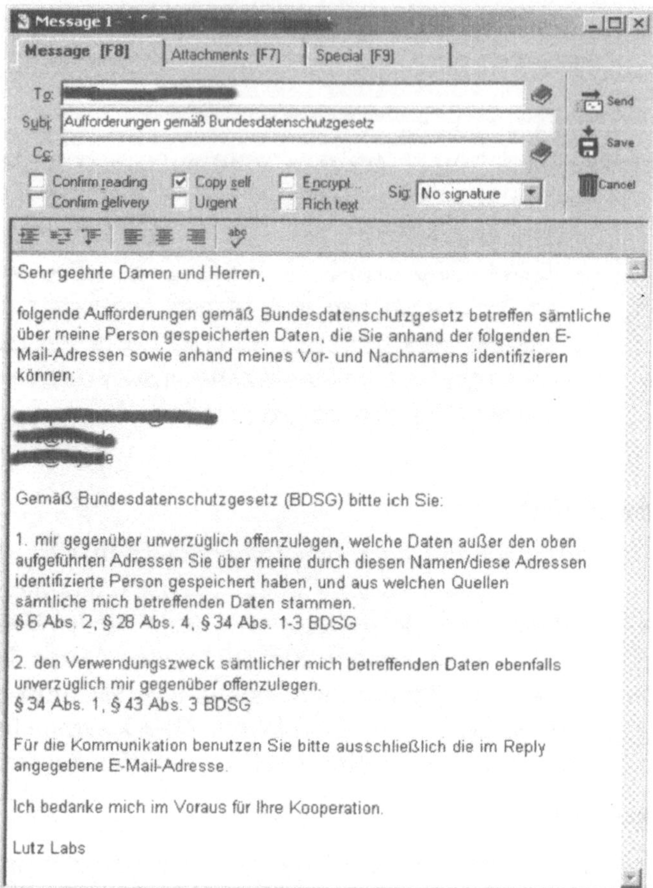

Abb. 3-4: So verlangen Sie Auskunft über gespeicherte Daten.

Als Anbieter haben Sie einem so anfragenden Kunden die gewünschten Daten unverzüglich zu übermitteln. Gibt Ihnen der Kunde weitere Informationen über seine Person (etwa weitere E-Mail-Adressen), so dürfen Sie diese nicht speichern.

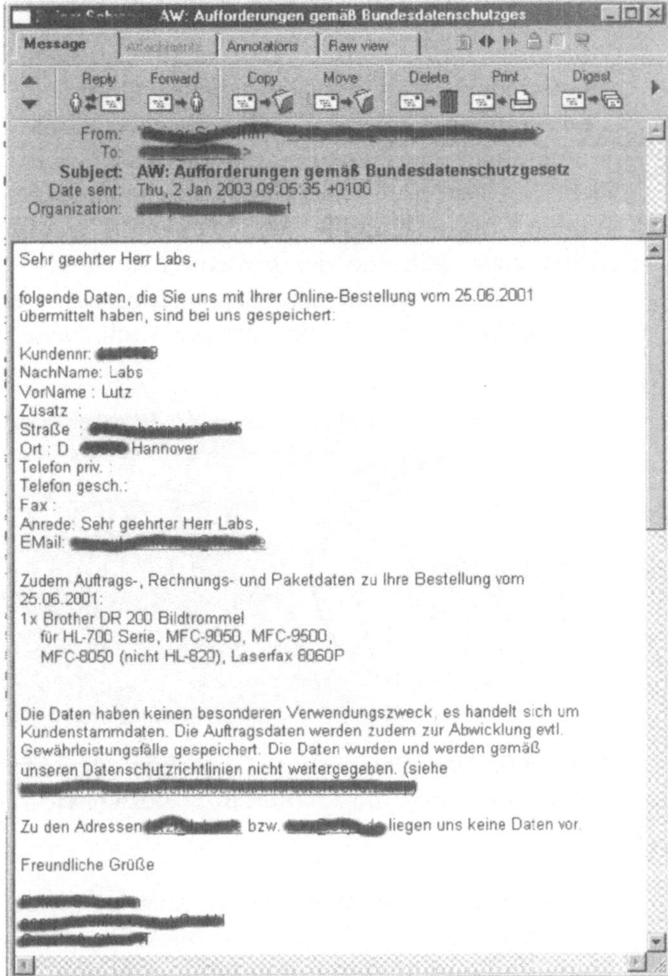

Abb. 3-5: So sieht eine durchaus befriedigende Antwort auf die oben gestellte Anfrage aus.

Datenschutz-Gütesiegel

Seit einiger Zeit können Unternehmen ihren besonders sorgfältigen Umgang mit sensiblen Daten durch ein Datenschutz-Gütesiegel dokumentieren lassen. Datenschutz soll dadurch für Unternehmen zum Wettbewerbsvorteil avancieren. Ende Januar

2003 hat das Schleswig-Holsteinische *Unabhängige Landeszentrum für Datenschutz*[96] das erste Datenschutz-Gütesiegel in Deutschland auf landesgesetzlicher Grundlage an ein privates Unternehmen verliehen[97]. Das ausgezeichnete Aktien- und Datenträgervernichtungsunternehmen *AVZ GmbH* stellt nach Ansicht des Datenschutzzentrums durch einen automatisiert ablaufenden, ohne Eingriffe von Personen stattfindenden Prozess sicher, dass während des gesamten Ablaufs – vom Einschließen beim Kunden bis hin zum Schmelzprozess – eine Kenntnisnahme der Daten durch Unbefugte praktisch ausgeschlossen ist.

Abb. 3-6: Das Datenschutz-Gütesiegel des *Unabhängigen Landeszentrums für Datenschutz* in Schleswig-Holstein.

Vorreiter USA?

Deutsche Datensammler könnte man geradezu als harmlos bezeichnen, wenn man mal einen Blick über den großen Teich riskiert. US-Bürger müssen nämlich befürchten, dass intime Details aus ihrem Leben öffentlich im Web zum Abruf bereitstehen. Denn immer mehr Kommunen gehen dazu über, ihre Datensammlungen – mit Einzelheiten über Scheidungsverhandlungen bis hin zu Hauskauf-Verträgen – auch im weltweiten Datennetz zu präsentieren.

---

[96] www.datenschutzzentrum.de

[97] www.datenschutzzentrum.de/material/themen/presse/standort.htm

Die amerikanischen Datenschutzgesetze kann man getrost als schlapp bezeichnen. Jeder Bürger kann feststellen, wer wegen zu schnellen Fahrens ein Strafmandat bekam oder wegen einer Schlägerei festgenommen wurde – bisher allerdings nur offline in den entsprechenden Büros. Den Bewohnern des Bezirks Hamilton County im Bundesstaat Ohio steht nun eine „komfortablere" Methode zur Informationsbeschaffung zur Verfügung: Das Web[98].

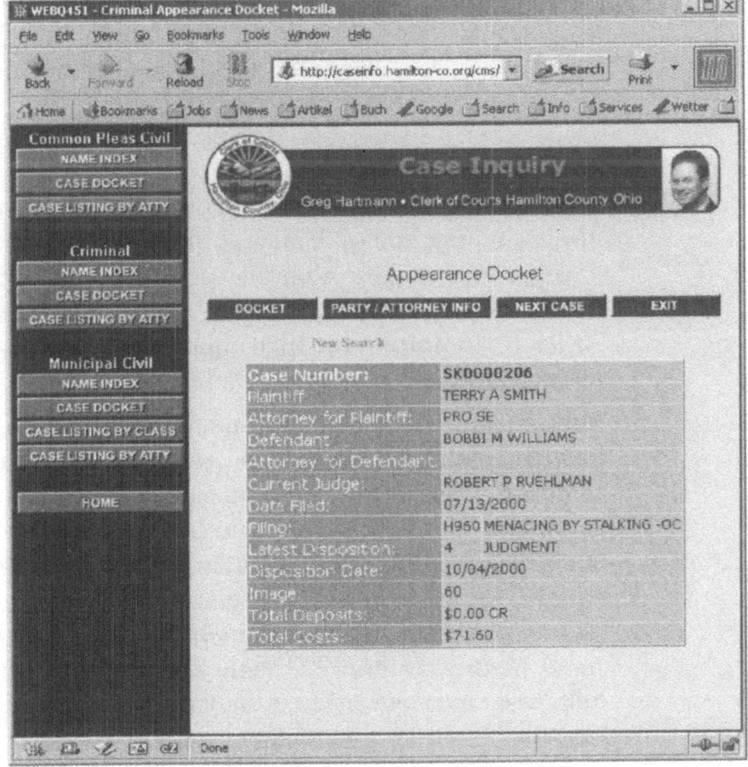

Abb. 3-7: Information at your fingertips: In Amerika schon mit ein paar Mausklicks zu erhalten.

---

[98] www.courtclerk.org

Das andere Bezirksverwaltungen noch nicht ganz so weit sind, hat angeblich lediglich technische Gründe. Die öffentlichen Daten sollen verschiedenen Zwecken dienen: Wer etwa seine Unterhaltszahlungen nicht leistet, steht online am Pranger und kann bei der Polizei gemeldet werden, Firmen können überprüfen, ob Stellenbewerber ein Vorstrafenregister haben. Bei dem Gedanken gruselts mich.

Auf die Insel

Auf einsamen Inseln gibt's weder Fax oder E-Mail noch einen Briefkasten. Also auch keine Werbung. Gut, Robinson Crusoe erhielt auch sonst keinerlei Post, doch seinen Namen hat sich der *Deutsche-Direktmarketing-Verband* für seine Anti-Werbe-Liste ausgeliehen. Zweck der Robinson-Liste soll weniger adressierte Werbung in den Briefkästen der Verbraucher sein. Die Liste wird sowohl Mitgliedern wie auch Nichtmitgliedern des DDV zum Abgleich angeboten. Um auf die Liste zu gelangen, muss ein Verbraucher seinen Wunsch schriftlich beim DDV äußern, das Formular können Verbraucher über die Telefonnummer 0 71 56/95 10 10 anfordern (hier nimmt ein Anrufbeantworter die Adresse auf) oder im Internet[99] laden.

Verbraucher können sich in noch weitere Listen für verschiedene Medien eintragen, um sich vor unerwünschter Werbung zu schützen. Der Erfolg für den einzelnen Nutzer ist jedoch nicht garantiert. Sinnvoll ist nur eine Liste, an die sich die Werbenden auch halten – die größten Chancen bestehen wohl bei der originalen DDV-Liste und der Liste gegen Werbefaxe, hinter der der *Bundesverband Informationswirtschaft, Telekommunikation und neue Medien* (Bitkom[100]) steht. Die Faxliste hat zudem den Vorteil, dass einer der größten deutschen Fax-Dienstleister, die Firma *Retarus*[101], die Liste verwaltet.

---

[99] www.datenschutz-berlin.de/infomat/datensch/musterbriefe/732330.pdf

[100] www.bitkom.org

[101] www.retarus.de/produkte/detail.asp?id=58

Abb. 3-8: Der E-Robinson soll E-Mail-Werbung verhindern.

Weiterhin stehen Konsumenten E-Mail-[102], SMS-[103] und Telefon-Listen[104] zur Verfügung. Der *Interessenverband Deutsches Internet* hat entsprechende Listen aufgesetzt. Nach Angaben des Vorstandsvorsitzenden Jochen Diebel sind in der E-Mail-Liste Mailrobin derzeit rund 130.000 Nutzer eingetragen, die Liste werde von mehr als 200 Firmen zum Adressabgleich genutzt. Nach Schätzungen von Diebel konnte die E-Mail-Liste im letzten Jahr rund 50 Millionen Spam-E-Mails vermeiden. Die SMS- und Telefonlisten enthielten derzeit rund 20.000 Adressen, ein Abgleich findet derzeit laut Diebel nicht statt.

---

[102] www.mailrobin.de

[103] www.sms-robinsonlist.de

[104] www.telerobin.de

Am Erfolg vor allem der E-Mail-Liste möchte ich zweifeln. Notorische Spammer, vor allem die aus dem Ausland operierenden, halten sich sowieso nicht daran oder kennen die Listen nicht einmal. Wenn ich meinen Spam-Ordner anschaue, dann kommen nicht einmal fünf Prozent aller unerwünschten E-Mails aus Deutschland – und gegen die meisten deutschen Absender kann man selbst recht einfach vorgehen.

3.3   Verschlüsselung

Eine Nachricht vor den neugierigen Augen anderer zu schützen, hat beileibe keinen Neuigkeitswert mehr. Schon die Pharaonen benutzten Verschlüsselungstechniken, bekannter dürfte die spartanische Skytale[105] sein, welche etwa 475 Jahre vor Christus als erstes militärisch genutztes Verschlüsselungssystem in die Analen der Kryptografie einging.

Wichtige Schriftstücke verstecken wir heute beim Versand in einem Briefumschlag; bei sehr wichtigen Angelegenheiten lassen wir uns sogar vom Empfänger den Eingang der Sendung bestätigen. Niemand würde vertrauliche Informationen auf einer Postkarte verschicken.

Nach den Terroranschlägen des 11. September verschärften viele Staaten die Überwachung ihrer Bürger, da Sicherheit offenbar nur durch Verzicht auf Privatsphäre und persönliche Freiheiten zu erkaufen ist. Den gesamten papierenen und elektronischen Briefverkehr zu kontrollieren und den Inhalt auszuwerten, stellt staatliche Organe allerdings vor eine kaum zu bewältigende Aufgabe. Doch nicht nur staatliche Organe könnten Ihre E-Mail lesen. Ähnlich wie eine Postkarte durchläuft auch Ihre E-Mail verschiedene Stationen auf dem Weg zum Empfänger – an einer dieser Stationen könnte ein „Lauscher" den Inhalt abfangen.

---

[105] Ein schmaler Pergamentstreifen wird um einen Zylinder gewickelt. Anschließend wird die Nachricht längsseits auf den Streifen geschrieben. Der Empfänger braucht einen Zylinder mit gleichem Durchmesser, um die Nachricht lesen zu können.

E-Mails und Postkarten

Liest ein unbefugter Dritter nun ihre E-Mails, ist das nach Ansicht von Rechtsexperten übrigens keine Straftat nach §202 StGB[106] (Briefgeheimnis). Auch ein Straftatbestand nach §202a StGB (Ausspähen von Daten) kommt wohl nicht in Betracht, denn dieser erfordert einen besonderen Schutz gegen einen unberechtigten Zugriff. Eine Verschlüsselung der E-Mail fördert also die Rechtssicherheit – auch wenn natürlich der Sinn ist, die E-Mail für Dritte unleserlich zu machen.

Symmetrische Verschlüsselung ist unpraktisch

Bei der Verschlüsselung benutzt man üblicherweise einen Schlüssel zur Verschlüsselung und einen anderen zum Wiederherstellen der originalen Daten. Bei der symmetrischen Verschlüsselung wird für Ver- und Entschlüsselung der gleiche Schlüssel benutzt. Beide E-Mail-Partner müssen also den Schlüssel kennen. Damit ergeben sich zwei Probleme: Zum einem müssen Sie Ihrem potenziellen Partner den Schlüssel auf einem sicheren Weg zukommen lassen; zum anderen müssen Sie mit allen Ihren Kommunikationspartnern einen eigenen geheimen Schlüssel vereinbaren.

Asymmetrie spart Arbeit

Mit Hilfe von asymmetrischen Verschlüsselungsverfahren lässt sich das Problem elegant umschiffen: Die Schlüssel sind bei asymmetrischer Verschlüsselung nicht mehr gleich. Ein mit einem Schlüssel verschlossenes Dokument kann nur mit dem jeweils anderen Schlüssel wieder geöffnet werden. Durchgesetzt haben sich Verfahren, die mit einem öffentlichen und einem geheimen Schlüssel arbeiten[107]. Diese beiden Schlüssel sind untrennbar miteinander verbunden. Nach heutigen Erkenntnissen und bei heute verwendeten Schlüssellängen ist es nicht möglich, einen Schlüsselteil aus dem anderen zu berechnen und damit den Code zu knacken. Der geheime Schlüssel ist zudem durch

---

[106] www.netlaw.de/gesetze/stgb.htm

[107] Diese häufig gebrauchte Bezeichnung privater Schlüssel trifft die Übersetzung des Wortes Privacy nicht. Der Schlüssel ist wirklich geheim zu halten.

ein Passwort, besser noch einen Passwort-Satz durch Inanspruchnahme durch unbefugte Dritte zu schützen.

Zum Verschlüsseln einer E-Mail an einen anderen benötigen Sie den öffentlichen Schlüssel Ihres E-Mail-Partners. Mit diesem verschlüsseln Sie die Nachricht. Nur mit dem geheimen Schlüssel des Empfängers lässt sich der Inhalt wieder sichtbar machen. Auch die Eigenkopie in Ihrem eigenen E-Mail-Programm lässt sich nur mit dem geheimen Schlüssel des Partners wieder entschlüsseln – Sie selbst können die Nachricht nicht mehr lesen.

Falsche Identität vorgeben

Eine weitere Anwendung ist die Signatur. Unterschreiben Sie mit Ihrem geheimen Schlüssel die Nachricht, so kann jeder, der im Besitz Ihres öffentlichen Schlüssels ist, die Echtheit der eigentlichen Nachricht überprüfen. In einem E-Mail-Programm können Sie jedoch eine beliebige Absenderadresse eintragen, wenn Sie möchten, auch die des Bundeskanzlers[108]. In der normalen Ansicht des E-Mail-Programms nicht sichtbare Zeilen (die Header) verraten einem Profi zwar sofort, dass Sie nicht der Bundeskanzler sind, auf den ersten Blick fällt eine falsche Adresse jedoch nicht auf.

Header ⇨	Der Briefkopf einer E-Mail. In der Normalansicht uninteressant, verrät sie dem Profi unter anderem, welchen Weg die Nachricht zurückgelegt hat oder welches E-Mail-Programm der Absender verwendet. Im E-Mail Marketing bezeichnet sie auch die ersten sichtbaren Zeilen einer E-Mail, die kurz und prägnant Auskunft über die nachfolgenden Themen geben.

---

[108] internetpost@bundeskanzler.de – vor dem wirklichen Postfach des Kanzlers greifen jedoch garantiert menschliche Filter.

Zur Verschlüsselung und zur gleichzeitigen Authentifizierung haben sich weltweit zwei nicht miteinander kompatible verschiedene Verfahren durchgesetzt: S/MINE und PGP.

S/MIME

S/MIME ist eine Sicherheitserweiterung des bekannten MIME-Standards (Multipurpose Internet Mail Extension). MIME erlaubt das Anhängen von Binärdateien an E-Mails. Die verbreiteten E-Mail-Programme wie *Outlook*, *Outlook Express*, *Netscape Communicator* oder *Lotus Notes* unterstützen S/MIME; für einige andere E-Mail-Clients existieren Plug-Ins von Drittherstellern. Mit S/MIME lassen sich Text und auch E-Mail-Anhänge verschlüsseln. Die bei S/MIME verwendeten X.509-Zertifikate kommen ebenfalls für die sichere Datenübertragung im Browser und zur sicheren Datenübertragung über nicht vertrauenswürdige Netzwerke zum Einsatz.

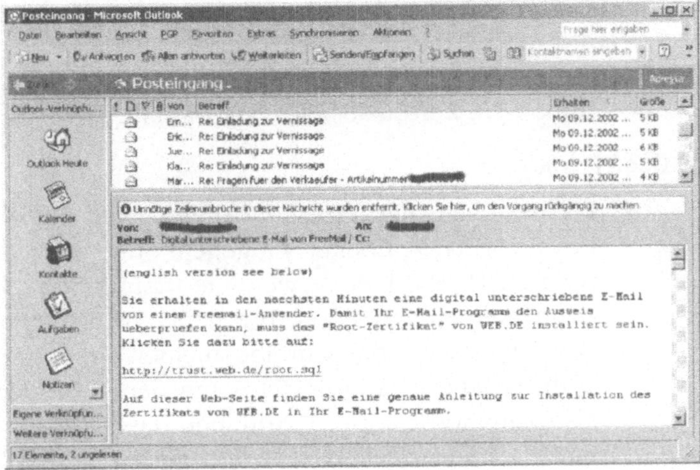

Abb. 3-9: Bevor *web.de* eine digital signierte E-Mail schickt, weist der Free-Mail-Dienst den Empfänger auf das Handling hin.

Zertifikate für S/MIME gibt es in verschiedenen Sicherheitsstufen. So bietet etwa das Hamburger Unternehmen *TC Trustcenter*[109] eine ganze Reihe von Zertifikaten: Vom kostenlosen Zertifikat, bei dem nur die E-Mail-Adresse überprüft wird, bis hin zu hunderten von Zertifikaten in einem Paket, die auch Zertifikate für den eigenen Web-Server beinhalten.

X.509-Zertifikate sind hierarchisch aufgebaut. An höchster Stelle der Public Key Infrastructure befindet sich die Root CA (Certificate Authority, Haupt–Zertifizierungsinstanz), darunter von dieser zertifizierte Zertifizierungsinstanzen. Das Verfahren garantiert, dass ein öffentlicher Schlüssel eindeutig einem bestimmten Benutzer zugewiesen ist. Als vertrauenswürdig gelten alle Zertifikate einer höheren Instanz – sofern dieser vertraut wird.

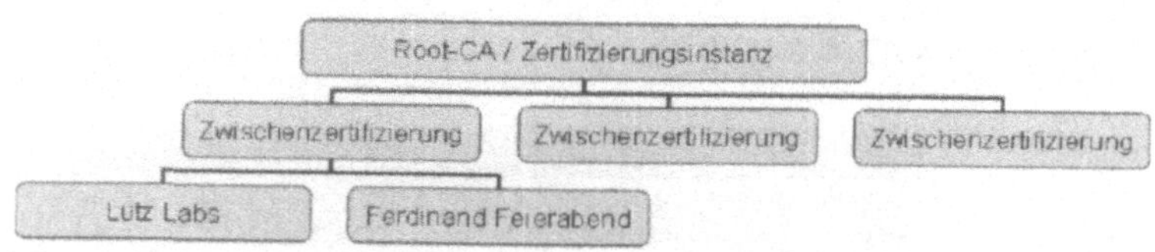

Abb. 3-10: Zertifikatskette bei S/MIME

Pretty Good Privacy

Das vor allem bei Privatanwendern weit verbreitete Pretty Good Privacy (PGP) arbeitet hingegen ohne eine zentrale Zertifizierungsstelle. Die hier verwendete Lösung heißt Vertrauen. Ich vertraue meinen Freunden, die haben weitere Freunde, denen sie vertrauen. Ich unterschreibe meinen Freunden, dass ich ihnen vertraue und diese mir. Ich kann den Freunden meiner Freunde also zumindest implizit vertrauen. Den Beweis – nämlich die digitalen Unterschriften – legen wir zusammen mit den öffentlichen Schlüsseln auf einem öffentlichen Server im Internet ab, auf den jeder ohne Beschränkungen zugreifen darf. Am Ende nennt sich das Ganze „Web of Trust".

---

[109] www.tc-trustcenter.de

> **Key-Server**
> ⇨
>
> Auf dem Key-Server liegen öffentliche Schlüssel zum Download bereit. Benutzer von Verschlüsselungssoftware können durch den Download mit den Besitzern der Schlüssel gesichert kommunizieren.

Mit diesen Key-Servern lassen sich zwei Fliegen mit einer Klappe erschlagen: Zum einen können Sie dort nach dem öffentlichen Schlüssel des gewünschten E-Mail-Partners suchen und ihn auf die eigene Festplatte laden, zum anderen können Sie anhand der Unterschriften unter diesem Schlüssel erkennen, ob andere dem Besitzer des Schlüssels vertrauen. Und an dieser Stelle greift der Ring des Vertrauens: Vertrauen Sie nämlich einem der Unterzeichner, können Sie mit hoher Wahrscheinlichkeit darauf setzen, das der Besitzer des Schlüssels der ist, für den er sich ausgibt.

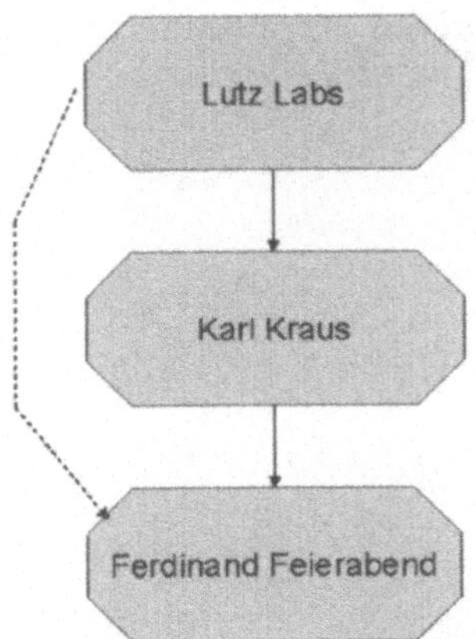

Abb. 3-11: Vertrauen per PGP: Lutz Labs vertraut Karl Kraus, der wiederum vertraut Ferdinand Feierabend – so kann Lutz Labs implizit auch Ferdinand Feierabend vertrauen.

Der Vertrauensring durch den eigenen Bekanntenkreis kann, gemessen an der Zahl der E-Mail-Nutzer, nicht sonderlich groß werden. Ein Ausweg sind vertrauenswürdige Organisationen. So bietet etwa der Heise-Verlag schon seit einigen Jahren auf Messen einen Zertifizierungsservice[110] für PGP-Schlüssel an. Sie müssen sich dort den Mitarbeitern gegenüber mit einem gültigen Personalausweis ausweisen, anschließend unterschreibt der Verlag Ihren öffentlichen PGP-Schlüssel mit seinem geheimen PGP-Schlüssel. Da das Vertrauen in den Verlag recht hoch ist, können Sie auch einem von Heise-Verlag unterschriebenen Schlüssel vertrauen. Durch Cross-Zertifizierungen[111] der vertrauenswürdigen Institutionen – unterschreibst Du mir, unterschreib ich Dir – vergrößert sich der Ring noch einmal gewaltig.

Vertrauen überprüfen

Bevor Sie selbst einen fremden öffentlichen Schlüssel digital unterschreiben, müssen Sie sich von der Echtheit des Schlüssels überzeugen. Dabei hilft der so genannte Fingerprint, eine kryptographische Prüfsumme des Schlüssels. Diese nur wenige Byte lange Zeichenfolge sollten Sie auf einem nicht-elektronischen Weg erhalten. Den Fingerprint des Schlüssels vom Heise-Verlag finden Sie zum Beispiel im Impressum der Zeitschrift *c't* – unfälschbar.

---

[110] www.heise.de/ct/pgpCA

[111] www.heise.de/ct/pgpCA/keys.shtml#xcert

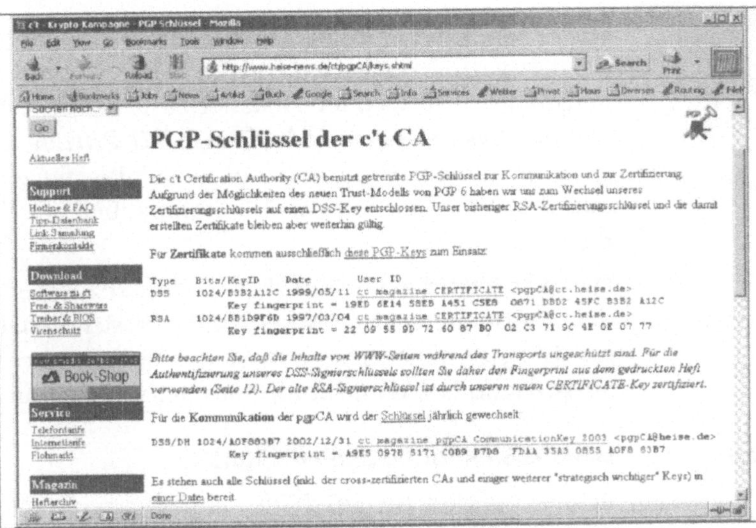

Abb. 3-12: Die hier abgedruckten Fingerprints des Heise-Schlüssels sind durch den Abdruck hier nicht mehr fälschbar.

Für die eigene Firma bietet es sich an, PGP-Schlüssel hierarchisch zu erzeugen. Jeder Benutzer erstellt sich selbst einen Schlüssel, dazu wird von einer vertrauenswürdigen Person ein Firmenschlüssel erzeugt und verwaltet. Mit diesem Firmenschlüssel unterschreiben Sie zunächst alle Schlüssel der Mitarbeiter. Um Kunden und Lieferanten die Möglichkeit zur Überprüfung der Mitarbeiter-Schlüssel zu geben, drucken Sie den Fingerprint des Firmenschlüssels in Ihrer Geschäftskorrespondenz ab. Der Firmenschlüssel ist nun auf eine sichere Art überprüfbar und sein Besitzer (nämlich Ihre Firma) verifiziert. Alle mit diesem Schlüssel unterschriebenen Schlüssel (nämlich die der Mitarbeiter) sind damit ebenfalls sicher. Auch auf der eigenen Visitenkarte ist der Fingerprint gut untergebracht.

PGP braucht Zusatzsoftware

Der Nachteil von PGP: Sie müssen eine zusätzliche Software installieren – und Ihre E-Mail-Partner auch. Das Standardprogramm für verschlüsselte E-Mail-Übertragung heißt *Pretty Good Privacy*, kurz PGP. PGP wird als kommerzielles Programm von der *PGP Corporation*[112] vertrieben, private Nutzer können kostenlos *PGP Personal 8.0* verwenden. Parallel zu PGP hat sich ein dazu kompatibles System entwickelt. Den *GNU Privacy Guard*[113] können auch kommerzielle Anwender kostenlos nutzen. Allerdings ist nur die aktuelle Version 1.2 kompatibel zu allen „originalen" PGP-Versionen.

Das war jetzt die Version des Volkes, sozusagen von unten. Um den E-Commerce zu stärken und zur sicheren Identifikation eines Bürgers haben sich unsere Regierungen noch etwas anderes ausgedacht: Die rechtskonforme digitale Signatur.

3.4   Gesetzeskonforme digitale Signatur

Rechtsverbindliche Geschäfte schließen wir heute fast nur mit einer eigenhändigen Unterschrift ab. Vor einigen Jahren preschte Deutschland zwar mit einem Signaturgesetz vor, das die elektronische Unterschrift der eigenhändigen gleich setzte, verschiedene Streitigkeiten innerhalb der Europäischen Union führten jedoch später zu einer Aufweichung desselben. Das hat zur Folge, dass heute neben der (zunächst als einziger Form verabschiedeten) qualifizierten Signatur auch schwächere als einfach und fortschrittlich bezeichnete Signaturen definiert sind.

Die einfache Signatur kann im einfachsten Fall schon aus dem Namen am Ende der E-Mail bestehen. Auch eine eingescannte Unterschrift gilt schon als Signatur. Ob diese allerdings Beweiskraft hat, müsste ein Richter im Einzelfall entscheiden. Für die fortschrittliche Signatur hingegen hat der Gesetzgeber zumindest technische Anforderungen definiert, die eine deutlich höhere Beweiskraft vor Gericht nach sich ziehen sollten. Einige Sparkassen wollen die fortschrittliche Signatur in Zusammenarbeit mit *S-Trust*[114] in Form einer Chipkarte anbieten. Diese kann, wie auch die fortschrittlichen Signatur-Karten von *Deutscher Bank 24* und

---

[112] www.pgp.com

[113] www.gnupg.org

[114] www.s-trust.de/produkte_leistungen/signatur_karte

der *Hypo Vereinsbank*, derzeit in einigen Bundesländern bei der Abgabe der elektronischen Steuererklärung via Elster[115] genutzt werden. Auch für den Versand von E-Mail sollen sich die Karten nutzen lassen. Doch für die rechtsgültige Kommunikation mit den Behörden eignen sie sich – trotz derzeitiger Duldung einiger Steuerbehörden – nicht.

Geregelte Zertifizierungen

Die Regulierungsbehörde für Telekommunikation und Post[116] kennt derzeit zwei Modi für Zertifizierungs-Center innerhalb der qualifizierten Signatur: Im einen reicht eine reine Anmeldung aus, erst in der erweiterten Stufe muss sich das Center einem Sicherheitscheck unterziehen und akkreditieren lassen. Eine Liste der Anbieter steht auf dem Web-Server der RegTP unter dem Stichwort „elektronische Signatur" bereit.

Qualifizierte Signaturen sind der handschriftlichen Unterschrift gleichzusetzen. Nur eine mit qualifizierter Signatur signierte E-Mail-Rechnung erkennen die Finanzämter als Rechnung an[117]. Das ist vor allem für umsatzsteuerpflichtige Unternehmen interessant: Einer Brandenburger Firma ist es schon passiert, dass ein Finanzamt nicht signierte Rechungen nicht anerkannt und somit die Umsatzsteuern in fünfstelliger Höhe einbehalten hat[118].

Zwei Probleme treten bei Verwendung der gesetzeskonformen digitalen Signatur auf: Zum einen sind die Empfänger der digitalen Rechnung gezwungen, sich über die digitale Signatur zu informieren und sich gegebenenfalls Software zu installieren. Mir ist es schon einmal passiert, dass ich eine digital signierte Rechnung verschickt habe und der Empfänger trotz Erklärung auf einem Stück Papier von mir bestand. So einen „neumodischen Krams" wollte er nicht haben.

---

[115] www.elster.de

[116] www.regtp.de

[117] Rechnungen in Papierform werden laut Umsatzsteuergesetz jedoch ohne Unterschrift anerkannt. Für elektronisch verschickte Rechungen stellt der Gesetzgeber seltsamerweise höhere Forderungen als an die Papierform.

[118] www.intern.de/news/3070.html

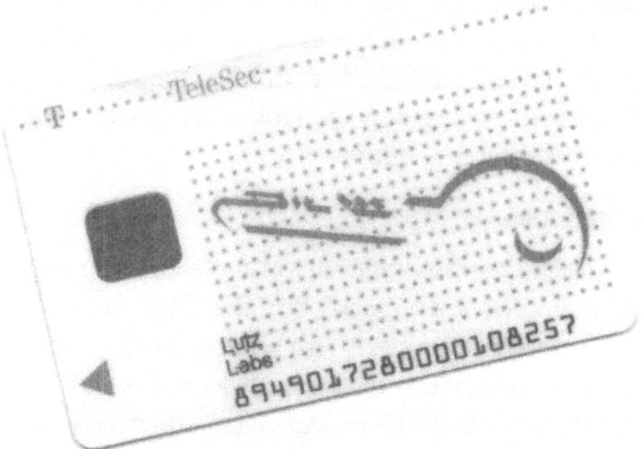

Abb. 3-12: Sozusagen das Original: Eine Chipkarte für die qualifizierte digitale Signatur von *T-Telesec*.

Zum anderen muss für jede Signierung der Passwort-Satz angegeben werden[119]. Nur so wird eine Voraussetzung der Signatur gewährleistet: Der geheime Schlüssel des Signierenden darf nur von einer berechtigten Person genutzt werden.

Der Telekom-Tochter *T-Telesec* als zugelassene Certification-Authority fiel in einer Antwort an die erwähnte Brandenburger Firma nur ein, dass man eben die Software überlisten müsse. Dafür stellte sie die Entwickler-Software bereit. Damit ist die technische Seite erledigt. Doch wie verhält es sich mit der rechtlichen Seite? Ob die Bestätigung der Signatur mittels Software überhaupt gültig ist, bleibt zunächst unsicher.

---

[119] So ganz stimmt das nicht. Der Passwort-Satz lässt sich für eine einstellbare Zeit im Speicher halten (cachen), behält also für diese Zeit Gültigkeit.

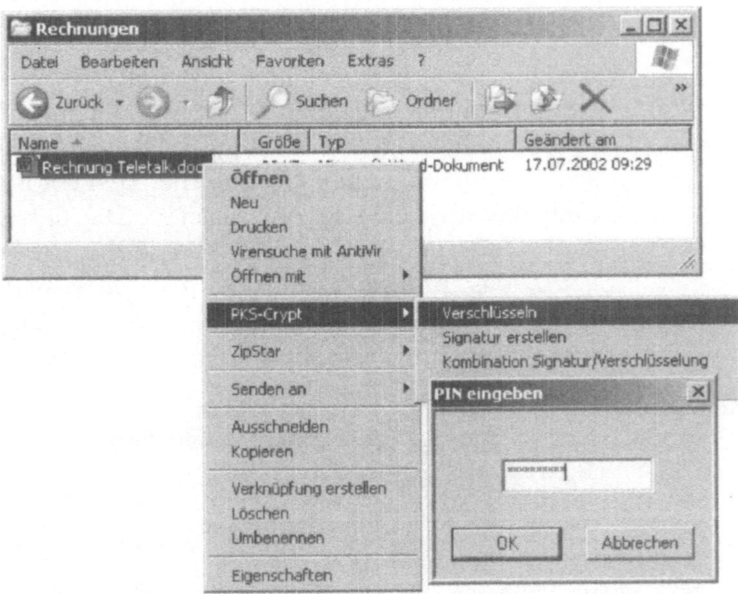

Abb. 3-13: Die rechtskonforme Verschlüsselung einer Rechnung gelingt bei nur wenigen Dokumenten mit ein paar Mausklicks und der Eingabe des Passwort-Satzes.

Zertifikatssuche

Ausgestellte und auch zurückgezogene Zertifikate sind über die Web-Server oder die Software der jeweiligen Anbieter abfragbar. Eine Synchronisation zwischen den einzelnen Anbietern findet bisher nicht statt, sodass man bei der Suche nach dem Zertifikat einer Person mehrere Server abklappern muss. Zumindest für die öffentliche Verwaltung sollen Public-Key-Infrastrukturen jedoch in der Verwaltungs-PKI zusammengeführt werden, für die das Bundesamt für Sicherheit in der Informationstechnik[120] (BSI) die Wurzelzertifizierungsinstanz betreibt. Ein zentraler Austausch-dienst soll die Verbindung zwischen den lokalen Verzeichnissen der jeweiligen Domänen realisieren. Weiterhin sollen einige PKI-Informationen für die Öffentlichkeit zugänglich gemacht werden.

---

[120] www.bsi.de

Weiter möchte die vom TeleTrust-Verein[121] betriebene European Bridge-CA[122] gehen. Sie verknüpft bestehende Public-Key-Infrastrukturen einzelner Organisationen und Unternehmen, indem bereits ausgegebene Zertifikate eingebunden werden. Nach seiner Aufnahme kann ein Unternehmen sofort mit allen anderen Teilnehmern sicher kommunizieren. Die derzeitigen Teilnehmer sind *Deutsche Telekom, Deutsche Bank, DaimlerChrysler, Tele-Trust*, das *Informatikzentrum der Sparkassenorganisation, Siemens* und das BSI. Daneben existieren jedoch viele Infrastrukturen, die noch nicht in die Bridge-CA eingebunden sind.

Kartenspiele

Chipkarten hat der Durchschnittsdeutsche schon genug in der Brieftasche. Soll nun noch eine Chipkarte mit einer digitalen Signatur hinzukommen, dann bitte eine für alle: Für die Kommunikation mit Behörden, für Bankgeschäfte und Online-Einkäufe und für die sichere Kommunikation per E-Mail. Und die Karte soll bitte mit allen verfügbaren Programmen zusammenspielen.

Genau das sollte eigentlich der S/MIME-Standard gewährleisten. Doch es gibt wohl verschiedene Auslegungen des Standards S/MIME. Das hat zumindest das BSI festgestellt: In einem Test von zwölf S/MIME-fähigen Produkten arbeitete keines mit allen anderen zusammen[123]. Die schönste Signatur nützt nichts, wenn das E-Mail-Programm des Empfängers diese nicht überprüfen kann.

Anwendungen oder das Henne-Ei-Problem

Wo liegt eigentlich das Problem für die Behörden, gleich bei der Ausgabe eines Personalausweises die digitale Signatur auf dem Ausweis unterzubringen? Wenn der Bund 2005 die sichere elektronische Kommunikation mit dem Bürger will, um Geld zu sparen, darf er den Bürger nicht zwingen, sein sauer verdientes Geld zum Wohle des Staates zu verbraten. Der Fortschritt der di-

---

[121] www.teletrust.de

[122] www.bridge-ca.de

[123] www.bsi.bund.de/aufgaben/projekte/sphinx/interop/index.htm

gitalen Signatur erinnert an das alte Henne-Ei-Problem: Wenn keine Anwendungen da sind, wird kein Bürger Geld für die Chipkarte ausgeben – wenn keine Bürger mit Chipkarten vorhanden sind, entwickelt keine Firma Anwendungen. Noch fehlen die Anwendungen, mit denen auch Otto Normalbürger von seiner Chipkarte Gebrauch macht.

Teure Qualifizierung

Für die private Kommunikation ist die aufwendige qualifizierte Signatur derzeit teurer Humbug. Für die Bequemlichkeit im Umgang mit Behörden (die Online-Beantragung eines neuen Personalausweises alle zehn Jahre ist nun wahrlich nicht die Killerapplikation) sind die meisten Bundesbürger sicher nicht bereit, mehr als zehn Euro pro Jahr zu bezahlen. Doch dafür bekommt man noch bei keinem Anbieter die gewünschte Chipkarte. Auch so schützt man eine sinnvolle Technik durch überhöhte Preise vor dem Durchbruch auf dem Massenmarkt.

Anbieter	Einmalige Kosten [€]	Jährliche Kosten [€]	Software [€]	Art der Signatur
TC Trust-Center	-	-	-	einfach
TC Certificate	8	62	-	fortschrittlich / qualifiziert
Web.de	-	-	-	Einfach
T-Telesec	27 (Chipkarte), plus Kartenleser	50	kostenlos	qualifiziert
T-Online	-	7,60	-	fortschrittlich
D-Trust	34 (für den Kartenleser)	126,44 für zwei Jahre)	22 bis 173	Fortschrittlich / qualifiziert

Tabelle 3-1: Kosten für digitale Signaturen[124]

---

[124] Axel Kossel, Schlüsselfrage, E-Mails signieren und verschlüsseln, c't 23/02, Seite. 142

Anwendungen der digitalen Signatur

Sicher ist, dass die digitale Signatur in einzelnen Bereichen schon eine ganz normale Anwendung ist. Das Hamburger Finanzgericht etwa wickelt Klageverfahren seit einiger Zeit per E-Mail ab. Selbst auf die im Testbetrieb noch notwendige parallele Postverteilung in Papierform verzichten die Hamburger auf Grund aktualisierter Gesetzgebung inzwischen. Eilanträge werden nun innerhalb weniger Stunden bearbeitet und dem Beklagten zugestellt. Neben der Beschleunigung der Verfahren soll die E-Mail-Klage natürlich auch eine Einsparung von Papier- und Portokosten bringen.

Auch Deutschlands größter Mobilfunk-Netzbetreiber T-Mobile springt auf den Signatur-Zug auf: Die Online-Rechnung für die Handy-Nutzung erhält der Kunde auf Wunsch als digital signierte Rechnung, die er direkt zum Vorsteuerabzug beim Finanzamt elektronisch einreichen kann. T-Mobile verspricht, dass die Kunden keine zusätzliche Hardware benötigen.

Den Stillstand bei der digitalen Signatur wollen Experten mit einem anderen Finanzierungsmodell beseitigen[125]. Vor allem auf einen geringeren Einstiegspreis für die Nutzer sollten die Anbieter achten. Stattdessen soll er transaktionsabhängige Gebühren bezahlen.

Behörden als Vorreiter

Die Unternehmensberatung Mummert + Partner sieht vor allem die Behörden als Motor der Entwicklung. Die elektronische Unterschrift senke die Kosten vor allem in den Bereichen, wo bisher keine Digitalisierung möglich war – und zwar um bis zu 30 Prozent[126].

Die digitale Signatur kommt, so die Unternehmensberatung, in drei Stufen: An erster Stelle stehe die Einführung in der öffentlichen Verwaltung. Voraussichtlich im Jahr 2006 werde die elektronische Unterschrift bei den meisten internen Verwaltungsabläu-

---

[125] www.heise.de/newsticker/data/jk-16.01.03-000/

[126] www.mummert.de/deutsch/press/a_press_info/020606.html

fen Standard sein. In der zweiten Stufe käme die Signatur an den Schnittstellen zwischen Staat und Wirtschaft zum Einsatz. Davon würden besonders die Branchen profitieren, die viel mit der öffentlichen Hand zusammenarbeiten. Erst in der dritten Stufe würden andere Wirtschaftsbereiche nachziehen. Vor allem die Sparkassen werden laut Mummert + Partner in das Geschäft mit der Signatur einsteigen. Diese hätten die Erfahrung und die Infrastruktur für das Geschäft mit den Signaturkarten. Ihre hauseigenen Angebote, die Sparkassenkarten, könnten sie mit Signaturchips kombinieren.

Na also: Liebe Unternehmen, liebe Behörden, folgt den Weisungen der Unternehmensberatung. Entwickelt Anwendungen. Ich würde nämlich gerne meine Chipkarte gerne etwas häufiger einsetzen, damit sich die Anschaffung irgendwann einmal amortisiert.

Und, liebe Anwender: Benutzt digitale Signaturen. Geht aber nicht zu den teuersten Anbietern, sondern straft sie durch Nichtachtung ab. Erst in der Masse wird es den Anbietern einfallen, die Kosten für die einzelne Zertifizierung zu senken und dadurch die digitale Signatur zu einer selbstverständlichen Sache für uns alle zu machen.

3.5   Archive für Chat und E-Mail

Das Anti-Trust-Verfahren der US-Justiz gegen Microsoft gehört wohl zu den hierzulande bekanntesten US-amerikanischen Prozessen der letzten Jahre. Im Laufe des Verfahrens tauchten immer wieder E-Mails von verschiedenen Personen aus verschiedenen Firmen auf, die die Beweislage mal in die eine, mal in die andere Richtung verschoben. Da hat sich so mancher gefragt, weshalb plötzlich irgendwelche E-Mails aus längst vergangenen Jahren auftauchen. Schließlich hat doch jede Tastatur eine „Entfernen"-Taste…

Nun, börsennotierte amerikanische Unternehmen sind gesetzlich verpflichtet, E-Mails ebenso wie Briefe zu behandeln und dementsprechend lange aufzubewahren. Bei Zuwiderhandlung stehen ihnen typisch amerikanische Strafen in Aussicht: So wurde die Deutsche Bank von der US-Börsenaufsicht SEC Ende 2002 zu einer Strafe von 1,65 Millionen US-Dollar verurteilt, weil Anlageberater E-Mails falsch oder gar nicht abgespeichert hätten. Dies habe Ermittlungen zu bestimmten umstrittenen Anlageempfehlungen erschwert oder sogar verhindert.

Auch in Deutschland gibt es „Grundsätze zum Datenzugriff und zur Prüfbarkeit digitaler Unterlagen", wie es aus einem Schreiben des Bundesfinanzministeriums Mitte 2001[127] hervorgeht. Mit der Einführung der qualifizierten digitalen Signatur und der damit einhergehenden zunehmenden Abwicklung des papierlosen Geschäftsverkehrs war es demnach erforderlich, die Prüfungsmethoden den modernen Buchführungstechniken anzupassen.

Im letzten Satz ist etwas untergegangen. Haben Sie es gemerkt? Alles, was Sie elektronisch für den Zugriff des Finanzamtes speichern möchten, muss digital signiert sein. Und zwar in der qualifizierten Version.

Unternehmen haben elektronische steuerlich relevante Daten die gleiche Zeit vorzuhalten wie papierenen Geschäftsverkehr. Das Recht auf Datenzugriff steht der Finanzbehörde jedoch weiterhin nur im Rahmen steuerlicher Außenprüfungen zu. Gegenstand der Prüfung sind wie bisher nur die nach §147 Abs. 1 der Abgabenordnung[128] aufbewahrungspflichtigen Unterlagen.

Der Steuerpflichtige hat die Finanzbehörde bei Ausübung ihres Rechts auf Datenzugriff zu unterstützen. Im Einzelnen bedeutet das, dass der Steuerpflichtige dem Prüfer die für den Datenzugriff erforderlichen Hilfsmittel zur Verfügung zu stellen und ihn für den Nur-Lesezugriff in das DV-System einzuweisen hat. Die Zugangsberechtigung muss so ausgestaltet sein, dass dem Prüfer der Zugriff auf alle steuerlich relevanten Daten und vorhandene Auswertungsprogramme eingeräumt wird.

Eventuell vorhandene elektronisch gespeicherte Datenbestände, etwa dem Berufsgeheimnis unterliegende oder steuerlich nicht relevante personenbezogene Daten, hat der Steuerpflichtige

---

[12] www.bundesfinanzministerium.de/Anlage8440/BMF-Schreiben-vom-16.07.01.pdf

[128] www.steuernetz.de/gesetze/ao/20010626/p147.html

durch geeignete Zugriffsbeschränkungen vor den Zugriff durch den Prüfer zu schützen. Durch die Freigabe aller Daten würden zudem diverse Gesetze ausgehebelt. Redaktionen würden etwa plötzlich den Behörden Zugriff auf die Namen ihrer Informanten geben – das wäre ein eklatanter Verstoß gegen die Pressefreiheit, der den für die Funktion der Presse unerlässlichen Informationsfluss behindern würde[129].

Daraus ergibt sich ein Problem. Klar, jeder Buchhalter weiß, welche Daten steuerlich relevant sind. Aber auch eine E-Mail aus der Redaktion könnte irgendwann einmal eine steuerliche Bedeutung haben. Wer weiß. Dieses Dilemma wird sich, wenn überhaupt, nur durch klare Richtlinien innerhalb eines Unternehmens lösen lassen

Zurück zur E-Mail. Auch und gerade in kleineren Unternehmen, die kein Dokumentenmanagement-System installiert haben, ist es nicht nur wegen gesetzlicher Vorgaben sinnvoll, den gesamten elektronischen Verkehr zu speichern. Gegen die Speicherung auf den Arbeitsplatz-Rechner spricht wie immer der Aufwand des verteilten Backups. Es bleibt nur die Sicherung auf einem Server im Netzwerk.

Spielen *Microsoft Exchange, Lotus Notes* oder ähnliche Lösungen den E-Mail-Verteiler, so sind verschiedene Backup-Lösungen für E-Mail auf dem Markt erhältlich, etwa die *ASM/E-Mail Xcelerator Software Suite* von *StorageTek*[130] oder *Enterprise Vault* von *KVS*[131]. Neben den Kosten für die Software kommt bei diesen Produkten meist noch ein erklecklicher Batzen an Hardware-Kosten hinzu, die für ein kleines oder mittelständisches Unternehmen kaum tragbar sind.

Das erklärt auch die bisher verhaltene Nachfrage nach Dokumentenmanagement-Systemen bei kleineren Unternehmen. So waren auf der letzten DMS-Expo (Digital-Management-Solutions-Messe) nur 30 Prozent aller Besucher aus Unternehmen mit we-

---

[129] www.jura.uni-sb.de/urheberrecht/web-dok/1999026.html

[130] www.storagetek.com

[131] www.kvsinc.de

niger als 50 Mitarbeitern[132]. Viele Besitzer der allseits zitierten KMUs kennen bisher wohl die gesetzlichen Anforderungen einfach nicht.

Mitgeschnitten

Nicht nur E-Mail zählt zur elektronischen Kommunikation. Auch Instant Messaging dient in immer größerem Umfang zur Kommunikation im und zwischen Unternehmen. Die Konsequenz daraus: Auch diese elektronischen Äußerungen sollten protokolliert werden. Besonders einfach haben es die Administratoren von *Lotus Sametime*. Dieses enthält ein API[133], über das man sämtliche Chat Sessions auf dem Server mitschneiden kann. Sametime liefert zwar keine fertige Lösung, ermöglicht aber damit die Entwicklung von Anwendungen zur vollständigen Protokollierung. Das nutzt etwa die Firma *Principle Software* mit dem *IMtegrity*[134], einem serverbasierten Chatlogger, der neben Sametime-Sessions sogar AIM-Chats serverseitig mitschneidet und dem berechtigten Anwender zur Verfügung stellt. Die Archivierung von Chats über MSN- und Yahoo-Messenger-Protokolle stellt die Firma für eine der nächsten Versionen in Aussicht.

3.6   Überwachung am Arbeitsplatz

Die totale Überwachung beschrieb schon *George Orwell* in seinem Buch *1984*. Die Wirklichkeit hat er, wie wir heute wissen, damit tatsächlich zum Teil vorausgesagt. Auf dem Arbeitsplatzrechner der Angestellten installierte Software verrät heute so manchem Chef, was seine Angestellten während der Arbeitszeit treiben.

Die Hersteller solcher Software werden von Datenschützern nicht gerade geliebt: Der Verein zur Förderung des öffentlichen bewegten und unbewegten Datenverkehrs *FoeBuD*[135] verlieh der

---

[132] www.dmsexpo.de/pdf/Folder.pdf

[133] Application Programming Interface, eine Schnittstelle zur Übernahme oder Übergabe von Daten.

[134] www.imtegrity.com

[135] www.foebud.de

Firma *ProtectCom*[136] bereits den Big Brother Award der Kategorie „Überwachung am Arbeitsplatz" – ein Negativ-Preis für Firmen, die nach Ansicht des Vereins die Privatsphäre von Mitarbeitern oder Kunden verletzen.

Die von *ProtectCom* und anderen Herstellern vertriebenen Produkte registrieren nicht nur E-Mails und besuchte Webseiten, sondern zeichnen auf Wunsch jeden Tastendruck der Anwender auf. Ebenso kann die Software den Überwacher alarmieren oder ein Abbild des Monitorinhalts speichern, sollte der Anwender bestimmte Schlüsselwörter eingeben. Einige Produkte fotografieren zudem den Anwender mittels WebCam bei der Arbeit.

In Deutschland sind technische Überwachungsmöglichkeiten am Arbeitsplatz jedoch nur unter bestimmten Voraussetzungen zulässig. Die Einführung technischer Überwachungseinrichtungen wie Videokameras, Telefonüberwachungssysteme oder Software zur Überwachung der Internet-Nutzung gehören gemäß §87 Abs. 1 Nr. 6 BetrVG[137] zu den mitbestimmungspflichtigen Entscheidungen. So ist die Installation von Arbeitnehmer-Überwachungs-Software in Betrieben, die der betrieblichen Mitbestimmung unterliegen, nur nach Zustimmung des Betriebsrates möglich. Gibt es keinen Betriebsrat, sind die Beschäftigten durch öffentlichen Aushang von den Maßnahmen detailliert zu informieren.

Amerikanische Verhältnisse sollten wir uns hier nicht wünschen: Nur im Bundesstaat Connecticut müssen amerikanische Unternehmen ihre Mitarbeiter auf die Tatsache hinweisen, dass Überwachungssoftware installiert ist. Im Rest des Landes dürfen Firmen Spionagesoftware benutzen, sofern sie damit nicht diskriminierend arbeiten – die Software muss also auf jedem PC installiert sein, ob nun in der Buchhaltung oder in der Chefetage. Die häufig angeratene Frustrationsabbaumethode, eine geharnischte E-Mail an den Chef zu schreiben und vor dem Versand im eigenen virtuellen Mülleimer zu versenken, funktioniert in den USA so nicht – die Tastatureingaben hat die Software registriert. Im-

---

[136] www.protectcom.de

[137] www.tse-hamburg.de/Papers/CallCenter/BetrVerf87Abs1Nr6.html

merhin weisen viele amerikanische Unternehmen ihre Angestellten auf den Einsatz von Überwachungssoftware hin und halten sich damit an eine Empfehlung des US-Justizministeriums.

Big Brother

Für seine Software *eBlaster 3.0* wirbt *ProtectCom* mit den Worten: „eBlaster 3.0 ist die einzige Software, die alle eingehende und ausgehende E-Mail sofort an Sie weiterleitet. eBlaster nimmt beide Seiten von Chat-Unterhaltungen auf, Telegramme, Tastenanschläge, gestartete Applikationen und besuchte Webseiten – Sie erhalten regelmäßig die Aktivitätsreporte per E-Mail." Selbstverständlich kann ein Anwender nicht erkennen, dass die Software im Hintergrund läuft – sie taucht in der Liste der laufenden Applikationen nicht auf.

Nach einer Schätzung aus dem Jahr 2001 läuft auf 27 Prozent aller Computerarbeitsplätze eine Überwachungssoftware. Auch in Deutschland setzen Firmen Software zur Überwachung ihrer Mitarbeiter ein. Dies geschieht in vielen Fällen wohl ohne Wissen des Mitarbeiters. Auch zur Produktivitätsmessung soll sich eine solche Software einsetzen lassen. So könnte man mit Spionagesoftware herausfinden, warum ein Mitarbeiter nur 50 Prozent der sonst für seinen Arbeitsplatz üblichen Leistung bringt.

Selbst wenn ein Unternehmer durch den Einsatz von Spionage-Tools Gründe für die Kündigung eines Mitarbeiters gefunden hat, wird er sicher Möglichkeiten finden, sich dieses Mitarbeiters zu entledigen, ohne den Einsatz von Spionage-Tools in der Kündigung zu erwähnen.

Bisher ist in Deutschland noch ungeklärt, ob sich virtuell lauschende Chefs tatsächlich strafbar machen. Nach Ansicht der *FoeBuD*-Datenschützer ist das Mitlesen von E-Mails ebenso illegal wie die Überwachung des Surfverhaltens. Die Protokollierung von E-Mail und Web-Besuchen halten andere jedoch für legitim, sofern die betroffenen Mitarbeiter davon Kenntnis haben. Einer legalen Aufzeichnung sämtlicher Aktivitäten – von aufgerufenen Programmen, Screenshots, Tastatureingaben bis hin zu Videoaufnahmen der Mitarbeiter – dürften hiesige Gerichte allerdings ihre Zustimmung verweigern. Schließlich würden so auch sensible personenbezogene und sicherheitsrelevante Daten, etwa Kreditkartennummern und Zugangskennungen, gespeichert.

Einen Anspruch, die Inhalte der Festplatte seines Arbeitnehmers einzusehen, hat ein Unternehmen dennoch. So urteilte zumindest das Landesarbeitsgericht Schleswig-Holsein im April 2001. Nach Auffassung des Gerichtes stellt die Weigerung eines Mitarbeiters, diese Daten herauszugeben, einen Fall der Arbeitsverweigerung dar. Diese berechtige zur außerordentlichen Kündigung durch den Arbeitgeber.

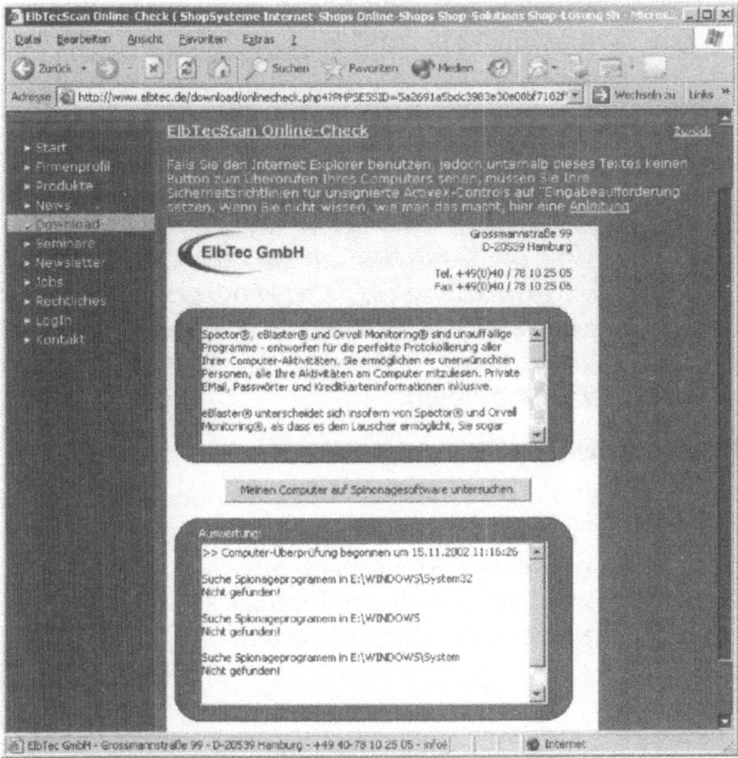

Abb. 3-14: Mit dem Elbtec-Onlinescan können Sie feststellen, ob auf Ihrem Computer Spionagesoftware installiert ist.

Gegenmittel gibt es kaum. Zwar bietet die Firma ElbTec auf ihrer Webseite ein Tool an, das nach auf der Festplatte lagernder Spionagesoftware sucht, doch muss ein Anwender dieses für ein „zwangloses Arbeiten" eigentlich jeden Tag starten. Der Einsatz solcher Software ist in den USA übrigens ohne Einwilligung der Firma verboten.

In Amerika werden *FoeBuD* zufolge etwa 80 Prozent aller Computerarbeitsplätze großer Firmen überwacht, auf Überwachungsergebnissen basierende Kündigungen sind erlaubt. Ob auch deutsche Firmen massiv zum Lauschangriff auf ihre Mitarbeiter übergehen können, wird sich erst mit dem Inkrafttreten des geplanten und schon lange überfälligen Arbeitnehmerdatenschutzgesetzes eindeutig zeigen.

Die Vereinte Dienstleistungsgewerkschaft *ver.di*[138] startete im Frühjahr 2002 die Kampagne „Onlinerechte für Beschäftigte"[139]. Das Ziel: Noch in der letzten Legislaturperiode sollte ein Arbeitnehmerdatenschutzgesetz verabschiedet werden. Dieses Gesetz sollte durch die Nutzung der neuen Medien verursachte Konflikte zwischen Arbeitgeber und Arbeitnehmer vermeiden. Nach Ansicht der Gewerkschaft sind fristlose Kündigungen wegen privater Internetnutzung, Abmahnungen wegen privater E-Mails sowie unbemerkte Kontrolle von Computerarbeitsplätzen durch Arbeitgeber unter Verletzung der Datenschutzbestimmungen an der Tagesordnung.

Privates Surfen am Arbeitsplatz ist üblich

Bei einer Umfrage[140] des Jobportals *Monster.de*[141] gaben nur 25 Prozent der Teilnehmer an, dass sie noch nie eine private E-Mail von ihrem Arbeitsplatz verschickt hätten. 43 Prozent hingegen würden nach dieser Umfrage täglich den Internet-Anschluss des Arbeitgebers dafür benutzen.

---

[138] www.verdi.de

[139] www.onlinerechte-fuer-beschaeftigte.de

[140] foren.monster.de/poll.asp?pollid=4824

[141] www.monster.de

Die Auswertung verschiedener Studien lässt den Bonner Informationsdienst *Neues Arbeitsrecht für Vorgesetzte*[142] die Zahl der privat surfenden und mailenden Mitarbeiter sogar auf 90 Prozent schätzen. In knapp jeder zweiten Firma sei die private Nutzung des Internet erlaubt oder geduldet, so das Unternehmen.

Private Weiterbildung vs. Privat-Surfen

Ob nun erlaubt oder verboten: Privates Surfen am Arbeitsplatz gehört in fast jeder Firma zum täglichen Brot der Angestellten. Doch zu schwarz sollten man das als Arbeitgeber auch nicht sehen: Nach einer amerikanischen Studie dient das Surfen am Arbeitsplatz sogar dem Unternehmen[143]. So sollen amerikanische Arbeitnehmer wöchentlich durchschnittlich 3,7 Stunden privat am Arbeitsplatz surfen, während sie sich 5,9 Stunden pro Woche zu Hause mit arbeitsrelevanten Inhalten im Internet beschäftigen – einen privaten Internet-Zugang vorausgesetzt.

Das kommt mir bekannt vor: Ein ehemaliger Arbeitgeber stellte mal auf der wöchentlichen Konferenz klar, dass die private Nutzung des betrieblichen Internet-Zugangs ab sofort verboten sei. Ich habe mir daraufhin sofort die dienstliche Nutzung meines privaten Internet-Zugangs verboten.

Jeder Arbeitgeber wünscht sich gut informierte, die Möglichkeiten des Internets für seine Aufgaben nutzende Angestellte. Sobald jedoch einmal ein Schaden durch privat angesurfte unsichere Internet-Seiten eintritt, wird er die private Nutzung sicher ganz schnell verbieten. Auch verursacht privates Surfen, Mailen und Chatten selbstverständlich Kosten für den IP-Traffic und den damit verbundenen Arbeitsausfall.

Freundlicher Umgang hilft

Ich plädiere für ein laissez-fair: Der Mitarbeiter soll seine Arbeit erledigen, darf aber im geringen Umfang und in den Pausen auch das Internet privat nutzen. Eine totale Trennung von beruflicher und privater Nutzung ist in vielen Fällen sowieso nicht

---

[142] www.arbeitsrecht-fuer-vorgesetzte.de

[143] old-www.rhsmith.umd.edu/ntrs2002

möglich. Dabei sind allerdings klare Regeln vonnöten: Keine illegalen Inhalte, keine Pornografie in welcher Form auch immer und keine Angebote, die mit hohem Traffic und damit Kosten für den Arbeitgeber verbunden sind (etwa komprimierte Audio- und Video-Dateien). Immerhin trägt das Unternehmen die Verantwortung für die auf seinen Rechnern gespeicherten Inhalte. Wenn allerdings nur ein einzelner Angestellter Zugang zu einem mit illegalen Dateien verseuchten PC hat, dann haftet der Angestellte dafür.

Die Rechtslage bleibt unklar

Doch damit ist die Frage nach der Rechtslage noch nicht einmal annähernd geklärt. Die Erlaubnis zur privaten Nutzung macht das Unternehmen zum Anbieter von Telekommunikationsdienstleistungen im Sinne von §3 des Telekommunikationsgesetzes (TKG). Der Arbeitnehmer könnte sich also auf die gleichen Regeln des Datenschutzes berufen, wie sie auch für seinen privaten Telefonanbieter oder Internet-Provider gelten. Aus §85 des TKG folgt noch, dass der Arbeitgeber in diesem Fall keine Verbindungsdaten speichern und keine E-Mails lesen darf: Dienstliche und private Nutzung lassen sich nicht auseinander halten, es gilt das Fernmeldegeheimnis.

Die Lösung heißt Betriebsvereinbarung. In dieser sind eindeutige Regeln für die private Nutzung im Unternehmen festzulegen. Zusammen mit dem Betriebsrat (wenn vorhanden) sollten Sie festlegen, in welchem Rahmen und in welchem Umfang das Internet für die privaten Belange der Arbeitnehmer genutzt werden darf. Eins sollte dabei immer im Hinterkopf sein: Der Arbeitnehmer hat per se kein Recht auf die private Nutzung der ihm vom Arbeitgeber zur Erledigung seiner Arbeit zur Verfügung gestellten Kommunikationsmittel – das gilt nicht nur für das Internet.

Datenschutzrechtlich sind Sie dann aber immer noch nicht auf der sicheren Seite. Jeder Arbeitnehmer sollte schriftlich zustimmen, dass die ihm zugestandene private Nutzung elektronischer Datendienste wie die dienstliche zu behandeln ist. Auch die Protokollierung der Nutzerdaten im Verdachtsfall sollte von jedem Arbeitnehmer erlaubt werden.

Bleibt noch die Frage, was mit der E-Mail nach der Kündigung des Mitarbeiters passieren soll: Der Mitarbeiter selbst hat dafür zu sorgen, dass an ihn gerichtete private E-Mail ihr Ziel erreicht, etwa durch die rechtzeitige Einrichtung eines Free-Mail-Acounts und Benachrichtigung seiner privaten Kontakte. Für den Arbeitgeber empfehlenswert ist die Einrichtung eines Autoresponders, der den Absender darauf hinweist, dass der gewünschte E-Mail-Partner nicht mehr im Unternehmen tätig ist. In dieser E-Mail sollte dann natürlich der neue Ansprechpartner genannt sein.

Eine Schutzpflicht des Unternehmens besteht in der Regel nicht mehr, sodass der Arbeitgeber die an die ehemalige Adresse des Mitarbeiters gerichtete E-Mail wie normale Geschäftspost behandeln kann – er kann sie lesen oder einfach löschen. Eine Verpflichtung zur Weiterleitung an den ehemaligen Mitarbeiter besteht nicht (abweichende Regelungen kann man natürlich vereinbaren, wenn beide Seiten dem zustimmen). Sinnvollerweise wird ein vertrauenswürdiger Mitarbeiter eine Zeit lang die nicht zustellbaren Nachrichten des ehemaligen Kollegen lesen und gegebenenfalls an die zuständigen Kollegen, etwa den Nachfolger des Ex-Kollegen, weiterleiten.

Doch verbieten?

Das ganze Problem stellt sich auch, wenn die private Kommunikation einfach verboten ist. Der Arbeitgeber kann sich nämlich selbst im Verbotsfall nicht darauf verlassen, dass die private Nutzung unterbleibt. Die Auswertung der Verbindungs- und Inhaltsdaten könnte damit gegen das im Bundesdatenschutzgesetz verankerte Persönlichkeitsrecht des Angestellten verstoßen – auch wenn selbst das Bundesdatenschutzgesetz eine Abwägung zwischen Persönlichkeitsrecht und Interesse des Unternehmens vorsieht.

Die ohne Zustimmung des Betroffenen vorgenommene Überwachung des Datenverkehrs stellt, ähnlich wie das unangekündigte Mithören eines Telefongesprächs, einen durch nichts zu rechtfertigenden Eingriff in das Persönlichkeitsrecht dar. Das Interesse des Arbeitgebers überwiegt allenfalls in Ausnahmefällen, wie etwa beim Verdacht auf eine Straftat. Daraus folgt, dass der Unternehmer nur die technischen Daten der Verbindungen erfassen darf und nicht deren Inhalte.

Wie schon erwähnt: Ich plädiere sowieso gegen ein Verbot der privaten Internet-Nutzung am Arbeitsplatz. Wie sollen denn die im Internet noch unerfahrenen Mitarbeiter sonst lernen, mit dem Netz umzugehen? Und wie sollen die erfahrenen Leute auf dem Laufenden bleiben, wenn nicht durch einen regelmäßigen Besuch auf den für sie relevanten Web-Seiten.

Eins ist aber auch (hoffentlich) völlig logisch: Wer einen Großteil seiner Arbeitszeit auf Porno-Seiten oder MP3-Tauschbörsen zubringt, der gehört abgemahnt. Und wer das Internet am Arbeitsplatz sogar zum Sammeln von Kinderpornos nutzt, der fliegt – ohne Abmahnung. Die Grenzen müssen klar sein.

Mehr Effektivität durch Organisation

Führt man die Ergebnisse verschiedener Studien zusammen, so entstehen oft merkwürdige Ergebnisse: Nehmen wir die Werte „jeder Internet-Nutzer bekommt heute 40 E-Mails am Tag", verbinden dies mit „das E-Mail-Aufkommen steigt jährlich um 40 Prozent" und „jeder Internet-Benutzer braucht täglich eine Stunde, um seine E-Mail zu bearbeiten" (alle Daten aus 2002). Spätestens 2008 ist es also soweit: Ein durchschnittlicher Arbeitnehmer verbringt den gesamten Arbeitstag mit der Bearbeitung seiner E-Mail.

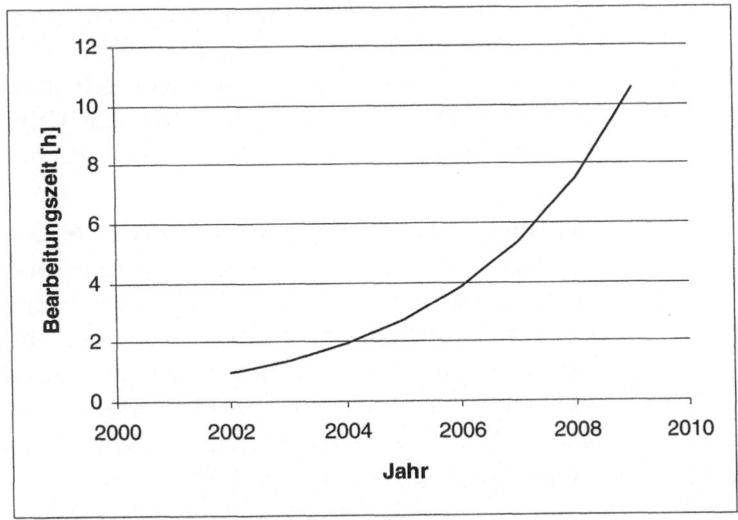

Abb. 4-1: Stimmen die Werte aller Studien, steigt die Zeit für die E-Mail-Bearbeitung eines durchschnittlichen Arbeitnehmers bis zum Jahr 2009 auf mehr als 10 Stunden.

Sicher, ganz so schlimm wird es nicht werden. Alleine durch verbesserte Spam-Filter wird ein Großteil der eingehenden Nachrichten schon vor dem E-Mail-Programm des Nutzers entsorgt. Doch das reicht noch nicht. Verschiedene Maßnahmen können helfen, das Medium E-Mail wieder zu dem zu machen, was es sein soll: Ein effektives Kommunikationsmittel.

4.1 Unternehmenskommunikation innen und außen

Viele Firmen, die unter einer eigenen Domain erreichbar sind, geben nur eine einzige E-Mail-Adresse bekannt, unter der sie für potenzielle Kunden erreichbar sind. Ob diese nun vom Pförtner oder vom Chef persönlich beantwortet wird, kann der Absender daraus nicht erkennen. Häufig werden E-Mails auch firmenintern mehrere Male weitergeleitet, bis endlich der richtige Bearbeiter gefunden ist.

Unternehmen von draußen anschauen

Schauen Sie sich einmal die Web-Seiten der eigenen Firma an. Finden Sie auf Anhieb die richtigen Ansprechpartner? Sind die Mitarbeiter direkt per E-Mail erreichbar oder gibt es Sammel–adressen? Können Sie nach wenigen Minuten Surfen auf die inneren Strukturen Ihrer Firma schließen? Gibt ein Organigramm Strukturen wieder oder verstecken Sie alles hinter blumigen Worten?

Die innere Ansicht ist häufig von der eigenen Bequemlichkeit geprägt. Vorhandene Strukturen werden einfach für das Web übernommen, kein Mensch denkt darüber nach, wie es draußen bei den Kunden ankommt. Im Sinne einer offenen Beziehung zu den Kunden ist dies jedoch genau der falsche Weg. Versetzen Sie sich in die Lage eines Außenstehenden, überprüfen Sie die eigene Web-Präsenz oder fragen Sie Ihre Kunden, wie diese sie empfinden.

Fragen Sie sich nach dem Ziel, das Sie mit E-Mail und Web-Auftritt erreichen wollen. Soll die Web-Präsenz einzig der Image-Bildung dienen oder bieten Sie Ihren Kunden dort einen Mehr-wert? Ob das eigentliche Ziel – den Kunden durch Zuhilfenahme aller verfügbaren Kommunikationsmittel an das eigene Unternehmen zu binden – erreicht wird, muss immer wieder neu geprüft werden.

Servicequalität und Kundenbindung

Service-Wüste Deutschland. Können Sie das noch hören? Oder quillt Ihnen der Begriff schon aus den Ohren heraus? Drei Faktoren sollten helfen, dass ihn niemand mit Ihrem Unternehmen in Verbindung bringt:

- Eine hohe Service-Qualität ist ein entscheidender Faktor für die Leistungs- und Wettbewerbsfähigkeit Ihres Unternehmens. Die von den Kunden erlebte Service-Qualität hängt entscheidend von dem qualifizierten Auftreten der Mitarbeiter ab, die im direkten Kundenkontakt mit ihnen agieren. Selbst Defizite in der Dienstleistung oder dem Produkt können durch freundliches und kompetentes Personal teilweise kompensiert werden. Das gilt auch für die E-Mail.

- Nur mit qualifiziertem und motiviertem Personal ist es möglich, Kundenzufriedenheit oder sogar Kundenbegeisterung zu erreichen. Der informierte Online-Kunde von heute will von einem Unternehmen nicht verwirrt werden. Wenn er die Web-Seite besucht, erwartet er eine klare Struktur. Er will sich möglichst schnell über die gesuchten Produkte oder Dienstleistungen informieren und bei Fragen schnell einen Ansprechpartner finden. Und weiter: Er möchte auch eine Antwort von dem Unternehmen bekommen.

- Eine auf die exakte Ermittlung und Erfüllung der Kundenanforderungen ausgerichtete Organisation bindet die Kunden an das eigene Unternehmen. Eine schnelle Antwortzeit eines Unternehmens kann heute schon eine Kaufentscheidung beeinflussen. Nur wer schnell – und gut – beraten wird, kommt bei der nächsten Investition wieder zu Ihrem Unternehmen zurück.

E-Müll-Produktion

Amerikanische Untersuchungen belegen, dass Angestellte nur etwa halb so viele E-Mails schreiben wie sie erhalten. Im Schnitt hat eine E-Mail demnach zwei Empfänger, häufig jedoch deutlich mehr. So verschicken Angestellte Kopien ihrer E-Mails an den Vorgesetzten, um sich abzusichern – und verurteilen diesen damit, sich diese E-Mail „schnell mal" durchzulesen. Chefs verbringen dadurch unnötig Arbeitszeit, nach dem Nutzen dieser E-Mail für sich zu suchen – und häufig stellen sie fest, dass es eben keinen gibt.

Komischerweise steigt nicht nur die Anzahl der unerwünschten Nachrichten von Jahr zu Jahr, auch die Menge der wichtigen eingehenden E-Mail nimmt immer weiter zu. Eine essentiell gestiegene Menge an Information sucht man jedoch vergeblich – schließlich kamen die meisten Firmen noch vor wenigen Jahren sehr gut mit Rundschreiben und Aushängen aus. Die von Kollegen zu deren eigener Absicherung verschickten Nachrichten machen sicher einen Gutteil der wichtigen, aber irgendwie doch überflüssigen Nachrichten aus.

Die Schreibwut der Kollegen endet jedoch nicht mit der Weiterleitung vermeintlich witziger E-Mails oder Nachrichten, die der Empfänger nur „zu seiner Information" (häufig englisch abgekürzt: FYI, for your information) erhält. Das cc-Feld des eigenen E-Mail-Programms verleitet viele Angestellte, ihre E-Mails breit zu streuen – und damit eine möglichst große Empfängeranzahl zu erreichen. Dabei interessiert es sie häufig nicht, ob die Empfänger überhaupt an dem Thema interessiert sind. Sie arbeiten somit absenderzentriert, statt sich um die Belange der Empfänger zu kümmern.

Absenderzentriertes Denken vermeiden

Sehr schön lässt sich dies an Hilferufen per E-Mail feststellen: Häufig kann tatsächlich einer der Empfänger das Problem des Absenders schnell lösen, doch schreibt dieser kaum einmal eine Nachricht an alle bisher angeschriebenen, dass sein Problem nun gelöst ist. Die anderen Empfänger arbeiten noch an der Lösung des Problems, teilweise sind sie noch dabei, die vom Sender mitgelieferten Informationen zu sichten, seien es angehängte Office-Dokumente oder Hyperlinks. Der Sender hat zwar sein Problem gelöst, doch die Vernichtung von Arbeitszeit mit Hilfe der modernen Kommunikationstechnik geht weiter.

E-Mobbing

Doch auch Mobbing per E-Mail funktioniert ganz wunderbar. Reiner Psychoterror ist es etwa, den Empfänger der eigenen

E-Mail wenige Minuten nach deren Versand anzurufen und nach der Lösung des Problems zu befragen. Man täuscht Fairness vor, setzt aber den Empfänger unter Druck. Setzt man dieses Verfahren häufiger ein, wird der Empfänger kaum darum herum kommen, seinen E-Mail-Account minütlich abzufragen, um auf die Angriffe vorbereitet zu sein. Dass dies der eigenen Produktivität nicht gerade dienlich ist und ein normales Arbeiten fast unmöglich macht, kann dem Sender ja egal sein, solange er sein Ziel – das Mobbing des betroffenen Kollegen – damit erreicht.

Beliebt ist zudem die Zusammenfassung von Besprechungsergebnissen wenige Minuten nach dem Ende derselben. Wer die erste E-Mail zu der Besprechung schreibt, gibt die Meinung vor – auch wenn sie eigentlich nicht dem in der Besprechung errungenen Konsens entspricht. Antwortet niemand auf diese E-Mail, so ist der Sender fein raus: Er hat seine Sicht der Besprechung durchgedrückt. Damit zwingt er die anderen Teilnehmer zumindest, sich noch einmal mit der Angelegenheit zu befassen, die ja eigentlich durch die Besprechung abgeschlossen sein sollte.

Keine Angst vor der E-Mail

Geschmacklosigkeiten wie Entlassungen per E-Mail sind bisher nur aus den USA bekannt. Sofern der Empfänger der E-Mail auch deren Thema ist, dann ist E-Mail das falsche Medium. Eine emotional schwierige Situation sollte in einem persönlichen Gespräch besprochen werden.

Das ist die Schattenseite des elektronisierten Büros: Manche E-Mail bleibt einfach unbearbeitet liegen. Das mag bei Nachrichten von Kollegen noch erlaubt sein – den Kollegen trifft man schon noch irgendwann im Laufe des Tages auf dem Flur oder beim Mittagessen. Doch wenn Kundenanfragen nicht beantwortet werden, trifft es das Unternehmen direkt.

Zwangshandlungen

Die meisten Arbeitnehmer holen dennoch als erste morgendliche Handlung am Arbeitsplatz zunächst ihre E-Mail ab – nur hat sich die Erwartungshaltung geändert. Freute man sich früher fast schon, wenn einem jemand geschrieben hatte, so soll es heute schon Menschen geben, die ihre E-Mail-Phobie in der Psychiater-

Sprechstunde behandeln lassen müssen. Technik alleine kann dagegen nicht helfen – hier sind soziale Fähigkeiten der Mitarbeiter sowie feste Regeln für die interne Kommunikation gefragt.

„Die Einführung der neuen Medien am Arbeitsplatz, insbesondere der E-Mail-Kommunikation, führte zu einem Anstieg der zu verarbeitenden Informationsmenge, so dass die Gefahr einer Informationsüberflutung der Mitarbeiter besteht, welche zu erhöhtem Stress führt."[144] Das ist die gar nicht so überraschende Einleitung zu „Entwicklung und Evaluation eines Trainingsmoduls zum Umgang mit Informationsüberflutung, insbesondere bei der E-Mail-Kommunikation" des Nürnberger Lehrstuhls für Psychologie der Universität Erlangen-Nürnberg.

Fragt sich nur, was wir selbst tun können, um durch die E-Mail nicht in Stress zu geraten. Zunächst zu den technischen Möglichkeiten.

Änderungen durch Technik

Technik ist eine mächtige Resource, um Verhalten zu ändern. Unerwünschtes Verhalten lässt sich erschweren und erwünschtes erleichtern. Sind die technischen Voraussetzungen gegeben, schaffen auch lang gediente (manche sagen auch starrköpfige) Mitarbeiter den Übergang von einer unternehmenszentrierten zu einer kundenorientierten Arbeitsweise. Technologischer Fortschritt bedeutet jedoch auch immer Investitionen, sei es für Kauf, Miete oder Eigenentwicklung einer Software sowie deren Konfiguration und Wartung.

Verteilerlisten

Eine ellenlange Liste von cc-Adressen ist nicht nur unschön, sondern kostet bei der Eingabe dazu auch noch viel Zeit. Definieren Sie sinnvolle interne Verteilerlisten – etwa Name_der_Abteilung@firma.de, alle_abteilungsleiter@firma.de oder alle_Mitarbeiter_am_standort-xy@firma.de. Schreiben Sie ebenfalls fest, dass diese Adressen intern zu behandeln sind und nicht extern bekannt gemacht werden dürfen.

---

[144] www.baua.de/prax/gute_praxis/i81.htm

So erreichen die Nachrichten die richtigen Mitarbeiter und diese können mit Hilfe eigener Filterregeln ihre E-Mail besser organisieren. Den Sinn und Zweck dieser Verteiler sollten Sie ebenfalls dokumentieren und alle E-Mail-Adressen und Verteilerlisten (bei größeren Listen darf durchaus eine Suchfunktion vorhanden sein) im Intranet veröffentlichen. Richten Sie auch die Möglichkeit ein, eigene Listen vorzuschlagen, damit der cc-Wildwuchs gar nicht erst wieder beginnt.

Service-Adressen

Die E-Mail, die über eine von außen sichtbare Abteilungs-E-Mail-Adresse (etwa service@firma.de) eingeht, sollte zunächst beim Abteilungsleiter auflaufen. Je nach Struktur der Abteilung muss eine Regelung gefunden werden, wie die zusätzliche Arbeit zu verteilen ist. Der Abteilungsleiter muss einen vorzugsweise Web-basierten Zugriff auf die Konfiguration der Verteilung erhalten, auch um bei Krankheit oder Überlastung eines Mitarbeiters schnell reagieren zu können.

Verschlüsselung und Virenschutz

Wer vertrauliche Daten per E-Mail übermittelt, sollte ein Verschlüsselungsprogramm benutzen. Das vermindert die Angst, dass sensible Daten in fremde Hände geraten. Das Verschlüsselungsprogramm sollte sich möglichst nahtlos in das eigene E-Mail-Programm einbinden und vom Benutzer nur wenige zusätzliche Arbeitsschritte verlangen.

Ein Virenschutzprogramm ist heute Pflicht. Der Anwender darf jedoch nicht gezwungen werden, regelmäßige Aktualisierungen vorzunehmen. Das ist Aufgabe des Systemadministrators, der gegebenenfalls Server-basierte Programme installiert oder zumindest die Viren-Signaturen zentral vorhält.

Unerwünschte Nachrichten

Auch einen Spam-Filter sollte der Administrator einrichten. Allerdings ist hier die rechtliche Situation zu beachten: Sofern der Arbeitgeber das private Mailen am Arbeitsplatz zulässt, ist der Scan der E-Mail zumindest bedenklich, das ungefragte Löschen einzelner Nachrichten geradezu verboten. Der Arbeitnehmer sollte also selbst einmalig den Knopf drücken, mit dem er das Filterprogramm aktiviert. Die Filterregeln sollten allen Mitarbeitern zur Einsicht zur Verfügung stehen.

Automatische Abwesenheitsmeldungen

Die Krankmeldung eines Arbeitnehmers erfolgt meistens morgens, jedoch nicht immer, bevor die erst dienstliche Nachricht im E-Mail-Postfach eintrifft. Da kann das Kind aber schon im Brunnen liegen: Eine eilige Kundenanfrage kann vom Mitarbeiter nicht mehr beantwortet werden, die Kollegen haben von der E-Mail keine Kenntnis und zudem erhält der Kunde keinerlei Rückmeldung.

Eine automatische Abwesenheitsnachricht am frühen Morgen wäre allerdings auch nicht das Richtige. Der Administrator des E-Mail-Systems kann jedoch erkennen, wer seine Post noch nicht abgeholt hat. Je nach Arbeitsorganisation (Gleitzeit, morgendliche Außentermine etc.) könnte ein Zeitpunkt festgelegt werden, zu dem der Kunde eine Abwesenheitsmeldung bekommt – aber eben nur, wenn der Mitarbeiter sich noch nicht am E-Mail-Server angemeldet hat. Wichtig ist, dass alles automatisch passiert, der Mitarbeiter (und natürlich auch der Administrator) sich also um nichts kümmern muss.

Schulungen

All das hilft noch nicht, wenn den Mitarbeitern das Know-how fehlt. Bieten Sie interne Schulungen[145] an, in denen Sie den Mitarbeitern Filter- und Organisationstechniken beibringen, wie sie ihre E-Mail besser organisieren können. Den richtigen, also Zeit sparenden und effektiven Umgang mit der E-Mail sollten Sie zudem in einem eigenen Dokument festhalten.

4.2   Sicherheit und Zeitgewinn mit E-Mail-Policys

Viel Zeit geht durch falschen Umgang mit dem Medium E-Mail drauf. Statt sich mit der Arbeit zu beschäftigen, verbringen viele Mitarbeiter ihre Zeit mit dem Lesen überflüssiger Nachrichten. So

---

[145] Ich selbst stehe auch als Referent für Schulungen zur Verfügung. Mehr erfahren Sie auf meiner Homepage, www.labs.de.

lange nicht klar ausgesprochen und zu Papier oder HTML-Code gebracht wurde, was in der E-Mail-Kommunikation erwünscht, erlaubt und verboten ist, wird jeder Einzelne subjektive Auslegungen und Vermutungen anstellen – mit möglicherweise fatalen Folgen.

Eine E-Mail-Policy schafft für alle Beteiligten Verbindlichkeiten, aber auch Vertrauen. Mehr als die Netikette umfasst sie den gesamten Kommunikationsprozess. Klare Spielregeln für den Umgang mit der E-Mail fördern die Effizienz der E-Mail-Kommunikation und helfen bei der sinnvollen Nutzung der wertvollen Resource Mitarbeiter-Zeit. Vor allem bei im Gebrauch des Mediums unerfahrenen Benutzern verringern klare Anweisungen und Hilfen erfahrungsgemäß die Scheu, das bisher unbekannte Medium zu nutzen.

Netikette ⇨	Aus grauen Vorzeiten des Internet stammender, heute vor allem bei unerfahrenen Benutzern fast unbekannter Verhaltenskodex für das Benehmen im Internet. Der Kodex beruht auf freiwilligen Regeln für die Kommunikation miteinander.

Die E-Mail-Policy ist nicht alleine von der Geschäftsführung vorzugeben, auch der Betriebsrat hat in einigen Punkten ein Mitspracherecht. Deshalb sollte eine E-Mail-Policy vielleicht gleich zusammen mit dem Betriebsrat ausgearbeitet und als Betriebsvereinbarung festgeschrieben werden. Auch die Zuhilfenahme eines auf Online-Recht spezialisierten Rechtsanwalts kann nicht schaden. Die rechtlichen Fragen möchte ich hier nicht noch einmal aufwärmen und verweise deshalb auf Kapitel 3.6.

Private Nutzung

Wenn Sie die private Nutzung dulden, dann stellen Sie klar, dass der Mitarbeiter mit seiner Firmenadresse auch im Fall privater Kommunikation die Firma repräsentiert und dass deshalb eine angemessene Verhaltensweise angebracht ist.

E-Mails anderer einsehen

Ist ein Kollege krank oder im Urlaub, kommt manchmal die Frage nach dem Inhalt einer E-Mail, die er irgendwann einmal erhalten hat. Ohne Zustimmung des Betroffenen dürfen weder Kollegen oder Vorgesetzte noch der Arbeitgeber selbst jedoch aus datenschutzrechtlichen Gründen auf die E-Mails eines Arbeitnehmers zugreifen. Vereinbaren Sie, dass bei einer Abwesenheit für den Notfall eine entsprechende Einwilligung vorliegt. Stellen Sie klar, für welche Fälle diese Erlaubnis gilt (es gibt Ausnahmen, etwa die E-Mail des Betriebsrates. Dieser sollte deshalb einen eigenen PC für seine Arbeit zur Verfügung haben, um Konflikte zu vermeiden).

Gelegentlich werden andere Gründe für die Einsicht in E-Mails oder die Analyse des vom einzelnen Mitarbeiter verursachten Datenstroms genannt. Dazu gehören:

- Eine Kontrolle soll die Qualität des Schriftwechsels sichern.

- Sie soll Datendiebstahl und Missbrauch entgegenwirken.

- Sie soll Diskriminierungen entdecken.

- Der reguläre Gebrauch der privaten E-Mail-Nutzung lässt sich überwachen.

Überwachung statt Schulung? Datenschutz? Vertrauen in die Mitarbeiter? Die Qualität des Schriftwechsels lässt sich bestimmt durch eine vernünftige Einarbeitung oder eine Schulung erhöhen. In der Einarbeitungszeit sollte der neue Mitarbeiter die E-Mails vor dem Versand von einem erfahrenen Kollegen kurz gegenlesen lassen. Am Ende der Einarbeitungszeit kann man immer noch entscheiden, was zu tun ist. Der Rest der Forderungen verstößt einfach gegen bestehende Gesetze (siehe Kapitel 3.6, S. 182).

Vertretungen bei Krankheit oder Urlaub

Jeder Mitarbeiter sollte die Möglichkeit haben, eine eigene Abwesenheitsmeldung anzulegen, in der er den Termin seines voraussichtlichen Arbeitsbeginns einträgt. Die Abwesenheitsmeldung erhalten bei einer Anfrage nicht nur Kunden, sondern auch Mitarbeiter. Da Krankheit meistens ungeplant eintritt, sollte der Vorgesetzte, der ja im Allgemeinen als Erster von der Krankheit erfährt, ebenfalls Zugriff auf das entsprechende Formular haben – und verpflichtet sein, es auch zu benutzen.

Weiterhin muss der Mitarbeiter einen Ansprechpartner für den Fall angeben, dass ein sofortiger Kontakt gewünscht ist. Dies dürfte in der Regel ein mit dem gleichen Thema befasster Kollege oder der Vorgesetzte sein.

Kündigung des Mitarbeiters

Da die rechtlichen Rahmenbedingungen bereits in Kapitel 3.6 erwähnt sind, hier nur ein kurzer Hinweis für den Fall der Kündigung: Die dienstliche E-Mail gehört genauso wie die schriftliche Korrespondenz dem Unternehmen. Auch sämtliche E-Mail-Kontakte, die der Mitarbeiter während seiner Zugehörigkeit zur Firma aufgebaut hat, hat er dem Unternehmen zu übergeben. In der Betriebsvereinbarung sollte festgeschrieben sein, dass der Mitarbeiter dafür Sorge zu tragen hat. Am einfachsten ist es, wenn eine abteilungs- oder noch besser firmenübergreifende Adressdatenbank zur Verfügung steht und eine Verpflichtung zu deren Benutzung festgeschrieben ist.

Verschiedene E-Mail-Programme

Wenn Sie die Verwendung verschiedener E-Mail-Programme gestatten möchten, legen Sie Mindeststandards fest, die ein jedes Programm erfüllen muss. Nicht nur für die Administratoren einfacher, sondern auch sinnvoller ist es allerdings, mit nur einem einzigen Programm zu arbeiten.

E-Mail-Formate und Signaturen

Im Sinne einer Corporate Identity sollte jede das Haus verlassende E-Mail wie aus einem Guss wirken. Daher schreiben Sie fest, ob E-Mails im HTML- oder Text-Format verschickt werden. Schreiben Sie ebenfalls die Form der Signatur fest oder – wenn Sie die Signatur erst nach dem Versand durch den Mitarbeiter einfügen – weisen Sie darauf hin.

Verwendung von Attachments

Weisen Sie auf die Problematik des Versendens von Attachments hin. Für den Versand aus der Firma sollten Sie ein einheitliches Format festlegen – Office-Dateien eignen sich vielleicht nicht so gut, da unter Umständen interne Informationen nach außen gelangen können[146]. Schreiben Sie zudem fest, was mit empfangenen Attachments passieren soll und wie und wo diese zu speichern sind. Warnen Sie in dem Zusammenhang vor dem Öffnen von unbekannten Dateien, die Viren enthalten könnten.

E-Mail-Kommunikation ist potenziell unsicher. Legen Sie fest, welche Dokumente oder Vorgänge generell nicht oder nur verschlüsselt per E-Mail übermittelt werden dürfen.

Speichern und Löschen

Je nachdem, welchen technischen und finanziellen Aufwand Sie für ein die E-Mail einbeziehendes Dokumentenmanagent-System treiben können, müssen Sie E-Mails als buchhalterische Dokumente ansehen und dementsprechend vor dem Löschen schützen. Bei einer automatischen Speicherung stellen Sie diese in der Policy klar. Schreiben Sie anderenfalls fest, welche Dokumente in welchem System wie gespeichert werden müssen, um die finanzbehördlichen Auflagen zu erfüllen.

Response auf externe Anfragen

Legen Sie fest, innerhalb welcher Zeit eine externe Nachricht bearbeitet sein muss. Falls eine E-Mail mehrfach im Haus hin und her gewandert ist, darf sie diesen Weg nicht dokumentieren.

Response auf interne Anfragen

Eine schlimme Unsitte ist es, einige Minuten nach dem Versand einer E-Mail beim Empfänger telefonisch nach der Antwort zu fragen. Der Empfänger fühlt sich dadurch unter Druck gesetzt. Verbieten Sie dem größten Feind des Menschen (dem Menschen) solche Aktionen: Legen Sie eine Zeit fest, die eine Antwort mindestens dauern darf.

---

[146] www.heise.de/newsticker/data/jk-27.01.02-001

Datenschutz

Erstellen Sie eine eigene Datenschutz-Policy und lassen Sie diese Bestandteil der Betriebsvereinbarung werden. Machen Sie klar, dass aus einfachen Anfragen an Ihr Unternehmen keine Datengewinnung für Mailings wird.

Falsche Virus-Warnungen

Legen Sie fest, dass vor der Weiterleitung einer Viruswarnung an alle Mitarbeiter eine Nachfrage bei einer kompetenten Person erfolgen muss. Diese kann dann den gesamten Betrieb informieren, wenn an der Meldung etwas dran ist. Vor allem verbieten Sie die externe Weiterverbreitung ungeprüfter Warnungen – meistens sind diese Meldungen sowieso falsch, man macht sich mit solchen Hoaxes nur zum Gespött der Leute.

Optionen beim Nachrichtenversand

Personal Information Manager wie *Microsoft Outlook* oder *Lotus Notes* bieten eine Fülle von Optionen, die Sie einer E-Mail mit auf den Weg geben können. Im einfachsten Fall kennzeichnen Sie die Nachricht als wichtig, um eine schnellere Antwort vom Empfänger zu erhalten. Legen Sie fest, in welchen Fällen welche Kennzeichnungen zu wählen sind, damit diese nicht durch inflationäre Benutzung ihren Sinn verlieren.

Die meisten erweiterten Optionen lassen sich übrigens nur im eigenen Netz nutzen. Sobald ein Internet-Standard-gemäßer E-Mail-Server die Nachricht anfasst, gehen die erweiterten Optionen verloren. Für den externen Verkehr sollten diese daher nur mit Vorsicht genutzt werden.

Fremde Newsletter

Viele Angestellte haben einen oder mehrere Newsletter abonniert, um sich über bestimmte Themen auf dem Laufenden zu halten. Zentralisieren Sie diesen Vorgang. Richten Sie auf dem E-Mail-Server hierarchische Ordner ein, auf die alle Mitarbeiter lesenden Zugriff haben. Richten Sie eine einfache Möglichkeit ein, neue Newsletter zu bestellen und in die Hierarchie einzufügen. So müssen die Angestellten nicht im Netz nach den für sie interessanten Mailinglisten Ausschau halten.

Offene und blinde Kopien

Häufig verschicken Angestellte Kopien ihrer E-Mails an den Vorgesetzten, um sich abzusichern. Vermindern Sie den cc-Wildwuchs. Legen Sie fest, in welchen Fällen Kopien an welche Personen gehen dürfen – und, ob diese offen (im cc-Feld) oder versteckt (im bcc-Feld) erfolgen sollen.

Aktionen per Betreffzeilen auslösen

Ein mächtiges Werkzeug zur Zeitersparnis sind aussagekräftige Betreffzeilen. Vereinbaren Sie Aktionen, die durch vordefinierte Tags oder auch Prefixes ausgelöst werden (ausnahmsweise mal in Großbuchstaben). Wenn etwa eine Aufgabe erledigt ist, ist dies durch Voranstellen des Tags [ERLEDIGT] zu dokumentieren. Eine Auswahl möglicher Tags:

Aktion	Erfordert vom Empfänger
[EILIG]	Schnell öffnen
[URLAUB]	Automatisch in den Urlaubsordner filtern.
[ERLEDIGT]	Kenntnisnahme
[PRIVAT]	Je nach Inhalt
[ANTWORTEN]	Auf die Nachricht antworten
[LEITUNG]	Keine Reaktion erforderlich, muss zur Kenntnis genommen werden

Weitere Betreff-Prefixes lassen sich jederzeit erstellen, etwa eine private Liste für An- und Verkäufe (vor allem unter Eltern kleiner Kinder recht beliebt) oder eine für die Verabredung zu einem mehr oder weniger regelmäßigen Kneipenbesuch. Definieren Sie, in welchen Fällen solche Listen zu einer internen Verteilerliste avancieren.

Sinnvolle Betreffzeilen wählen

Kurze Fragen (und Antworten) lassen sich auch innerhalb der Betreffzeile treffend formulieren. Die Betreffzeile sollte in diesem Fall mit dem in Klammern gesetzten Kürzel oT (ohne Text, gebräuchlich ist auch EOM für „End Of Message") enden, damit der Empfänger die Nachricht wirklich nicht öffnet. Das ist zwar zunächst irritierend (bei den ersten Nachrichten ist man nicht sicher, ob in der E-Mail nicht doch noch etwas Wichtiges drin steht), spart nach einer kleinen Eingewöhnungsphase jedoch einfach nur noch Zeit. Vereinbaren Sie, dass in der E-Mail allerdings auch wirklich kein zusätzlicher Text enthalten sein darf, sonst funktioniert das Verfahren nicht. Als Beispiel erlaubt die Betreffzeile

```
[PRIVAT] Auto kaputt, suche Mfg nach Brelingen (oT)
```

den meisten Kollegen, die Nachricht ungelesen zu löschen – die in der Ecke von Brelingen wohnenden werden sich dann bei dem Pechvogel schon melden.

Dieser Mechanismus lässt sich auch für Urlaubs- oder andere Abwesenheitsmeldungen nutzen, die ja häufig an die ganze Abteilung verschickt werden. Die beliebten Sprüche wie „Ich bin auf den Bahamas und denke an euch" oder „ich schau dann und wann mal in meine E-Mail rein" dürfen dann nicht mehr auftauchen – Kontaktinformationen, wenn sie denn nötig sind, gehören sowieso nicht in die E-Mail, sondern in eine firmeninterne Termin- und Adressverwaltung. Nachrichten an den Vorgesetzten, etwa wegen der Fertigstellung einer Arbeit, muss dieser gesondert erhalten.

Anlagen

Zu dieser Betriebsvereinbarung gehört als Anlage eine Anleitung zum besseren Arbeiten mit dem Medium E-Mail. Diese sollte enthalten:

- Eine Kurzanleitung für die verwendeten E-Mail-Programme.

- Anleitungen für den Einsatz von Filtern und Regeln

- Tipps zum Suchen innerhalb des E-Mail-Programms
- Empfehlungen für Anreden und Grußformeln
- Hinweise für E-Mail-gerechtes Texten

Die Betriebsvereinbarung gehört nun nicht nur an das gute alte schwarze Brett, sondern sollte auch auf einem Server im Intranet abrufbar sein. Damit sie auch von allen gelesen und verstanden wird, sollten Sie eventuell Schulungen anbieten oder zumindest Informationsveranstaltungen abhalten. Wenn sich nur eine Hälfte der Belegschaft daran hält, haben Sie nicht viel gewonnen.

Wenn Sie keine Betriebsvereinbarung abschließen, sondern nur eine Regelung mit Ihren Angestellten treffen wollen, muss jeder Angestellte sie lesen, verstehen und unterschreiben. Für die Regelung gilt das Gleiche wie für ähnliche Dokumente: Sie gehören in die Personalakte, der Mitarbeiter bekommt eine Kopie. Sie können auch vereinbaren, dass ein Verstoß gegen die Regularien geahndet wird.

Und wenn bei Ihren Mitarbeitern alles nichts nützt, dann besorgen Sie sich einen externen Coach – auf Externe hören manche Menschen eher als auf Kollegen.

Rosinen picken

In erster Linie sollte eine E-Mail-Policy eine Unterstützung in der praktischen Betriebsorganisation sein – und nicht das Arbeitsklima verschlechtern oder gar Mitarbeiter ärgern. Nehmen Sie die vorangehenden Punkte deshalb als Anregung. Wenn einiges davon nicht auf Ihr Unternehmen passt, lassen Sie es weg. Oder noch besser: Kaufen Sie für jeden Ihrer Mitarbeiter dieses Buch und lassen Sie es ihn lesen. Danach weiß er, wie er mit der E-Mail umzugehen hat und wird sich entsprechend verhalten – auch, wenn es in Ihrem Unternehmen gar keine E-Mail-Policy gibt. An den rechtlichen Fragen kommen Sie allerdings nie vorbei, ob mit oder ohne E-Mail-Policy oder gar Betriebsvereinbarung.

Vor allem schöpferische Arbeit könnten Sie aber durch zu viele Regelungen behindern. Kreative reklamieren häufig ihr eigenes unstrukturiertes Umfeld für sich, damit sie ihrem Naturell entsprechende Ergebnisse erzielen können – und wenn dieses Umfeld chaotisch ist, dann ist es eben chaotisch. Dennoch: Versuchen Sie, auch Redakteure oder Designer für die Benutzung dieser Regeln zu gewinnen. Auch diese sind manchmal ganz dankbar, wenn ihr persönliches Arbeitsumfeld geordneter wird.

4.3   Organisation der Eingangspost

Richtiger Umgang mit eingehender E-Mail spart nicht nur Zeit – Stress durch unerledigte E-Mails und prall gefüllte Eingangsordner lässt sich mit technischen Hilfsmitteln durchaus vermindern. Menschliche Helfer sind natürlich auch eine gute Wahl, stehen aber wohl nur den Wenigsten zur Verfügung.

Organisieren lassen

Die Eingangspost von Führungskräften wird im Allgemeinen vom Sekretariat vorsortiert. Nur was wirklich wichtig ist, erreicht die ständig unter Zeitnot stehenden Manager. Warum allerdings bei der E-Mail nur in den seltensten Fällen der gleiche Weg gegangen wird, ist mir rätselhaft: Schließlich unterscheidet sich elektronische Post nur wenig von der papierenen. Aber bitte verfallen Sie nicht in analoge Zeiten zurück: Eine auf Papier ausgedruckte und in der Dokumentenmappe vorgelegte E-Mail führt das Medium völlig ad absurdum.

Gerade viel beschäftigten Menschen verzeiht man sicher, dass sie ihre E-Mail nicht selbst bearbeiten. Lässt man sogar zu, dass die Antworten im Namen des ursprünglichen Empfängers verfasst werden, ist allerdings sicherzustellen, dass auch die Information wirklich den Empfänger erreicht. Speist man den Absender mit Floskeln ab, wird dieser von der Antwort enttäuscht sein.

Störungen vermeiden

Viele E-Mail-Programme geben wilde Geräusche von sich, um den Eingang einer neuen E-Mail zu melden. Von Glockentönen bis zum gesprochenen „Sie haben Post" reichen die vollkommen sinnlosen akustischen Störungen.

Diese Störungen lassen sich ganz einfach abstellen: Verbieten Sie Ihrem E-Mail-Programm, automatisch alle paar Minuten nach neuer Post zu schauen. Rufen Sie stattdessen in üblichen Pausen das E-Mail-Programm auf und schauen aktiv nach neuen Nachrichten. Eine minimale Wartezeit müssen Sie allenfalls in Kauf nehmen, wenn Sie Ihre E-Mails nach dem POP3-Standard auf den eigenen PC laden. Auf einem IMAP-Server (Internet Message Access Protocol 4) ist keine Verzögerung zu bemerken.

POP3, Post Office Protocol Version 3 ⇨ Nach dem Abruf per POP3 wird die E-Mail vom E-Mail-Server gelöscht. Der Benutzer bearbeitet seine E-Mail dann auf seinem PC. Fast alle Privatanwender arbeiten mit POP3.

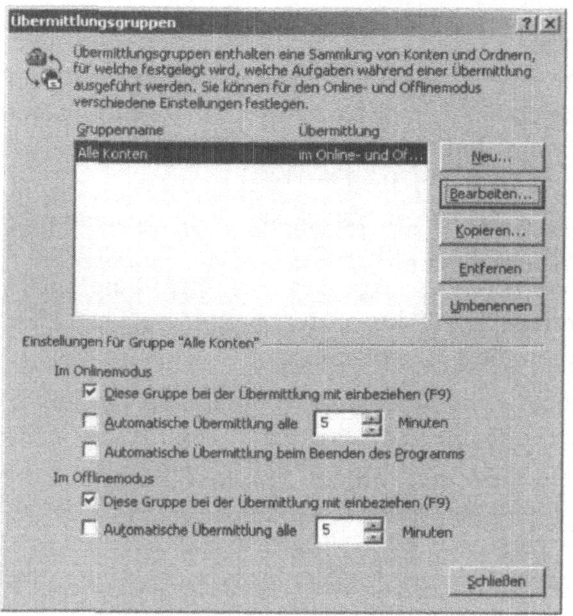

Abb. 4-2: Hier schalten Sie die automatische Überprüfung auf neue E-Mail unter Outlook ab.

IMAP, Internet Message Access Protocol 4 ⇨ Der Benutzer bearbeitet die E-Mails direkt auf dem Server. Wird vor allem in Firmen verwendet.

Eingangsfilter und -Ordner anlegen

Jedes moderne E-Mail-Programm bietet Filterfunktionen. Nicht jede eingehende E-Mail ist gleich wichtig. So lassen sich etwa Kundenanfragen, Nachrichten vom Vorgesetzten oder aus einer Mailingliste gleich in verschiedene Ordner einsortieren und verschieden farbig einfärben, um die Stufe der Wichtigkeit anzuzeigen.

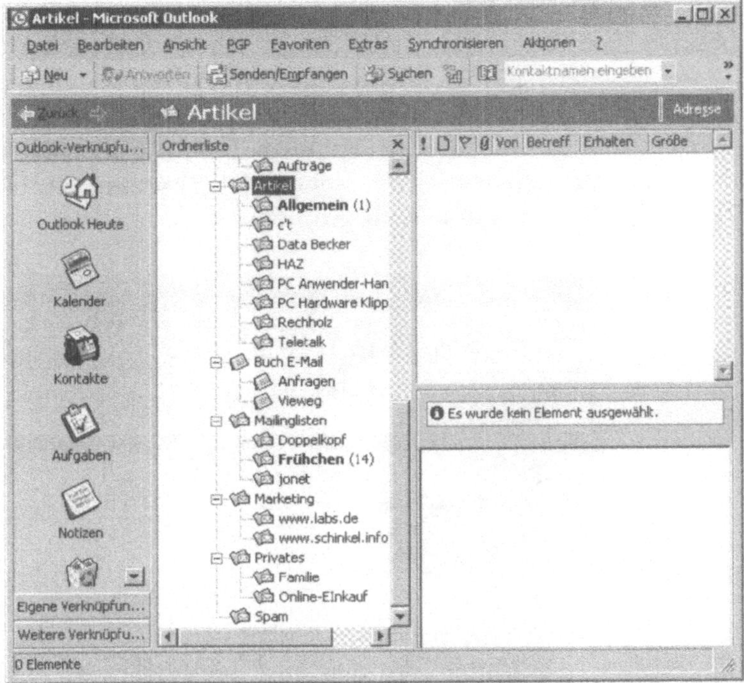

Abb. 4-3: Eine hierarchische Ordnerstruktur schafft Übersichtlichkeit im E-Mail-Eingang.

E-Mail-Programme bieten die Möglichkeit, fast unendlich viele Ordner anzulegen. Darunter leidet allerdings die Übersichtlichkeit. Legen Sie stattdessen hierarchische Strukturen an, sodass sie nur selten genutzte Ordner ausblenden können. Verschieben Sie Ordner von längst beendeten Projekten in die „Alt"-Hierarchie.

Nachrichten, die keine sofortige Reaktion erfordern, kommen in einen 4-Wochen-Ordner (nennen Sie den Ordner ruhig so. Er steht dadurch in einer alphabetisch sortierten Liste bei den meisten E-Mail-Programmen an erster Stelle), den Sie regelmäßig durchsehen. Wenn Sie weitere Ordner ständig beobachten möchten, etwa einen für zu erledigende Aufgaben, legen Sie sich diese als Unterordner des 4-Wochen-Ordners an. Damit können Sie alle wichtigen Ordner mit einem Blick erfassen.

Welche Filterkriterien für die eingehenden Nachrichten am sinnvollsten sind, lässt sich nur schwer voraussagen. Deshalb nur ein Beispiel: Nachrichten vom Vorgesetzten sind einfach zu erkennen: Der Absender ist immer der gleiche. Färben Sie die Nachricht rot ein (ich benutze diese Farbe derzeit für E-Mails von meinem Verleger). Gehört der Absender zu Ihren Freunden, färben Sie die E-Mails grün ein.

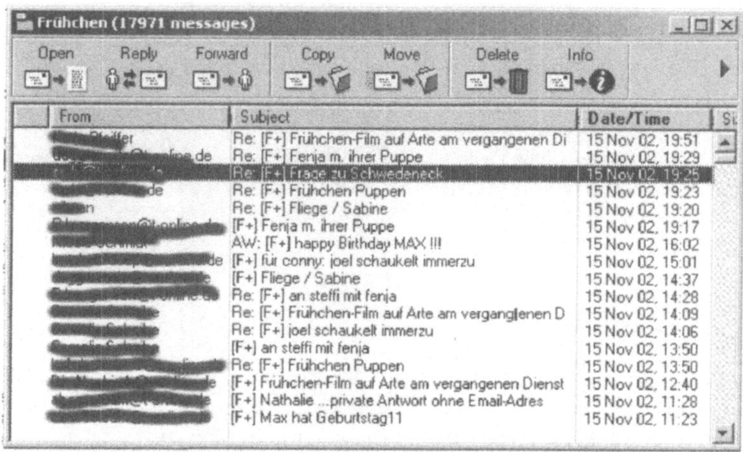

Abb. 4-4: Ein durchaus eindrucksvolles Beispiel für Zeitersparnis durch Filterregeln: Immerhin sind 17971 Nachrichten automatisch in diesen Ordner verschoben worden.

Einige Mailinglisten-Betreiber stellen jeder E-Mail vor dem Weiter-Versand ein eigenes Tag vor den Betreff, meistens eingeschlossen in eckige Klammern. Nutzen Sie dieses Tag als Filter für das E-Mail-Programm.

Nur wenige E-Mail-Clients (etwa *Pegasus Mail*) erlauben auch die Anwendung von Filtern, wenn ein Ordner geschlossen wird – sinnvoll etwa für das Aufräumen nach einem Arbeitstag. Beim nächsten Öffnen des Eingangsordners sind die Nachrichten dann in den richtigen Ordnern verschwunden – ideal zur Archivierung bei gleichzeitig wenig Arbeit. *Pegasus Mail* bietet daneben noch die – für mich als Tastatur-orientierter Arbeiter sinnvolle – Definition von Tastatur-Kürzeln an, um Nachrichten schnell in vorbestimmte Ordner zu verschieben.

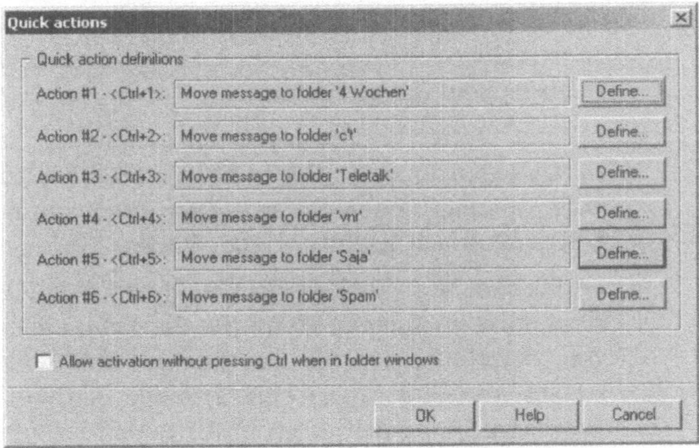

Abb. 4-5: Mit Tastaturkürzeln lassen sich Nachrichten in *Pegasus Mail* schnell in verschiedene Ordner verschieben.

Ein weiterer Vorteil des Filterns ist ein immer aufgeräumter Eingangsordner. Ein voller Eingangskorb für die papierene Mail ist ebenso störend wie eine prall gefüllte E-Mail-InBox: Immer, wenn ich eine bestimmte Sache suche, finde ich andere interessante Dinge, die ich immer schon einmal wieder lesen wollte. Sind die Nachrichten aber im 4-Wochen-Ordner verschwunden, komme ich nicht in diese Versuchung: Dort bin ich nur auf der Suche nach zu erledigenden Dingen.

Pflegen Sie die Filterregeln. Entscheiden Sie bei jeder hereinkommenden E-Mail, ob diese eine Filterregel verdient oder nicht. Nach dem Lesen entscheiden Sie sich für die Wiedervorlage, das

Archiv oder den Mülleimer. Ich selbst lösche allerdings fast nie eine E-Mail: Plattenplatz ist einfach zu billig geworden. Zudem passt mein persönliches E-Mail-Archiv immer noch locker auf einen CD-Rohling drauf – und das nach fast sieben Jahren Benutzung des gleichen Programms.

Weitere Zeit können Sie einsparen, indem Sie Mailinglisten und Newsletter immer wieder kritisch nach ihrem Nutzen beurteilen. Was Sie nicht brauchen, sollten Sie einfach abbestellen oder ungelesen in den richtigen Ordner filtern. In mancher Liste kommt immerhin alle paar Monate mal ein brauchbarer Tipp – aber dafür müssen Sie nicht täglich hineinschauen. Benutzen Sie stattdessen die Suchfunktion des E-Mail-Programms, um für Sie interessante Beiträge zu finden.

E-Mails, die Sie von Kollegen per cc erhalten, sollten Sie in einen zugehörigen Projekt-Ordner filtern. Sind Sie an dem Projekt gar nicht beteiligt, legen Sie trotzdem einen Ordner dafür an – die E-Mail lässt sich leichter wieder finden.

Versuchen Sie, die Zeit für die Bearbeitung einer E-Mail möglichst kurz zu halten. Wenn Sie die Hilfe eines Kollegen benötigen, dann schicken Sie ihm keine E-Mail – benutzen Sie Ihren Instant Messenger, um eine schnelle Antwort zu erhalten. Die Antwort können Sie gleich in Ihr E-Mail-Programm hinein kopieren[147]. Ist der Kollege gerade nicht erreichbar, verschieben Sie die E-Mail in Ihren „Zu erledigen"-Ordner und bitten Sie die Kollegen per E-Mail um seine Stellungsnahme. Versuchen Sie innerhalb von zwei Minuten zu entscheiden, ob Sie die E-Mail weiterleiten, löschen oder ein Treffen planen, um den in der E-Mail erwähnten Aspekt zu lösen.

4.4   Alternativen zur firmeninternen E-Mail

In einigen Unternehmen ist die E-Mail-Flut schon so angestiegen, dass die elektronische Kommunikation wieder ausgesperrt wird. In der Nestlé-Schokoladenfabrik im britischen York etwa bleiben

---

[147] Bei der Gelegenheit: Benutzen Sie zum Kopieren, Löschen und Einfügen die Windows-Tastaturkürzel STRG-C, STRG-V und STRG-X. Das geht wesentlich schneller als mit der Maus oder über das Menü.

die elektronischen Postfächer am Freitag leer. Wer etwas von seinen Kollegen möchte, muss eben anrufen oder ganz konventionell bei dem Mitarbeiter ins Büro schauen.

In Betrieben, die keinen E-Mail-Kontakt mit der Außenwelt haben, mag diese Vorgehensweise für einen Tag noch mal angehen. Wer sein Geschäft jedoch im elektronischen Handel macht, darf sich nicht einfach vor den Wünschen seiner Kunden zurückziehen und die E-Mail E-Mail sein lassen. Hier gilt es, die Anzahl der Nachrichten zu reduzieren und nur die für E-Mail sinnvolle Kommunikation auch wirklich per E-Mail zu erledigen.

Konferenzen vermeiden

Trifft man sich mit mehreren Mitarbeitern, um über ein Thema zu reden, nennt man das im Allgemeinen Konferenz. Dazu wird dann Hinz und Kunz geladen, damit sich hinterher keiner beschweren kann, er habe von der Konferenz nichts gewusst – aber seine Ideen wären ja noch viel besser als das bisher Besprochene.

Für viele Berufstätige sind Konferenzen und die Wege dorthin einfach eine fürchterliche Verschwendung von Arbeitszeit. Das gilt übrigens nicht für Führungskräfte! Kommunikation, in welcher Form auch immer, gehört zu deren wichtigsten Aufgaben.

Wesentlich besser als Offline-Konferenzen stehen Diskussionen per E-Mail jedoch auch nicht da. Da die Reaktion der Teilnehmer immer einige Minuten später kommt, muss man zwar nicht in einem Raum zusammensitzen, dafür dauert die Konferenz wesentlich länger. Noch schlimmer ist, dass Gedanken mehrfach gedacht und geschrieben werden. Für interne Diskussionen, an denen mehrere Mitarbeiter beteiligt sind, eignet sich E-Mail auf Grund ihres asynchronen Charakters nicht. Spontaneität kann in einer solchen Diskussion nicht aufkommen. Zudem fehlt der schnelle Überblick, man muss sich die Diskussion mühsam aus den eingehenden Nachrichten zusammensuchen.

Mit der massenhaften Verbreitung von ISDN-Anschlüssen ist auch das Wort Dreierkonferenz in den Sprachgebrauch der Technik-verliebten Deutschen übergegangen. Kleine Konferenzen sollten sich also auch per Telefon abhalten lassen. Doch weit gefehlt: Wer das einmal versucht hat, erkennt schnell die Mankos der fehlenden visuellen Kommunikation: Bin ich jetzt angesprochen? Wer redet wem ins Wort und wer entschuldigt sich? Es fehlt die Körpersprache, die unausgesprochene Kommunikation, ohne die wir im Alltag nur schlecht auskommen.

Instant Conferencing

Hier setzen die schon erwähnten Instant Messenger an. Man lädt einfach die gewünschten Personen in den Chat ein und legt mit der Diskussion los. Natürlich darf eine vorherige Verabredung für eine längere Diskussion nicht fehlen. Fehlt eine wichtige Person, wird sie einfach dazu geholt.

Jeder schreibt seinen Text, ohne dass andere ihm dabei zusehen. Erst mit dem Drücken der Enter-Taste erreicht er die anderen Teilnehmer. Keiner fühlt sich in seinen Gedanken gestört. Und wenn doch zwei gleiche Gedanken von verschiedenen Teilnehmern kommen, kostet dies kaum Zeit.

Das geschriebene Wort hat noch einen großen Vorteil gegenüber dem gesprochenen: Es lässt sich digital aufzeichnen. Durch Chat-Server, die den geschriebenen Datenstrom aufzeichnen, entfällt die Flüchtigkeit des gesprochenen Wortes. Keine handschriftlichen Protokolle, die – per E-Mail versandt – zu weiteren Diskussionen führen, keine Nachfragen, ob der Gesprächspartner diesen Satz so oder so gesagt hat: Auf einer internen Web-Seite stehen allen Beteiligten die Protokolle der Sitzungen in digitaler und damit durchsuchbarer Form zur Verfügung.

Gemeinsam, nicht einsam

In vielen großen Firmen trifft man auf *Lotus Notes*, *Microsoft Outlook* oder *Novell Groupwise*. Die meisten Anwender benutzen jedoch nur wenige Teile der gebotenen Funktionalität – hauptsächlich die E-Mail. Die weiteren Funktionen, etwa den Gruppenkalender für Dienstreisen und Fehlzeiten und die damit möglichen Arbeitserleichterungen nehmen sie gar nicht wahr. Oft müssen die Mitarbeiter auch erst von den Vorteilen eines solchen Systems überzeugt werden. Bei der Neueinführung einer Groupware sollte man sich also auf Akzeptanzschwierigkeiten auf Nutzerseite einstellen – sei es aus Angst vor einem neuen

System oder nur aus sentimentalen Gründen, also dem Abschied vom alten und lieb gewordenen E-Mail-Client.

Ist der Abschied jedoch erst einmal geschafft, können Groupware-Programme bei der Bewältigung der täglichen Arbeit ungemein helfen. So gelingt etwa alles von der unkomplizierten Planung über die Durchführung bis hin zum Protokoll einer Besprechung (ob nun on- oder offline). Ein Mitarbeiter schlägt einen Termin vor, die eingeladenen Kollegen bestätigen den Termin oder lehnen ihn ab. Da der Groupware-Server alle bereits eingetragenen Termine der Beteiligten kennt, verhindert er von vornherein einen Zeitpunkt, an dem einer der gewünschten Mitarbeiter bereits beschäftigt ist. Zur Dokumentation bietet die Groupware sodann eine gemeinsam nutzbare Textverarbeitung, die auch mit konkurrierenden Änderungen umgehen kann.

Die massenhafte Einrichtung spezieller Datenbanken innerhalb der Groupware kann allerdings vor allem bei neuen Mitarbeitern die Einarbeitungszeit verlängern. Die Einarbeitung in den neuen Client dauert einige Zeit, sie müssen sich vor allem erst einmal an die Struktur der Datenbanken gewöhnen und zudem auswendig lernen, in welchen Datenbanken welche Funktionen und Informationen versteckt sind. Hier gilt es, von vornherein geordnete Strukturen zu schaffen.

Virtuelle Büros

Noch einen Schritt weiter gehen Produkte wie *Lotus Quickplace* oder *eRoom*. Sie schaffen virtuelle Arbeitsräume für kleine oder auch große Arbeitsgruppen, die weit über die Funktionalität des Instant Messaging oder einer Groupware hinausgehen.

Quickplace etwa schafft ein virtuelles Haus, das komplett über den Browser – und damit ohne die Installation einer eigenen Client-Software – bedienbar ist. Virtuelle Räume innerhalb des Hauses mit individuellen Zugangsbeschränkungen machen die gleichzeitige Arbeit an verschiedenen Projekten möglich – ohne die Gefahr, dabei den Überblick zu verlieren. Berechtigte Benutzer können neue Räume „bauen" und per E-Mail andere Personen zum Besuch einladen. Jeder Raum hat nach der Installation zunächst einen eigenen Besprechungsraum und eine virtuelle

Bibliothek, in der zum Projekt zugehörige Dokumente abgelegt werden. Auch ein Kalender gehört natürlich dazu.

Teamarbeit über den Browser erleichtert die Zusammenarbeit zwischen Mitarbeitern verschiedener Abteilungen. Selbst ein Mitarbeiter im Home-Office kann teilnehmen: Die Replikationsmechanismen hat *Quickplace* von *Lotus Notes* respektive dem *Domino-Server* geerbt.

Dokumenten-Sharing

Das gemeinsame Arbeiten an einem Dokument gerät zu einem Fiasko, wenn es immer wieder per E-Mail verschickt wird. Niemand kann erkennen, wer wann welche Änderungen eingepflegt hat. Hier setzen Programme wie der *Adobe Form Server* oder *Microsoft InfoPath* ein. Mit dem Form Server können Benutzer PDF-Dokumente etwa zum Editieren freigeben, sodass sie sich mit dem *Acrobat Reader* bearbeiten und ohne zwischenzeitlichen Ausdruck ausgefüllt und signiert zurückschicken lassen.

Technisches Drumherum

Das E-Mail-Programm dient in erster Näherung nur zum Versand und Empfang von Nachrichten. Doch es ist ein Unterschied, ob man nur eine oder mehrere hunderttausend Nachrichten auf einmal verschicken möchte. Dazu kommt die Frage, wo die Adressen für den Versand gespeichert sind. Eine doppelte Adressvorhaltung macht doppelte Arbeit – deshalb sollte das E-Mail-Programm mit der verwendeten Adressverwaltung gut zusammenspielen.

Um das technische Drumherum zum effektiven Arbeiten mit der E-Mail geht es in diesem Kapitel – aber nicht nur theoretisch. Anhand von drei kostenlosen Programmen werde ich Ihnen praktisch zeigen, wie E-Mail-Marketing technisch funktioniert. Zudem bekommen Sie in diesem Kapitel Informationen, wie Sie sich selbst gegen unerwünschte E-Mails und feindliche Angriffe aus dem Internet schützen können.

5.1 Das richtige E-Mail-Programm

Auf einem Arbeitsplatz-PC ist in den allermeisten Fällen vom Systemadministrator nicht nur ein Office-Programm installiert worden, sondern auch ein Web-Browser und ein E-Mail-Programm. In vielen Firmen besteht dieses Gespann aus *Microsoft Office* und dem aus dem gleichen Hause stammenden *Internet Explorer* mit zugehörigem E-Mail-Client *Outlook Express* oder dem „richtigen" *Outlook* aus dem Office-Paket. Andere Programme darf der Mitarbeiter häufig nicht installieren.

Am Office-Paket möchte ich hier gar nicht rühren. Sicher, es gibt Office-Pakete anderer Firmen. Doch dieses Buch handelt von E-Mail-Marketing und zugehöriger Software, nicht von Office-Programmen.

E-Mail-Programme gibt es wie Sand am Meer. Einen Vergleich in diesem Buch zu wagen, würde nicht nur den Rahmen sprengen, sondern dieses Buch auch schnell veralten lassen. Deshalb möchte ich Ihnen hier nur einen kurzen Überblick über die unabdingbaren Features eines E-Mail-Programms geben. Zudem möchte ich Sie auf einen Test von Programmen mit integriertem Adressmanagement von den Kollegen der *c't*[148] hinweisen.

Wichtige Funktionen der Programme

Manche Programme bieten dem Anwender hunderte von Funktionen, die dieser in seinem Leben nicht benötigen wird. Dafür fehlen andere. Die folgende Liste enthält meine Sicht von unabdingbaren Funktionen für ein E-Mail-Programm. Die Grundfunktionen sind klar: Von einem Server E-Mail abholen sowie einen Text verfassen und ihn an einen Server übermitteln.

Empfangen und senden

Hier kommt schon das erste Problem: So mancher arbeitet auch von seinem Home-Office aus und bezieht seine E-Mail wie jeder Privatmann über seinen Internet-Provider. Und so mancher Provider lässt den Versand von E-Mail nur zu, wenn der Absender sich vorher bei ihm ausgewiesen hat (das sorgt dafür, dass Spammer diesen Server nicht ohne Anmeldung für den massenhaften Versand von E-Mail missbrauchen). Eins der möglichen Verfahren wird POP after SMTP genannt. Holt man seine E-Mail mit dem Post Office Protocol ab, muss man sich mit Benutzername und Passwort beim POP3-Server anmelden. Der Provider merkt sich die Internet-Adresse des anfragenden PCs und gibt für eine kurze Zeit den Mailversand (per Simple Mail Transport Protocol, SMTP) für diese Adresse frei. Versäumt man den ersten Schritt, erntet man nur eine Fehlermeldung. Ein E-Mail-Programm sollte also POP after SMTP beherrschen – für die anderen finden Sie einige Tricks im Onlineteil. Auch Authentifizierung per SMTP ist möglich, einige Programme bieten das so genannte SMTP-Auth-Verfahren an. Allerdings nutzen es noch lange nicht alle Provider.

---

[148] Jan Christe, Dorothee Wiegand, Ordnungshüter, 13 Programme für Terminplanung und Adressmanagement, c't 21/02, S. 172 oder online unter www.heise.de/kiosk/archiv/ct/02/21/172 (kostenpflichtiger Download)

In einer Firmen-Umgebung spielt dieses Feature nur eine untergeordnete Rolle: Häufig kommt hier zum Abruf der E-Mail nicht POP3, sondern das IMAP-Verfahren zum Einsatz. Bei IMAP verbleibt die E-Mail auf dem Server und kann somit nicht nur von beliebigen Arbeitsplätzen gelesen, sondern auch sehr einfach gesichert werden. IMAP hat deutliche Vorteile: So rufen Sie immer nur den Teil vom Server ab, den Sie gerade benötigen – erst die Übersicht über die im Eingangsordner vorhandenen Nachrichten und dann die einzelne Nachricht. Ein eventuell an der Nachricht hängendes Attachment verbleibt dabei immer noch auf dem Server, erst ein Klick darauf startet die Übertragung auf den lokalen PC. Zudem lässt sich die E-Mail bereits auf dem Server filtern und in verschiedene Ordner sortieren – das spart noch einmal Zeit bei der Übertragung auf den Client. Auch die Suche innerhalb der Nachrichten findet bei IMAP direkt auf dem Server statt, eine vernünftige Implementierung vom E-Mail-Client vorausgesetzt. Ein weiterer Vorteil von IMAP ist der mögliche Wechsel des E-Mail-Programms ohne Verlust der E-Mails – die bleiben schließlich einfach auf dem Server liegen. Für den Zugriff über eine Wählleitung ist IMAP jedoch weniger geeignet. Wenn Sie über einen Acount beim Free-Mail-Anbieter *web.de* verfügen, probieren Sie es ruhig einmal aus – die Übertragung der einzelnen Ordner dauert selbst mit einem DSL-Anschluss recht lange.

Die Unterstützung von Ordnern ist ebenfalls eine Selbstverständlichkeit. Noch schöner, wenn das Programm hierarchische Ordner unterstützt. Auch sollte das Programm Unterstützung für mehr als einen E-Mail-Acount bieten, damit man neben der geschäftlichen E-Mail auch die private Korrespondenz mit diesem gleichen Programm erledigen kann.

Ob ein E-Mail-Programm eine Rechtschreibprüfung haben sollte, ist Ermessensache. Wenn aber eine Rechtschreibprüfung gewünscht ist, dann sollte das Programm auch eine Grammatikprüfung unterstützen. Sofern der Schreiber geübt und der deutschen Sprache mächtig ist, kann man auf beides verzichten. Ein oder zwei Fehler in einer E-Mail verzeiht wohl jeder Empfänger – es sollte sich dabei weder um eine Online-Bewerbung noch um einen Newsletter handeln. Pflicht ist sowieso, jede E-Mail vor dem Versand noch einmal auf Fehler zu überprüfen. Wenn aber eine

Rechtschreibprüfung, dann sollte sie zur Sicherheit mit mehreren Sprachen umgehen können.

Sicherheit geht vor

Auf eine Sprache kann ich bei der E-Mail jedoch verzichten: JavaScript. Ich bevorzuge reinen ASCII-Text – keine Script-Viren, keine Web-Bugs. Eine E-Mail braucht keine Formulare zu enthalten, die direkt im Programm auszufüllen sind. Die Sicherheitslücken durch JavaScript im Browser sind schon schlimm genug, zum Glück lässt sich JavaScript bei den meisten E-Mail-Programmen ausschalten. Das hilft auch, unerwünschte Pop-Up-Fenster im Browser fernzuhalten.

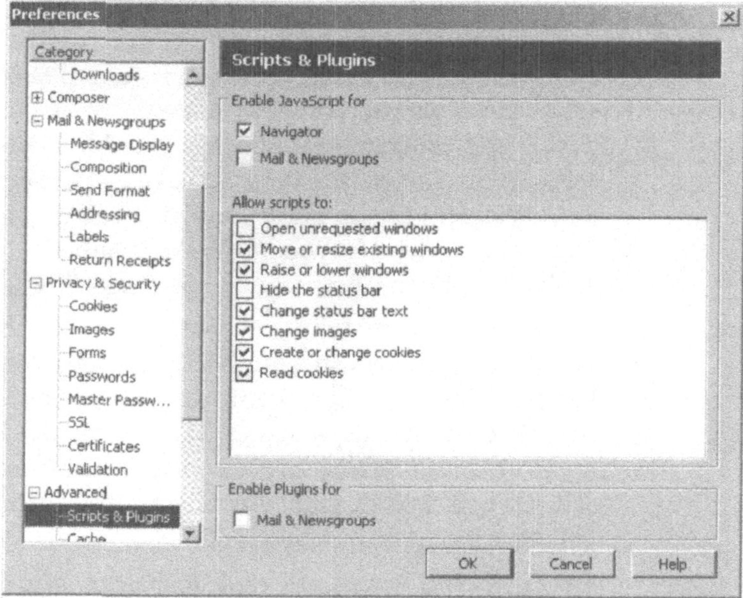

Abb. 5-1: Etwas versteckt, aber eine sinnvolle Voreinstellung von Mozilla: In Mail und Newsgroups hat JavaScript nichts zu suchen.

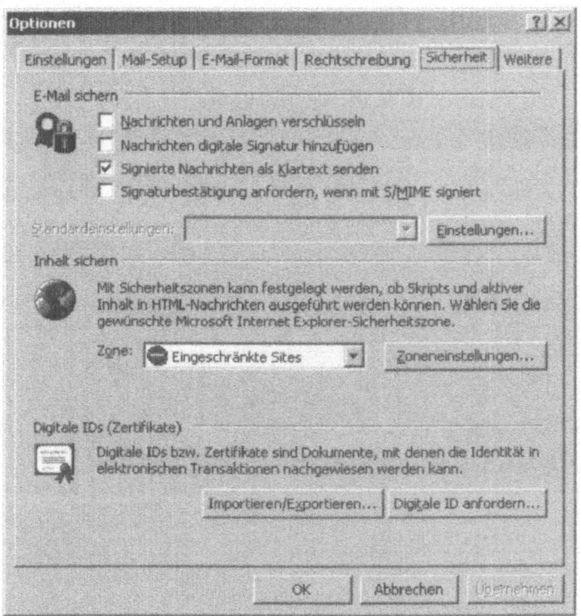

Abb. 5-2: Bei *Outlook* und *Outlook Express* ist in den aktuellen Versionen das Scripting in E-Mails durch die Einstufung in die Zugehörigkeit zu eingeschränkten Sites ausgeschaltet.

Ein Pluspunkt für die Sicherheit ist es, wenn das Programm von sich aus keine „gefährlichen" Anhänge ausführt, also Attachments, die etwa als .exe-Datei daherkommen. Zumindest sollte sich ein Virenscanner vor dem Ausführen um diese Dateien kümmern können.

Wenn das Programm selbst keine Unterstützung für digitale Signaturen anbietet, dann sollte es offen sein für Programme von Drittanbietern, die diese Unterstützung nachbilden. Je nach Anforderung (ob zum Großteil Privatkunden oder Geschäftskontakte) muss das Programm den Verschlüsselungsstandard PGP oder S/MIME bieten, am besten natürlich beide.

Der Versand sollte nicht nur im HTML-Format erfolgen, sondern vom Benutzer einstellbar sein. Einige Programme, unter anderem Netscapes Mail-Client und Outlook Express, übernehmen die

Voreinstellung aus dem Empfänger-Eintrag des jeweiligen Adressbuchs.

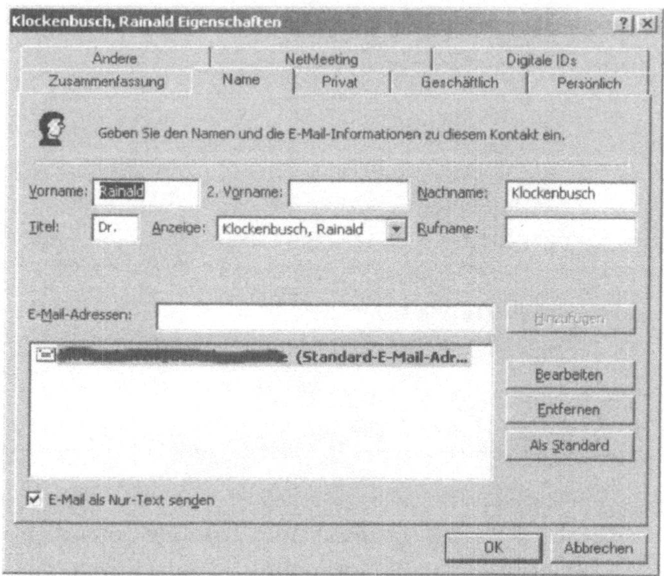

Abb. 5-3: Ist „E-Mail als Nur-Text senden" angegeben, erhält mein Verleger keine HTML-E-Mail.

Vor allem bei der Zusammenarbeit mit anderen Mitarbeitern spielen Workgroup-Funktionen eine Rolle. Auch Wiedervorlagefunktionen sind extrem praktisch. Manche Programme lassen solche Funktionen jedoch erst bei Verwendung eines entsprechenden Servers zu.

Umstiegshilfen

Wer einmal mit einem E-Mail-Programm gearbeitet hat, muss nicht sein Leben lang dabei bleiben. Diverse Tools erleichtern den Umstieg, indem sie Adressen oder einzelne Ordner in von anderen Programmen lesbare Formate konvertieren. Mailbag[149] etwa liest E-Mails von Netscape, Outlook Express, The Bat, Pega-

---

[149] www.fookes.com/mailbag/index.html

sus Mail und anderen E-Mail-Programmen ein und schreibt die Nachrichten in einem anderen Format wieder auf die Festplatte.

Zu den weiteren wichtigen Fähigkeiten eines E-Mail-Programms möchte ich den Adressimport und –export zählen. Dawn[150] kümmert sich um die im Lauf der Zeit gesammelten E-Mail-Adressen und Kontakte. Ob Outlook oder Outlook Express, Pegasus Mail, Mozilla oder Pine: Das Programm liest die Datensätze ein und speichert sie im gewünschten Format wieder ab. Wichtig ist aber auch, dass das E-Mail-Programm den Export einzelner Felder zulässt – etwa E-Mail-Adresse und zugehörigen Namen als Importdatei für eine Mailinglisten-Software.

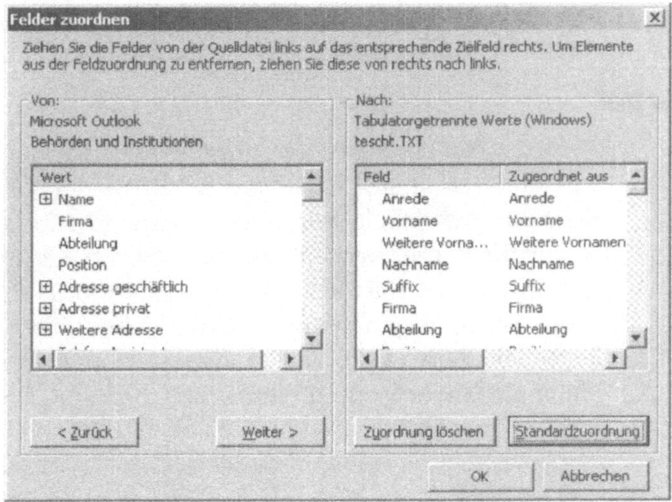

Abb. 5-4: Mit Outlook können Sie beliebige Felder des Adressbuchs in eine Datei exportieren – etwa als Importdatei für die Mailinglisten-Software.

Auch Import und Export von vCard-Dateien sollte eine Adressverwaltung beherrschen. Sind die gewünschten Kontakte einmal als einzelne Dateien auf der Festplatte gespeichert, lassen sie

---

[150] internettrash.com/users/zakharin

sich im Notfall mit Hilfe von Makros per *Excel* oder *Word* in eine Adressliste verwandeln.

5.2   Mailinglisten- und E-Mail-Marketing-Software

In diesem Kapitel erfahren Sie, mit welchen Programmen Sie wie einen eigenen Newsletter betreiben. Den Anfang macht eine Lösung mit dem kostenlosen E-Mail-Programm *Pegasus Mail*, mit dem sich An- und Abmeldungen zu einem Newsletter automatisieren lassen. Das Programm ist auch für den Versand im Bereich weniger hundert Teilnehmer sinnvoll. Für größere Newsletter spricht die Installation eines speziellen Newsletter-Programms. Mit einem kleinen Trick lässt sich dafür der *Bulk Mailer* kostenlos, aber durchaus legal für bis zu 1000 Empfänger verwenden. Auch der *Vallen E-Mailer* ist einen Blick wert.

Pegasus Mail

Pegasus Mail ist eines der ältesten E-Mail-Programme überhaupt, ich kam das erste Mal etwa 1990 mit der DOS-Version 2.x in Kontakt. Entwickelt wurde es von David Harris zunächst für das Netzwerk-Betriebssystem *Novell Netware*, erst in späteren Versionen konnte es mit dem Internet-Standard TCP/IP umgehen. Bei Profis ist es wegen seiner umfangreichen Filtermöglichkeiten beliebt. Mit Hilfe dieser Filter lässt sich eben auch eine einfache Mailinglistenverwaltung einrichten.

TCP/IP ⇨	Zwei der für die Datenübertragung im Internet notwendigen Protokolle. Auf dem „Transmission Control Protocol" und dem „Internet Protocol" baut das gesamte Internet auf.

Zunächst ist die Vorgehensweise festzulegen:

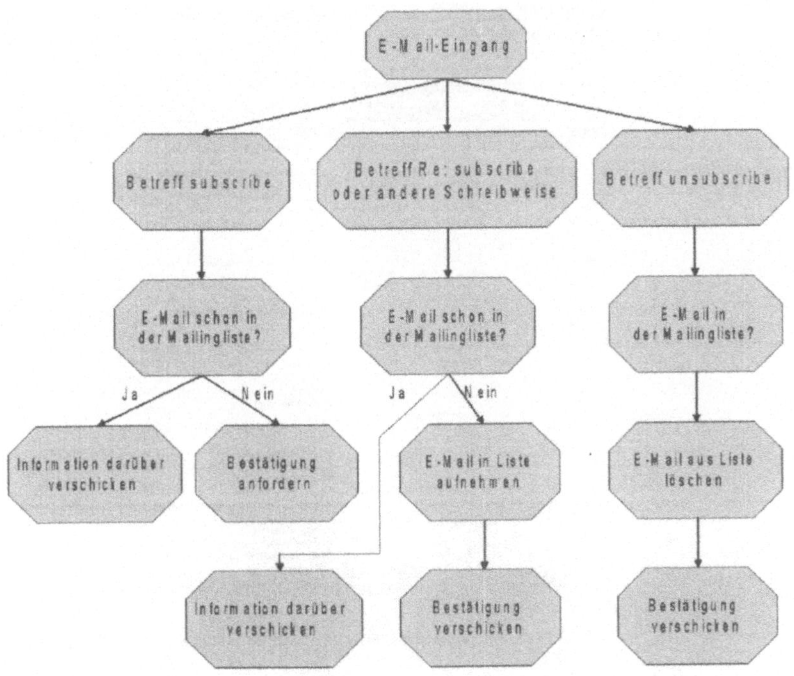

Abb. 5-5: Ablaufplan für die Aufnahme eines Neukunden in eine Mailingliste.

Dieser Plan lässt sich noch um einige Kleinigkeiten erweitern, wie etwa die Verwaltung von zwei verschiedenen Newslettern oder das Löschen unerwünschter Nachrichten, zeigt aber das Prinzip. Der folgende Screenshot zeigt die im Programm eingerichteten Filter für zwei Newsletter. Eine genaue Schritt-für-Schritt-Anleitung, wie Sie Pegasus Mail als Newsletter-Programm einsetzen, finden Sie im Onlineteil zu diesem Buch. Dort können Sie auch die Vorlage für diese Filterliste laden.

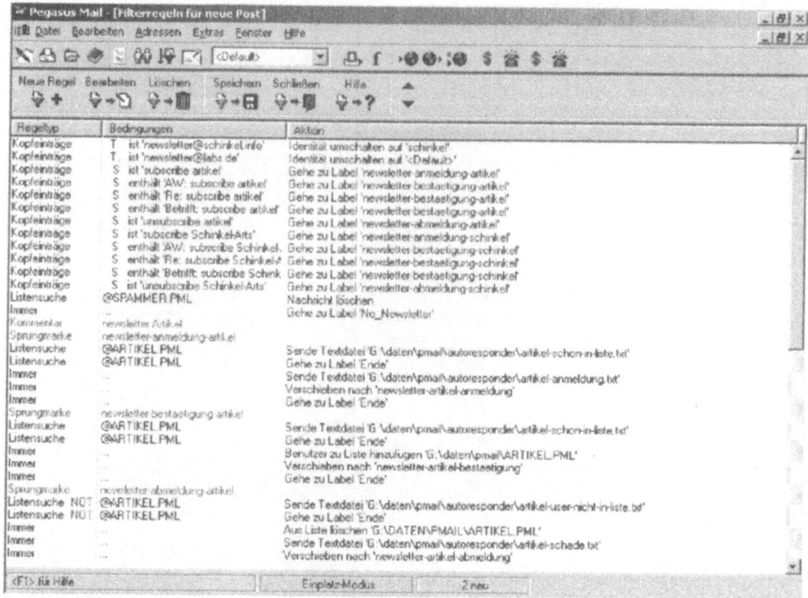

Abb. 5-6: Mailinglisten-Verwaltung per Pegasus Mail.

Pegasus Mail verwaltet die E-Mail-Adressen und zugehörige Namen in eigenen Verteilerlisten, die auch manuell editiert werden können. Anhand der Zugehörigkeit zu den Listen SCHINKEL.PML und ARTIKEL.PML wird im obigen Beispiel entschieden, was mit einer Nachricht des Absenders zu tun ist.

Einfache Mailinglisten

Beim Versand nimmt das Programm alle in der Liste stehenden Mitglieder und verschickt an diese eine gleichlautende E-Mail. Um dem Datenschutz Genüge zu tun, benutzt *Pegasus Mail* die bcc-Funktion – die Empfänger sehen also weder die eigene noch fremde Adressen in der E-Mail. Das kann man jedoch auch als Nachteil ansehen: Im Adressfeld der E-Mail steht eben nicht der einzelne Empfänger, sondern der Name des Absenders oder ein von ihm frei gewählter Begriff. Auf diese Weise landet so manche E-Mail im Spam-Filter.

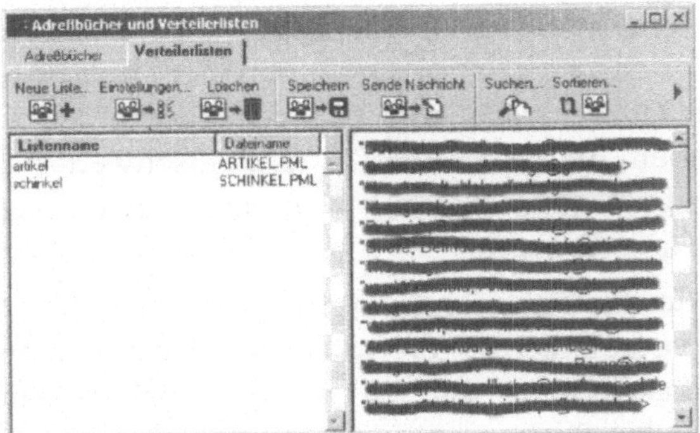

Abb. 5-7: Verteilerlisten unter Pegasus Mail.

Personalisierte Mailinglisten

Um eine personalisierte E-Mail an die Listenmitglieder zu verschicken, ist ein etwas höherer Aufwand nötig. Pegasus bietet über die Funktion „Mail Merge" die Möglichkeit, eine Textdatei mit Platzhaltern in der Form „~<Zahl>~" mit einer Datendatei, in der die gewünschten Inhalte durch Tabulatoren getrennt enthalten sind, zu verknüpfen. Eine Datendatei könnte den folgenden Aufbau haben:

harald@wwwww.com	Lieber Harald	Du	P.S. Denkst Du an unser Treffen am 15.?
info@xxxx.de	Sehr geehrte Damen und Herren	Sie	
Renate.Sieft@yyyy.de	Sehr geehrte Frau Siebert	Sie	
Klaus@zzzzz.de	Hallo Klaus	Du	P.S. Schick mir bitte den Artikel zu

Die hier dargestellte Form erinnert Sie vielleicht an ein Programm, dass Sie dann und wann mal benutzen. Richtig, eine Tabellenkalkulation. Zum Erstellen der Datentabelle ist dies wohl die komfortabelste Möglichkeit, da Excel und Konsorten die Daten in Spalten darstellen – in einer Textdatei mit Tabulatoren sind häufig durch kürzere oder längere Texte die Spalten verschoben, die Arbeit wird dadurch erschwert. Die E-Mail-Adressen und die Namen (wenn vorhanden) müssen Sie aus der Pegasus-Liste importieren.

Bei der Erstellung der einzelnen Felder sollten Sie ruhig ausführlich vorgehen und alle möglichen Textfragmente in die Tabelle hineinschreiben. Für die nächste Mailing-Aktion lässt sich mit Hilfe der Suchen-und-Ersetzen-Funktion der Text in einzelnen Spalten bequem austauschen.

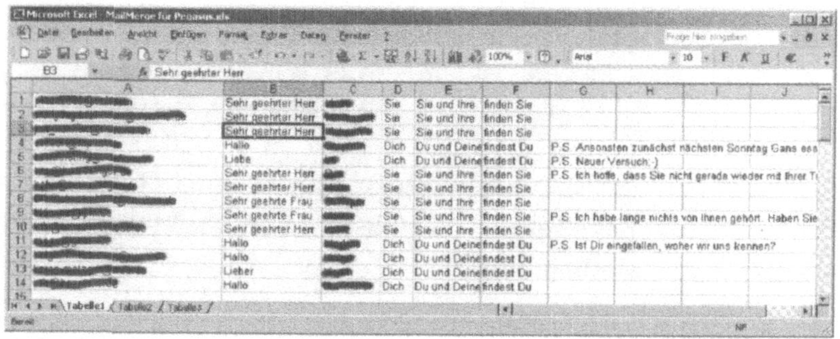

Abb. 5-8: Vorbereitung des personalisierten Newsletters mit Hilfe von *Excel.*

Haben Sie die Daten vollständig erfasst, speichern Sie die Datei als „Tabulator getrennte Text-Datei" ab. Die zugehörige Textdatei (unter Word als „Nur Text" abspeichern) könnte wie die folgende aussehen:

```
~2~ ~3~.


wir laden ~4~ recht herzlich zur Vernissage "Lebensstrom" von Anke
Schinkel ein. Die Veranstaltung findet am 18. Dezember um 19 Uhr
im Foyer der geriatrischen Tagesklinik auf dem Gelände des Hen-
riettenstiftes in Hannover-Kirchrode statt. Wir würden uns freuen,
wenn ~5~ Freunde kommen könnten. Die genaue Adresse lautet:
```

```
Geriatrische Tagesklinik
Klinik für medizinische Rehabilitation und Geriatrie
Schwemannstr. 19
30559 Hannover

Eine Anfahrtskizze ~6~ unter
http://www.schinkel.info/Einladung.pdf

Viele liebe Grüße

Anke Schinkel

~7~
```

Die erste Spalte der Tabelle enthält die E-Mail-Adresse, ~7~ steht für die siebte Spalte mit dem persönlichen Nachsatz. Zur verbesserten Akzeptanz beim Empfänger trägt nicht nur das Postskriptum bei – die eigene Adresse im Empfängerfeld verheißt dem Empfänger zudem eine direkt an ihn gerichtete Nachricht.

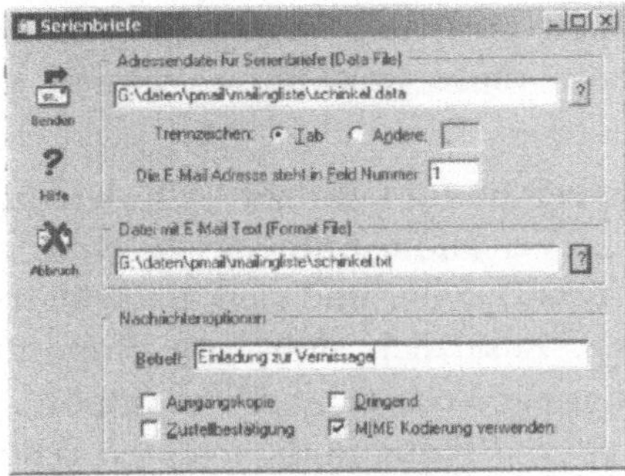

Abb. 5-9: Zusammenführen der Daten unter *Pegasus Mail.*

Sind die Daten zusammengeführt, sollte eine kurze Kontrolle einzelner Nachrichten noch vor dem Versand stattfinden. Gegenüber der einfachen Version ohne persönliche Anrede und Nachsatz konnten wir mit dieser Version höhere Besucherzahlen für eine Vernissage meiner Frau erzielen.

Eine Warnung

Pegasus Mail stammt noch aus DOS-Tagen, wo Dateinamen auf insgesamt 11 Zeichen beschränkt waren. Und so ganz hat der Programmierer diese Zeiten noch nicht hinter sich gelassen. Verwenden Sie unter Pegasus sicherheitshalber keine Pfadnamen, die länger als acht Zeichen sind, benutzen Sie keine deutschen Umlaute – und vor allem keine Leerzeichen: Es hat mich mal einen halben Tag Arbeit gekostet, bis ich verstanden habe, warum eine bestimmte Sache nicht funktionierte. Im gleichen Zusammenhang habe ich feststellen müssen, dass man besser keine allzu langen Pfadnamen benutzt – *Pegasus Mail* schneidet irgendwann einfach ab.

Bulk Mailer

Der *Bulk Mailer* von *Kroll Software*[151] kostet normalerweise knapp 230 Euro. Dafür können Sie Newsletter unter zehn verschiedenen Absenderadressen verschicken. Haben Sie sich als Webmaster beim *Letterking*[152] registriert, können Sie dort eine auf 1000 Empfängeradressen und eine Absenderadresse beschränkte Version kostenlos herunterladen. Als zusätzliche Beschränkung kann diese kostenlose Version keine Attachments verschicken.

Um die Adressverwaltung kümmert sich der *Bulk Mailer* nicht, er dient als reines Versandinstrument. Er erlaubt den Import aus *Excel*- oder *Access*-Dateien und den Kontakten aus *Outlook* oder *Outlook Express*. Zusätzlich steht eine Importfunktion für Standard-Textdateien zur Verfügung. Beim Import setzt er die Datenfelder wie Name und Firma in die eigenen Datenfelder um. Beim Import von Outlook-Kontakten lässt der *Bulk Mailer* auf Wunsch Kontakte ohne E-Mail-Adresse weg und gleicht die Adressen mit schon vorhandenen Adressen ab.

---

[151] www.kroll-software.de/produkte/bulkmailer.asp

[152] www.letterking.de

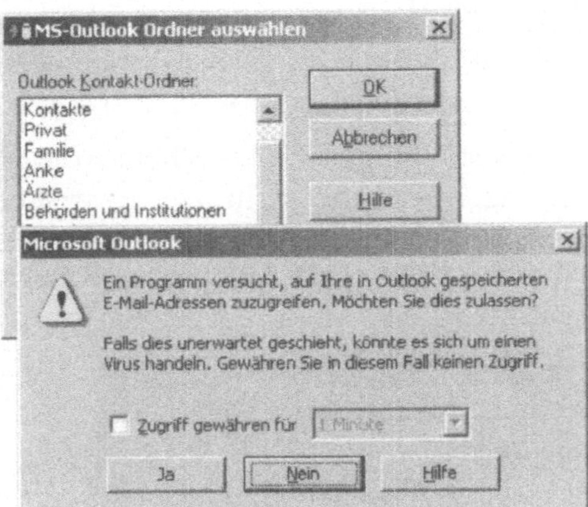

Abb. 5-10: Beim Import von Outlook-Kontakten in den *Bulk-Mailer* fragt *Outlook* wie gehabt nach der Erlaubnis.

Um alle Funktionen des Programms sinnvoll zu nutzen, muss jeder Datensatz einzeln qualifiziert werden. So kann man die automatische Wahl der Anrede nur sinnvoll verwenden, wenn bekannt ist, ob die Person männlich oder weiblich ist und zu welcher Gruppe sie gehört: Freunde, Bekannte oder Kunden. Da dies für jede Person einige Mausklicks an Arbeit bringt, ist die Qualifizierung innerhalb des *Bulk Mailers* recht mühsam. Durch den damit verbundenen Aufwand eignet sich das Programm nicht für sehr persönliche Mailing-Aktionen.

Zwar lässt sich jede einzelne generierte E-Mail im Vorschaufenster einzeln editieren – dumm nur, wenn man die Aktion wiederholen möchte und die manuellen Änderungen verloren gehen. Auch ein späteres Löschen im Postausgangsordner ist noch möglich, wenn die E-Mails noch nicht verschickt wurden.

Die Selektionskriterien des *Bulk Mailers* erleichtern eine Auswahl der Empfänger, etwa alle männlichen Teilnehmer aus dem Bekanntenkreis. Bei dem Preis ist nicht zu erwarten, dass man eigene Gruppen anlegen kann – trotzdem schade, so muss man etwa für unsere Kunst-Mailingliste alle Interessierten als Kunden bezeichnen. Auch eine Auswahl nach Name oder Domain steht zur Verfügung. Das könnte man etwa für die Werbung eines Internet-Service-Providers an alle AOL-Kunden nutzen...

Einen eigenen Newsletter erstellt man recht schnell, ob nun im Text- oder HTML-Format. Verschickt man HTML, legt der *Bulk Mailer* immer noch den reinen Text-Teil dazu, sodass auch Benutzer nicht-HTML-fähiger E-Mail-Clients die E-Mail lesen können. Der HTML-Quellcode steht zur Bearbeitung ebenfalls zur Verfügung. So lässt sich etwa ein ellenlanger Link einer Webseite durch einen kurzen und treffenden Begriff ersetzen

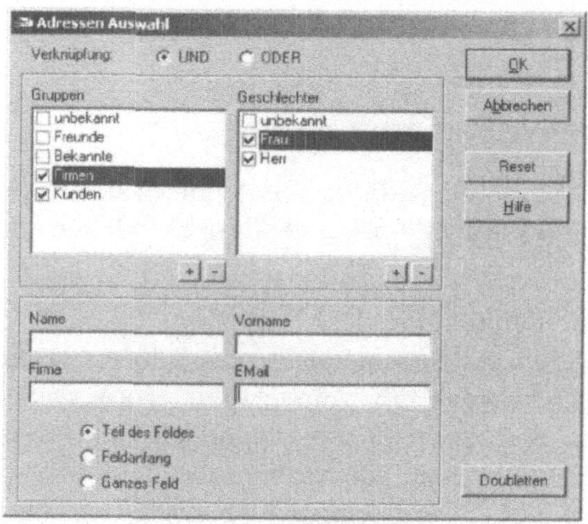

Abb. 5-11: Die Selektionskriterien des *Bulk Mailers*.

Die Gefahr, dass eine E-Mail in einem Spam-Filter hängen bleibt, ist bei von *Bulk Mailer* verschickten Nachrichten höher als bei *Pegasus* – einige Internet-Nutzer trainieren ihre Spam-Filter auch auf die Erkennung des beim Absender verwendeten Programms. Und der *Bulk Mailer* wird sicherlich von wesentlich mehr Firmen für E-Mail-Marketing eingesetzt als *Pegasus Mail*.

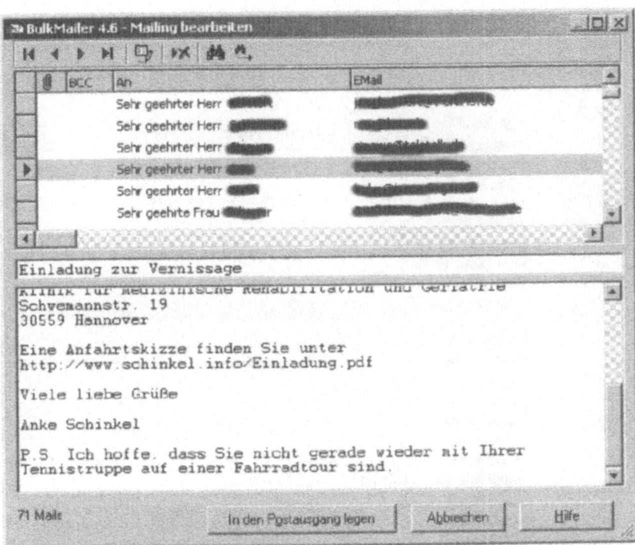

Abb. 5-12: Nach dem Erstellen des Mailings lässt der *Bulk Mailer* die Anzeige jeder einzelnen E-Mail zur Kontrolle zu.

Vallen E-Mailer

Einen weiteren kleinen und für alle Anwender kostenlosen E-Mailer möchte ich noch erwähnen. Der *Vallen E-Mailer*[153] eignet sich zwar nicht für personalisierte E-Mails, soll aber Nachrichten in unbegrenzter Zahl verschicken und kann an diese auch eine Datei anhängen. Die Liste der Empfänger müssen Sie aus einer Text-Datei mit je einer E-Mail-Adresse pro Zeile importieren. Eine mit dem Vor- und Zunamen erweiterte Adresse in der Form „"Lutz Labs" <vieweg@labs.de>" meckert das Programm zwar an, der Versand funktioniert trotzdem. Neben Text-E-Mails kann der Mailer auch HTML-E-Mails verschicken, allerdings muss der HTML-Quellcode direkt eingegeben werden.

---

[153] www.vallen.de/freeware/index.html

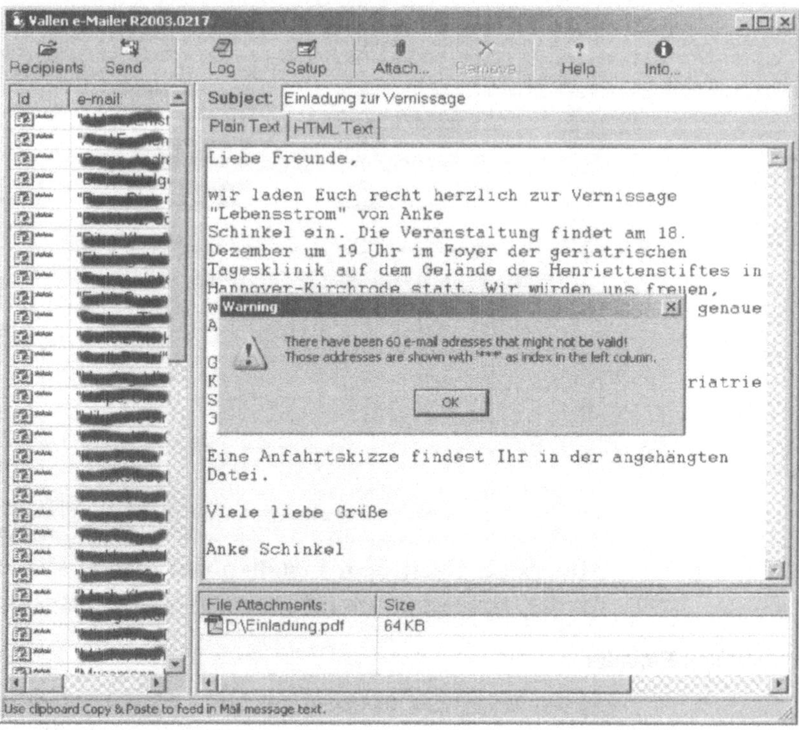

Abb. 5-13: Trotz Beschwerde nimmt der *Vallen E-Mailer* die Adressen entgegen.

Eine weitere Möglichkeit zum Versand eines Newsletters ist die Beauftragung eines Dienstleisters, der Ihnen einen Großteil der Arbeit abnimmt. Der Mailinglist Hosting Service KBX[154] etwa, der kostenpflichtige Ableger des werbefinanzierten Mailinglistendienstes www.kbx7.de, verschickt für rund 200 Euro im Jahr bis zu 20.000 personalisierte E-Mails pro Monat.

Alles automatisch

Die genannten Programme sind, mit den erwähnten Beschränkungen, alle kostenlos im Netz erhältlich. Sollen weitere Funktionen hinzukommen, etwa die Pflege der Daten durch den Lis-

---

[154] www.kbx.de

tenteilnehmer selbst oder automatische Erzeugung von Landing-Pages, müssen Sie mit der Programmierung anfangen oder eine professionelle Software kaufen. Nach einer Untersuchung[155] der d+s online AG[156] beschäftigen sich rund 100 Hersteller mit der Produktion von E-Mail-Management-Systemen. Wollen Sie das E-Mail-Management im Haus behalten, bleibt nur die Installation einer Software über (oder die Miete per ASP). Da diese Lösungen jedoch stark von der vorhandenen Infrastruktur abhängen, geht eine Beratung über die „richtige" Software weit über den Rahmen dieses Buches hinaus. Studien zum Thema finden Sie nicht nur im Internet[157] – auch der freundliche Berater von nebenan oder Ihr Netzwerkadministrator können Ihnen bei der Auswahl helfen. Eine Marktübersicht von Programmen für Inbound und Outbound-E-Mail-Management finden Sie zudem bei der Zeitschrift *Aquisa*[158,159].

Response erwünscht

Ein Teil der Empfänger kommt immer auf den Gedanken, Ihnen eine E-Mail mit der Bitte um weitere Informationen zu schreiben. Einige Leser suchen auch die Diskussion über ein behandeltes Thema. Vielleicht möchten Sie ja auch einen echten Dialog mit Ihren Kunden aufnehmen.

E-Mail-Marketing ist nun mal keine Einweg-Kommunikation. Jede Kampagne erzeugt Reaktionen, von Abmeldungen aus dem E-Mail-Verteiler über Anfragen und Bestellungen bis hin zu Änderungswünschen, Beschwerden oder gar Beleidigungen gegenüber dem Absender. Zwischen einem und fünf Prozent liegt die durchschnittliche Rücklaufquote – ein gut überlegtes Reply-Management vorausgesetzt, lässt sich bis zu 90 Prozent davon automatisiert abfangen.

---

[155] Marco Lazarz, Herr der Gezeiten, Teletalk 3/02, S. 54

[156] www.ds-online-ag.de

[157] www.businessguide.de/bp/callcenter-infos/daten/news161.htm

[158] www.acquisa.de/marktuebersichten/download/download_inbound.doc

[159] www.acquisa.de/marktuebersichten/download/download_mailoutb.doc

Sorgen Sie dafür, dass Ihnen die Rückläufer möglichst wenig manuelle Arbeit machen. So können Sie etwa mit Hilfe von Autorespondern viele Anfragen automatisiert beantworten lassen – wenn Sie diese vor dem Versand des Newsletters einrichten.

Echte Rückläufer

Da Sie ja wissen, welche Anzahl von Nachrichten Sie aussenden, ist die Anzahl der händisch zu bearbeitenden Rückfragen damit recht genau einzuschätzen. Es sollte ausreichend Personal für die Bearbeitung der Anfragen zur Verfügung stehen, da es nicht sehr höflich ist, die Fragenden erst nach einigen Tagen mit einer Antwort zu versorgen (dass diese dann vielleicht schon woanders eingekauft haben, nur nebenbei).

Erwarten Sie immer noch große Mengen Anfragen, sollten Sie entweder die Hilfe eines externen Contact-Centers in Anspruch nehmen oder – wenn dies nicht die einzige Aussendung in dieser Größe bleiben soll – eine eigene E-Mail-Management-Software installieren.

Contact-Center ⇨	Mehr noch als ein Call-Center benutzt ein Contact-Center die Funktionen des Internets, etwa E-Mail oder Online-Chats. Sogar ein durch den Agent gesteuertes gemeinsames Surfen über eine Web-Seite ist möglich.

Autoresponder einrichten

Im Idealfall übernimmt ein E-Mail-Server die Aufgabe, Standard-Antworten an anfragende Listenteilnehmer zu schicken. Haben Sie keinen E-Mail-Server, können Sie die Filterfunktionen Ihres E-Mail-Programms als Autoresponder nutzen. Bietet Ihr E-Mail-Programm diese Funktion nicht an, so können Sie einfach ein zweites auf Ihrem PC einrichten und nur für diese Funktion benutzen. Ein eigenes POP3-Postfach müssen Sie dafür allerdings bereitstellen, damit es nicht zu Vermischungen mit Ihrer regulären Post kommt. Sie sollten den Newsletter auch nicht mit einer personenbezogenen Rückantwort-Adresse losschicken.

Sie müssen allerdings den PC mit dem E-Mail-Programm permanent laufen lassen – und das E-Mail-Programm veranlassen, in kurzen Zeitintervallen nach neuer Post zu schauen. Besser ist es, wenn Sie dafür einen eigenen Rechner bereitstellen können.

Empfehlenswert ist etwa *Pegasus Mail*, dessen mächtige Filterfunktionen ich ja schon vorgestellt habe. Auch für eine einfache Auswertung eignet es sich: Sie legen sich für jeden Newsletter einen eigenen Ordner an und lassen die eingehende E-Mail nach dem Verschicken der automatischen Antwort in diesen Ordner verschieben. Anhand der Anzahl der Nachrichten können Sie nun schon erkennen, wie hoch der Response auf einzelne Newsletter oder Newsletter-Anzeigen ist.

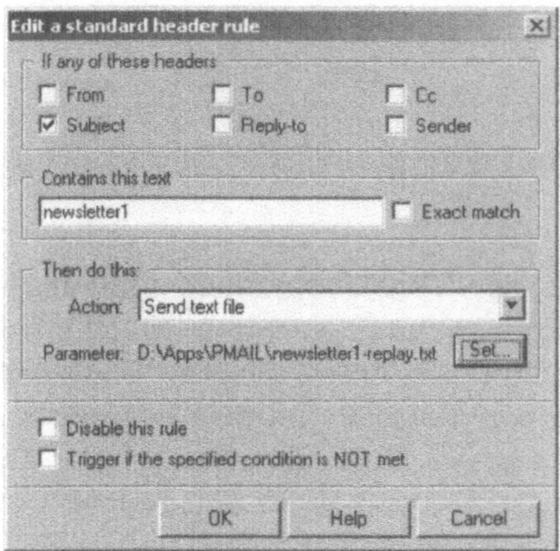

Abb. 5-14 : Autoresponder mit *Pegasus Mail*

Auch das wohl auf jedem Windows-PC installierte *Outlook Express* kann – per E-Mail-Regel angewiesen – Textdateien abhängig vom Betreff verschicken und die Nachrichten danach in einen speziellen Ordner verschieden.

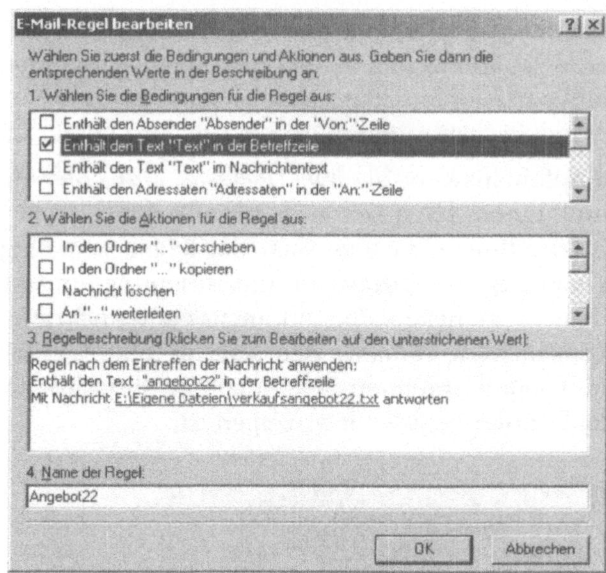

Abb. 5-15: Ein Autoresponder per Filterregel mit *Outlook Express*.

Einfache Auswertung

Benutzen Sie ein E-Mail-Programm, können Sie die Anzahl der automatisch generierten Antworten einfach anhand der E-Mails in den einzelnen Ordnern ablesen. Übernimmt hingegen der E-Mail-Server die Aufgabe, müssen Sie seinen Administrator um die Auswertung oder die Herausgabe der Log-Dateien bitten. Software zur Auswertung findet sich zuhauf im Internet, etwa bei der Share- und Freeware-Sammlung Tucows[160].

Autotexter

Ein weiteres gutes Hilfsmittel sind Textbausteine. Nachdem Sie die ersten Rückläufer gelesen haben, wissen Sie im Allgemeinen, was Ihre Leser wissen wollen. Verfassen Sie sorgfältig eine allgemeine Antwort auf die speziellen Fragen. Wenn Ihr E-Mail-Programm keine Textbaustein-Funktion bietet, dann besorgen Sie sich ein Freeware-Utility wie die *Textbaustein-Datenbank*[161] von

---

[160] www.tucows.de

[161] www.picsoft.de/swtdb.htm

Simon Reinhardt, die Sie auch als kommerzieller Anwender kostenlos benutzen dürfen.

Einige E-Mail-Programme lassen Ihnen auch die Wahl des Editors für die Nachrichtenbearbeitung. Unter *Word*, natürlich auch bei *Outlook* als Editor einstellbar, erreichen Sie die Textbausteinfunktion unter „Einfügen – Autotext".

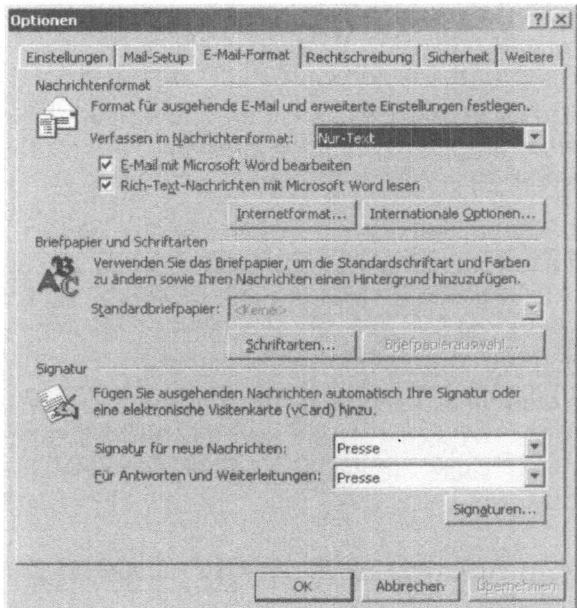

Abb. 5-16: Im Optionsdialog von *Outlook* legen Sie fest, dass Sie Ihre Nachrichten mit dem gewohnten *Word* verfassen wollen.

Abmeldungen

Einige Leser werden sich nach dem Empfang Ihres Newsletters oder Ihrer Werbung von der Mailingliste abmelden. Diese „Unsubscribes" betreffen bei gemieteten Adressen nur den Adresseigner, bei eigenen Adressen müssen Sie besonders aufmerksam die Unsubscribe-Rate beobachten. Abmeldungen sollten unverzüglich in den Adresspool eingepflegt werden, um ein erneutes und damit unerwünschtes Anmailen dieser Empfänger zu vermeiden. Schauen Sie bei gemieteten Adressen, wenn möglich, ruhig mal in die Abmelde-E-Mails hinein: Finden Sie dort Beschwerden, dass User trotz Abmeldung weiterhin angeschrieben werden, sollten Sie den Adressanbieter nicht mehr beauftragen, da er seine Listen nicht sorgfältig pflegt.

Bounces

Eine weitere Gruppe von E-Mails erreicht die Empfänger gar nicht, sondern wird bereits vom E-Mail-Server des Providers zurückgewiesen. Dabei ist zwischen Hard- und Soft-Bounces zu unterscheiden. Vor allem in der Ferienzeit werden Sie häufiger mit Soft-Bounces zu tun haben. Die Mailbox des Users ist dann einfach voll, der E-Mail-Server nimmt keine weiteren Nachrichten für den Empfänger mehr entgegen. Die E-Mail-Adresse als solche existiert hingegen – sie sollte weiterhin in der Liste bleiben.

Gibt der E-Mail-Server des Providers hingegen zurück, dass der Empfänger nicht bekannt ist, oder ist die angegeben Domain gar ungültig, können Sie diese Hard-Bounces direkt aus der Liste löschen[162]. Diese Adresse ist einfach nicht gültig, vielleicht war sie es bei der Anmeldung durch den User – ob nun absichtlich oder versehentlich – schon nicht. Wenn Sie mit gemieteten Adressen arbeiten, dann haben Sie mit den Bounces nichts zu tun, eigene Software sollte die Bounces hingegen automatisch verarbeiten.

5.3 Safer E-Mail: Von Spam, Virenschutz, Scriptsprachen und Firewalls

Computer drohen heute von vielen Seiten Gefahren. Fast täglich entstehen neue Viren, werden neue Sicherheitslücken in Programmen gefunden, rasen neue Spam-Wellen durch das Internet. In größeren Firmen werden die Arbeitsplatz-PCs durch fein ausgeklügelte Maßnahmen vor Angriffen geschützt – hier sind häufig auch mehrere Arbeitnehmer nur mit dieser Aufgabe beschäftigt. Kleinere Firmen bürden diese Aufgabe häufig den eigenen Mitarbeitern auf.

---

[162] Das macht jedoch lange nicht jeder Anbieter. Durch einigermaßen verzwickte Umstände war meine eigene Domain labs.de vor kurzem etwa zwei Monate nicht mehr erreichbar. Ich habe mich schon gewundert, wie viele Mailinglisten ich danach noch bekam – ich hatte mit deutlich weniger gerechnet.

In diesem Abschnitt möchte ich Ihnen erklären, welche Gefahren überhaupt drohen und wie Sie diese einfach abwehren. Ich werde mich dabei auf die Gefahren durch E-Mail und die Abwehr auf Arbeitsplatz-PCs beschränken – dieser Exkurs kann jedoch nur Anhaltspunkte geben, für eine tief gehende Betrachtung zum Thema Sicherheit in PC-Netzwerken muss ich auf die einschlägige Literatur verweisen.

Spam

Wohl jeder, der einen E-Mail-Account hat, hat schon einmal Nachrichten erhalten, die er gar nicht haben wollte. Seien es Tipps, wie man ganz schnell reich und berühmt wird, Sonderangebote von völlig unbekannten Firmen, Werbung für eine CD mit einigen Millionen angeblich qualifizierter E-Mail-Adressen oder Mittel zur Penisvergrößerung – was zunächst noch ganz lustig ist, wird mit der Zeit zu einem echten Ärgernis. Nach einer Erhebung der Softwarefirma *Brightmail*[163] betrug die Zahl von Spam-E-Mails im November 2002 rund 5,5 Millionen. Das sei ein Zuwachs um 3,5 Millionen Attacken im Vergleich zum November 2001. Die Marktforschungsfirma *Jupiter Media Metrix*[164] schätzt, dass Verbraucher im Jahr 2006 mit über 206 Milliarden unerwünschten E-Mails zugemüllt werden: Das macht im Durchschnitt 1400 Mails pro Person – 2002 soll diese Zahl bei etwa 700 gelegen haben. Eine Studie von *Ferris Research*[165] schätzt den Schaden, der US-Firmen jährlich durch Spam entsteht, auf 8,9 Milliarden US-Dollar. Für 2003 sagt Ferris den US-Firmen Schadenskosten in Höhe von 10 Milliarden Dollar voraus. Ganz andere Zahlen nennt allerdings der Online-Dienst *AOL* nach einer Meldung des Heise-Newstickers[166]: So sollen auf AOL täglich eine Milliarde Spam-E-Mails einprasseln, knapp 800 Millionen davon lösche der Provider automatisch.

---

[163] www.brightmail.com

[164] www.jmm.com

[165] www.ferris.com

[166] www.heise.de/newsticker/data/pmz-21.02.03-001

In den Berechnungen der genannten Firmen sind übrigens nicht die gewünschten kommerziellen E-Mails enthalten, ebenso wenig die unerwünschten Hoaxes. Die Netzgemeinde hat für diese E-Mail-Typen die Begriffe Unsolicited Bulk E-Mail (UBE, unerwünschte Massen-E-Mail) und Unsolicited Commercial E-Mail (UCE, unerwünschte kommerzielle E-Mail) geprägt. Die Beseitigung des täglichen Mülls in der E-Mail-Box kostet den einzelnen zwar nur Minuten, aber die Masse macht's eben.

UBE, Unsolicited Bulk E-Mail ⇨	Unerwünschte Massen-E-Mail, bleibt meistens in den Spam-Filtern hängen. Auch Newsletter werden von diesen Filtern manchmal als UBE erkannt.

Leser löschen nicht nur Spam

Interessant für Marketing-Experten dürfte dabei die Tatsache sein, dass aufgrund der Mailflut nicht nur der Spam wirkungslos im Papierkorb versandet, sondern gleichzeitig auch viele der vom Nutzer eigentlich angeforderten E-Mails ungelesen in selbigem verenden. Die Quote liegt nach einer Untersuchung von *Executive Summery Consulting*[167] bei immerhin 39 Prozent. Dies ist um so ärgerlicher, als der Erfolg einer kontinuierlichen gewünschten E-Mail-Beziehung an sich völlig außer Frage steht: So gaben 61 Prozent derjenigen, die seit mehr als drei Jahren Opt-in-E-Mails eines Unternehmens erhalten, an, dass sich diese Tatsache durchaus auf ihr Einkaufsverhalten auswirken würde. Ist der Zeitraum kürzer, gilt dies immerhin noch für 48 Prozent.

In die Listen der Spammer gerät man sehr einfach. Ob nun die eigene E-Mail-Adresse auf der privaten oder geschäftlichen Homepage, im Online-Chat oder im Usenet benutzt wird – Spammer durchsuchen das gesamte Internet nach Zeichenfolgen, in denen das für eine E-Mail-Adresse typische @-Zeichen enthalten ist. Bei großen Providern (hier in Deutschland wäre es etwa *T-Online*, weltweit *AOL* oder *MSN*) probieren die Spammer auch mal einfach alle Buchstabenkombinationen bis zu einer bestimm-

---

[167] www.x-summary.com

ten Länge durch. Es finden sich immer wieder Menschen, die auf die ungewollten Nachrichten antworten und damit die Gültigkeit der bisher nur geratenen E-Mail-Adresse bestätigen.

Niemals antworten

Antworten ist im Übrigen sowieso tödlich: Auch wenn in vielen Spam-E-Mails Links zur Abmeldung enthalten sind, dient eine eventuelle Antwort dem Spammer nur als Bestätigung der Gültigkeit. Statt weniger gelangt in aller Regel deutlich mehr Spam in die Mailbox (wenn Sie mal wieder so richtig verärgert sind über den eingegangenen Müll, dann opfern Sie 2 Minuten Ihrer Zeit einem Anti-Frustrationsspiel, indem Sie Spammer zumindest virtuell erschlagen[168]).

Die eigene Adresse aus den Listen der Spammer zu entfernen ist mühselige Arbeit. Eine Abmeldung funktioniert nur in den allerseltensten Fällen – die einzige Möglichkeit scheint zu sein, dem Spammer vorzugaukeln, dass die Adresse nicht mehr gültig ist. Solche Nachrichten werden als Bounce-Mail bezeichnet und kommen meistens – natürlich automatisiert – vom Postmaster der eigenen Domain. Einige Anti-Spam-Programme bieten jedoch die Möglichkeit, eine E-Mail mit eben dieser Information an den Spammer zurückzuschicken. In vielen Fällen dürften Sie Ihre Bounce-Nachricht gebounct bekommen (okay, das war jetzt echtes Informatiker-Deutsch), da der Empfänger ebenfalls nicht existiert.

Adresse verschleiern

Sinnvoll ist es also, gar nicht erst in die Listen der Spammer hinein zu geraten. Man kann jedoch seine eigene E-Mail-Adresse ja nicht einfach geheim halten, schon gar nicht im Geschäftsverkehr. Wer ein eigenes Web-Angebot betreibt, ist nach geltender Rechtslage eventuell sogar verpflichtet, die eigene Adresse im Impressum zu veröffentlichen. Was bleibt, ist die Adresse zumindest ein wenig zu verschleiern, damit die Suchmaschinen der Spammer sie nicht lesen können, ein Mensch aber schon.

---

[168] torturegame.E-Mailsherpa.com

Die einfachste Möglichkeit ist, den lesbaren Code einer Adresse in HTML-Codes umzusetzen. Aus der E-Mail-Adresse vieweg@labs.de würde der Code mailto:vieweg@labs.de, der Browser setzt dieses wieder zu lesbaren Zeichen zusammen. Das hilft jedoch nur vor Spammern, die ihr Geschäft noch nicht so lange betreiben – erfahrene hingegen kennen diesen Trick und suchen nicht nur nach den @-Zeichen, sondern auch dem HTML-Äquivalent a.

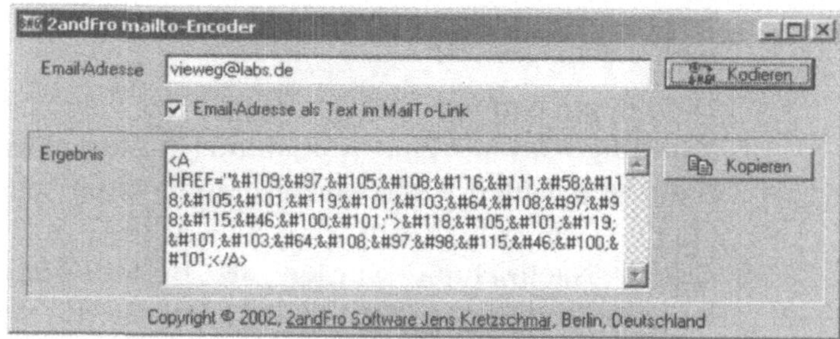

Abb. 5-17: Der mailto-Encoder[169] wandelt E-Mail-Adressen in HTML-Code um.

Besser ist es schon, die eigene Adresse per JavaScript zu generieren. Die allermeisten Spider können kein JavaScript, einige Surfer schalten es hingegen in ihren Browsern aus. Aus der Spider-lesbaren Zeile im HTML-Quelltext <A HREF="mailto:vieweg@labs.de"E-Mail</A> würde das folgende Script[170]:

---

[169] files.2andfro.de

[170] innerpeace.org/escrambler.shtml

```
<script>
<!-
function escramble(){
 var a,b,c,d,e,f,g,h,i
 a='<a href=\"mai'
 b='vieweg'
 c='\">'
 a+='lto:'
 b+='@'
 e='</a>'
 f='E-Mail'
 b+='labs.de'
 g='<img src=\"'
 h=''
 i='\" alt="E-Mail us." border="0">'
 if (f) d=f
 else if (h) d=g+h+i
 else d=b
 document.write(a+b+c+d+e)}
escramble()
//->
</script>
```

Die E-Mail-Adresse wird vom Script in mehrere Teile aufgesplittet und erst im Browser des Surfers per JavaScript zusammengesetzt.

Ungültige Adressen

Diese eben vorgestellten Verschleierungsmöglichkeiten verweisen immer noch auf gültige Adressen. Einige Menschen benutzen inzwischen ganz absichtlich jedoch ungültige E-Mail-Adressen, damit sie gar nicht erst in den verhassten Listen landen. Erfahrenen Internet-Benutzern fällt meistens sofort auf, wie diese Adressen zu ändern sind, damit sie gültig werden. Als Beispiel sei vieweg(at)labs.de oder vieweg@nospam.labs.de genannt. Dem Antwortenden machen solche Adressen aber Arbeit. Auch achtet man nicht immer darauf, ob die E-Mail-Adresse gültig ist und bekommt dann die gerade geschriebene E-Mail als unzustellbar zurück.

Manche Nutzer denken sich sogar einfach E-Mail-Adressen aus. Das ist nicht nur für den Antwortenden ärgerlich, sondern auch für den Postmaster der gewählten Domain (immerhin gibt es weltweit etwa 50 Millionen davon – da ist es schon gar nicht so einfach, sich eine nicht existierende auszudenken). Denn dieser bekommt die Post, die der Nutzer nicht haben wollte. Sie merken schon: Ungültige E-Mail-Adressen halte ich für keine gute Idee, vor allem, weil sie der möglichst einfachen Kommunikation im Wege stehen.

Adresse in Bildern verbergen

Was für Menschen total einfach ist, ist Maschinen teilweise unmöglich. Keinen Menschen interessiert es, ob der Text auf einer Webseite aus einzelnen Buchstaben zusammengesetzt oder dort als Grafik platziert wurde (ausgenommen blinde Menschen, die den Text mit Hilfe einer Braille-Zeile ertasten). Eine Suchmaschine kann hingegen nur den aus einzelnen Buchstaben zusammen gesetzten Teil lesen (zumindest so lange, wie die Spammer keine Zeichenerkennungssoftware einsetzen). Im für Menschen nicht sichtbaren Teil des HTML-Codes muss allerdings das Ziel für den Link angegeben werden. Steht dort die richtige E-Mail-Adresse, war die Mühe vergebens. Sinnvoll ist daher, für den Kontakt Formulare anzubieten, die die Eingaben des Besuchers entgegennehmen und an den gewünschten Empfänger weiterleiten. Eine genaue Anleitung sowie das dafür notwendige CGI-Script hat das Computermagazin *c't* veröffentlicht[171], einzeln steht das Script auf dem ftp-Server des Verlages zum Download[172] bereit.

Mehr Adressen

Mit einer einzigen E-Mail-Adresse braucht heute niemand mehr auszukommen. Free-Mail-Anbieter wie gmx.de, web.de oder

---

[171] Holger Dambeck, Versteckspiel, E-Mail-Adressklau verhindern, c't 4/02, Seite 200

[172] ftp://ftp.heise.de/pub/ct/listings/0204-200.zip

hotmail.de bieten kostenlose E-Mail-Adressen in unbegrenzter Zahl an. Mindestens eine, besser zwei sollten Sie sich zulegen.

Zur Teilnahme an Gewinnspielen oder Umfragen im Internet sind so genannte Wegwerf-Adressen noch besser geeignet. Unter www.spamgourmet.com können Sie sich einen Acount einrichten und ohne weiteren Aufwand E-Mail-Adressen in der Form domain.Zahl.username@spamgourmet.com erzeugen. Durch die Zahl in der Adresse bestimmen Sie die Anzahl der E-Mails, die Ihnen der Dienst weiterleiten soll – jede weitere E-Mail, die an diese Adresse geht, löscht der Feinschmecker einfach. Der Username ist der von Ihnen bei Spamgourmet gewählte, der erste Teil der Adresse (domain) ist frei wählbar.

Mit eigener Domain

Recht gut funktioniert auch die Angabe einer speziellen E-Mail-Adresse für jeden einzelnen Anbieter, der diese haben möchte. So gebe ich seit Jahren jedem Verdächtigen den Domainnamen des Webangebots als E-Mail-Adresse an, ergänzt natürlich um meine Domain labs.de. Beim Gewinnspiel des Vieweg-Verlages (Sie brauchen nicht zu schauen, da gibt es zumindest derzeit keins) bekäme der Verlag also die Adresse vieweg@labs.de von mir. Erst ein einziges Mal bekam ich eine Spam-E-Mail von einem Anbieter, der eine dieser Adressen gekauft hatte. Eine derartige Adresse ist einfach zu stark zurückzuverfolgen.

Die Sache hat allerdings einen gewaltigen Haken: Es funktioniert nur, wenn Sie der Postmaster der entsprechenden Domain sind, also die E-Mails erhalten, die keinem anderen Nutzer zugeordnet werden konnten.

Usenet-Acount schützen

Einige Millionen Menschen nehmen an den Diskussionen im weltweiten Usenet teil. Klar, dass die Spammer auch dort nach E-Mail-Adressen suchen. Sie können die Gefahr jedoch verringern: Ebenso wie ein E-Mail-Programm unterstützen auch viele News-Clients verschiedene E-Mail-Adressen. Eine dient als Absender-Adresse (from), eine andere als Antwort-Adresse (Reply-to). Spammer werten nach heutigen Informationen hauptsächlich die erste aus – benutzen Sie für die from-Adresse Ihre Zweit-

oder Drittadresse und weisen Sie Ihr E-Mail-Programm an, alle an diese Adresse zugestellten Nachrichten ohne Nachfrage zu löschen. Möchte Ihnen jemand eine private Antwort auf einen News-Artikel schreiben, so wählt sein News-Programm automatisch die Reply-To-Adresse aus. Diese sollte zwar gültig sein und von Ihnen regelmäßig abgefragt werden, aber vielleicht benutzen Sie auch dafür eine Free-Mail-Adresse – immerhin lernen die Spammer dazu und fangen eines Tages sicher an, auch die Reply-Adressen zu sammeln. Kommt irgendwann zu viel Spam über diesen Acount hinein, legen Sie sich einfach eine neue Adresse an und benutzen in Zukunft diese.

Spam nicht ungelesen löschen

Mit den beschriebenen Maßnahmen kann sich zwar die Anzahl der unerwünschten Nachrichten reduzieren, die spam-freie Inbox wird trotzdem ein Wunschtraum bleiben. Sie können jetzt natürlich anfangen, jede einzelne erhaltene Spam-E-Mail zu untersuchen und eine entsprechende Filterregel in Ihrem E-Mail-Programm einrichten. Sonderlich sinnvoll ist das jedoch nicht. Die exakt gleiche E-Mail werden Sie wohl nie wieder bekommen, und in der Zeit, die Sie für das Erstellen der Regel benötigt haben, hätten Sie bestimmt 50 Spam-E-Mails ungelesen löschen können.

Überhaupt ist das Installieren und Pflegen von Maßnahmen zur Spam-Abwehr umstritten. Zumindest in den ersten Monaten nach der Installation müssen Sie doch von jeder einzelnen als Spam gekennzeichneten E-Mail zumindest Betreff und Absender lesen, um Irrtümer des Programms auszuschließen. Ob nun erwünschte Mailinglisten oder die etwas verdorbene E-Mail des Lebensabschnittspartners – Filter sind immer nur so gut wie der Mensch, der die Regeln erstellt hat.

Free-Mailer nutzen

Dennoch gibt es verschiedene Möglichkeiten, unerwünschte E-Mails noch vor oder zumindest komfortabel im E-Mail-Programm zu entsorgen. Am einfachsten ist es, wenn Sie für Ihre Zweit- und Drittadressen einen der kostenlosen E-Mail-Anbieter nutzen.

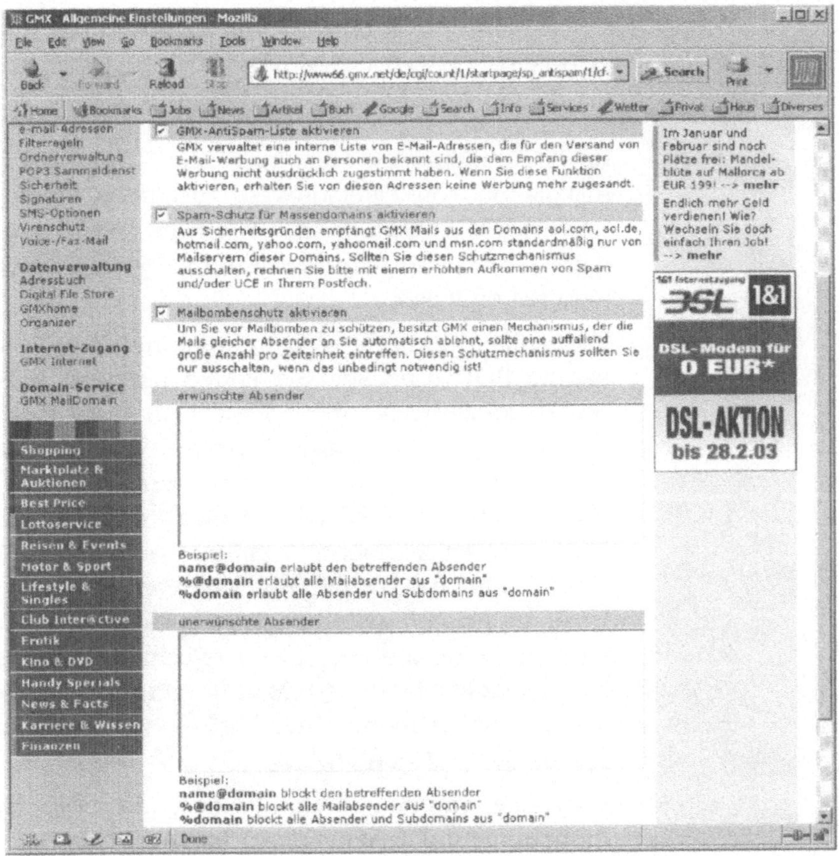

Abb. 5-18: Umfangreiche Maßnahmen zum Spamschutz bietet etwa *GMX* an.

GMX & Co. stellen selbst in den kostenlosen Versionen ihrer Angebote häufig einen Spamfilter zur Verfügung, den Sie als Benutzer nur noch aktivieren müssen. Den Grund dafür liefert §206 StGB (Verstoß gegen das Post- und Fernmeldegeheimnis): Der Betreiber darf zuzustellende Nachrichten nicht einfach unterdrücken, egal welchen Inhalt sie haben.

Stellen Sie selbst den Spam-Schutz ein, kann der Anbieter seine meist selbst lernenden Filter jedoch auf Ihre E-Mail loslassen. Nach einer einfachen Rechnung nimmt die Menge an Spam mit der Menge der angemeldeten Benutzer zu – und damit wahrscheinlich auch die Qualität der Filter.

Eigenaktivität

Im Firmennetzwerk oder im Home-Office sind Sie selbst für die Installation von Filtersoftware zuständig, wenn Ihnen diese Arbeit erlaubt ist und nicht von einem Administrator abgenommen wird. Grob kann man die verschiedenen Programme in vier Kategorien einteilen.

Die einfachste, dafür aber unkomfortabelste Variante sind so genannte POP3-Checker. Sie laufen auf dem Arbeitsplatz-PC und prüfen idealerweise die E-Mail, bevor das E-Mail-Programm sie herunterlädt. Dazu müssen Sie Ihre Zugangsdaten in dem Programm eingeben und es anweisen, alle paar Minuten Ihren Posteingang zu überprüfen. Einige Programme können nicht nur POP3-Konten säubern, sondern auch AOL-, Hotmail- sowie IMAP-Postfächer. Dummerweise treten in der Praxis gelegentlich Unstimmigkeiten zwischen E-Mail-Client und Spam-Filter auf, da diese ja beide auf das gleiche Postfach zugreifen wollen. Auch kann es sein, dass das E-Mail-Programm schneller ist als der Filter und die unerwünschten E-Mails vor dem Säubern durch den Spam-Filter auf den PC lädt.

Eleganter arbeiten E-Mail-Proxys, die sich zwischen E-Mail-Programm und E-Mail-Server hängen. Der Befehl zum Empfangen der E-Mail wird vom Proxy abgefangen, dieser leitet ihn an den E-Mail-Server weiter. Der Proxy prüft sodann die eingehenden Nachrichten mit seinen Filterregeln und leitet die gesäuberte E-Mail an das anfragende E-Mail-Programm weiter.

Bei Online-Spamfiltern[173,174] erhalten Sie eine neue E-Mail-Adresse oder benutzen eine der Zweit-Adressen. E-Mail an diese Adresse wird von den Anbietern gesäubert und erst dann an Ihr normales E-Mail-Konto weitergeleitet. Als weiteren Service scannt der eine oder andere Anbieter eingehende E-Mails auf Virenbefall.

---

[173] www.eleven.de

[174] www.mayl.de

Einen weiteren viel versprechenden Ansatz verfolgt SpamNet[175] mit seinem Outlook-Plugin. In einem benutzergesteuerten Netz klassifizieren die Anwender erhaltene E-Mail als Spam und drücken einen entsprechenden Button in der erweiterten Outlook-Menüleiste. Ein zentraler Server sammelt diese Meldungen und verschickt einen digitalen Fingerabdruck einer jeden als Spam eingestuften E-Mail an alle Nutzer. Bei diesen landet die unerwünschte E-Mail dann schon nicht mehr im Eingangsordner, sondern gleich in seinem Spam-Ordner. Je mehr Anwender die gleiche E-Mail als Spam bezeichnen, desto geringer ist die Gefahr von Falschmeldungen. Vor kurzem hat SpamNet allerdings seine Beta-Phase beendet und möchte nun von jedem Teilnehmer Geld für seine Leistung sehen[176] – das hat bei vielen Anwendern Verärgerung ausgelöst. Ob der Dienst in dieser Form weiter zur Verfügung steht, ist daher noch nicht abzusehen.

Bei den beiden letztgenannten Methoden haben Sie einen geringen oder gar keinen Einfluss auf die Filter; auch kann Ihnen niemand garantieren, dass der Dienst in einigen Jahren noch zur Verfügung steht. Desktop-Programme wie POP3-Checker und E-Mail-Proxys legen ihre eigenen Filterlisten auf Ihrem PC ab. Wenn Sie ein solches Programm einsetzen, dann nutzen Sie die Möglichkeit, vor dem unbeaufsichtigten Einsatz die Filterregeln auf Eignung zu überprüfen.

Programmauswahl

POP3-Checker und E-Mail-Proxys gibt es einige am Markt. Nicht alle filtern gleich gut, nicht alle laufen mit allen Programmen zusammen. Empfehlenswert ist etwa das meist unter Unix eingesetzte SpamAssassin[177]. Eine Installationsanleitung für Windows-PCs finden Sie bei den Kollegen der c't[178].

---

175 www.cloudmark.com/products/spamnet

176 www.heise.de/newsticker/data/hob-24.04.03-000/

177 www.spamassassin.org

178 Johannes Endres, Post-Putzer, SpamAssassin unter Windows einrichten, c't 2/03, Seite 172

Return to Sender

Der beste Weg, aus den Listen der Spammer wieder herauszukommen, ist die E-Mail an den Absender zu bouncen. Als hilfreich hat sich BounceSpamMail von Albert Yale erwiesen. Zwar ist die Version 1.8 nach Internet-Gesichtspunkten schon uralt, dennoch muss man dem Autor Respekt zollen, dass er schon 1998 die Spam-Problematik erkannt hat. Heute hat er anscheinend keine Probleme mehr damit, da weder seine E-Mail-Adresse noch die im Readme angegebene Homepage noch erreichbar sind. Sie finden einen Link zum Download daher im Online-Service zum Buch.

Einige der oben erwähnten POP3-Checker machen es Ihnen noch einfacher, den Spam an den Absender zurück zu schicken. Manche erstellen sogar automatisch eine Beschwerde-E-Mail an den Provider des Spammers. Häufig kündigen die Provider nach genügend Beschwerden den Acount des Spammers. Zwar wird dieser sich sofort einen neuen einrichten, aber immerhin...

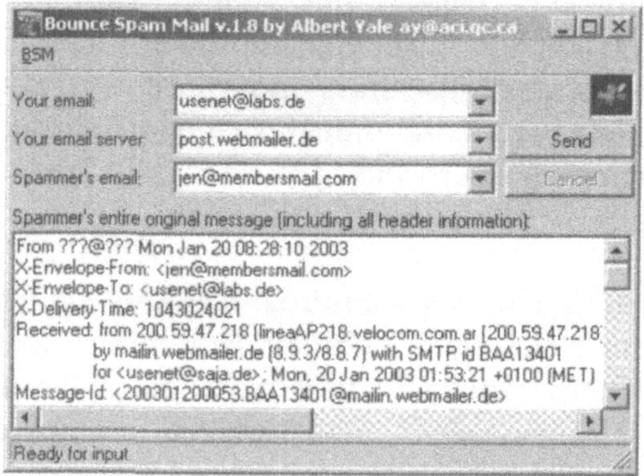

Abb. 5-19: Zurück an den Absender. Mit etwas Glück schickt dieser nie wieder Spam.

Die Methode des Bouncens wird im oben gezeigten Screenshot keinen Erfolg haben. Ein kurzer Blick auf die Web-Seite des Absenders offenbart, dass www.membersmail.com ein Web-Hoster ist. Alleine die E-Mail an abuse@membersmail.com zu schicken wäre ein gangbarer Weg, diesen Spammer zu stoppen. Eine E-

Mail an die „zur Abmeldung" im Text der E-Mail genannte Hotmail-Adresse sollte man sich erst recht ersparen: Der Spammer würde dadurch nur die Gültigkeit dieser Adresse bestätigt bekommen.

Spammer spammen

Eine Zeit lang war es in Mode, unbeliebten Zeitgenossen eine möglichst große Datei per E-Mail zuzustellen – natürlich ein völlig unnützes Programm in einer möglichst veralteten Version. Das sollte die Internet-Leitung desjenigen weitestgehend „zumachen", damit dieser nicht noch weitere Leute ärgert. Heute ist dieses Verfahren nicht mehr zu empfehlen, da sich die meisten Spammer hinter Wegwerfadressen verstecken und Sie somit zweimal für den Transport der unnötigen Daten bezahlen müssen: Einmal beim Abschicken und für den Download der nicht zustellbaren E-Mail, die Ihnen der Provider ja zurück schickt.

Abmahnen

Eine strafrechtliche Verfolgung ist oft nur schwer möglich, da viele Versender aus dem Ausland heraus „operieren" und sich nicht im Geringsten um deutsches Recht kümmern. Von Deutschen Spammer hingegen kann man die Löschung aus der Liste verlangen – sofern sie eindeutig feststellbar sind. Verschiedene Mustertexte können Ihnen dabei helfen. Ausführlich und kostenlos, jedoch nicht von einem Juristen erstellt ist „Thomas Fassung von Framstags freundlichem Folterfragebogen". Da der originale Link derzeit unerreichbar ist, habe ich den Text im Onlineteil zum Buch erneut veröffentlicht. Das Computermagazin Chip hat hingegen gleich einen Juristen beauftragt und stellt dessen Versionen – eine weich, die andere vielleicht übertrieben hart – unter dem WebCode „Abmahnung" gegen die Zahlung von 1,50 Euro zur Verfügung[179]. In der harten Vorlage stellt der Autor Ansprüche auf Schadensersatz – der Nachweis eines Schadens ist allerdings nach aktueller Rechtsprechung schwer zu erbringen. Eine

---

[179] www.chip.de

recht harmlose Offline-Version stellt auch der DDV zum Abruf bereit[180].

Teurer telefonieren

Hatten früher nur die Besitzer von Faxgeräten unter lästiger Werbung für 0190-Nummern zu leiden, kommen die teuren Angebote heute fast ausnahmslos per E-Mail. Auch die Art hat sich geändert: Die Werbung besteht heute zunehmend aus 0190-Dialern, die sich ungefragt im System installieren und als Standard-Internet-Zugang eintragen. Der nächste Zugriff auf das Netz kostet dann nicht mehr wenige Cent, sondern gleich einige Euro pro Minute.

Als Gegenmittel hilft vor allem der gesunde Menschenverstand. E-Mails von unbekannten Personen sollten Sie prinzipiell mit Misstrauen begegnen. Hängt zudem eine ausführbare Datei an der E-Mail, gehört sie aller Erfahrung nach sofort und ungelesen in den Mülleimer. Spezielle 0190-Dialer-Warnprogramme helfen ebenfalls weiter[181]. Professionelle Telefonanlagen lassen sich meistens so konfigurieren, dass eine Verbindung zu einer Rufnummer mit bestimmten Vorwahlen verboten ist. Zur Not hilft eine Sperre der unerwünschten Nummern bei der Telekom oder anderen Netzbetreibern. Dabei ist noch zu bedenken, dass Mehrwertdienste in Zukunft vermehrt über 0900-Nummern abgerechnet werden sollen, diese Nummern wären also auch zu sperren.

---

[180] www.direktmarketing-info.de/downloads/Widerspruch_Daten.doc

[181] www.dialerschutz.de

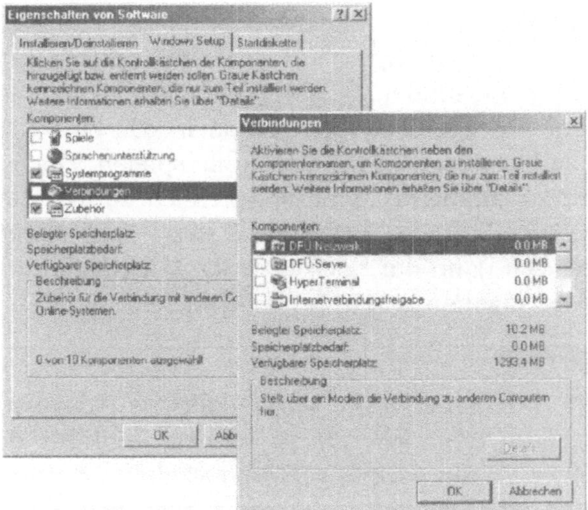

Abb. 5-19: Unter Windows 95, 98 und ME verringert das Entfernen des DFÜ-Netzwerkes die Gefahr, unnötig Geld für einen 0190-Dialer ausgeben zu müssen.

In Firmennetzwerken mit einem zentralen Internet-Zugang ist das DFÜ-Netzwerk auf den einzelnen Arbeitsplatz-Rechnern nicht nur überflüssig, sondern wegen der Dialer-Gefahr sogar gefährlich. Unter Windows 95, 98 und ME lässt es sich einfach über die Systemsteuerung vom Computer entfernen.

Viren und Würmer

Kamen die meisten Viren vor wenigen Jahren noch per Diskette oder CD auf die Festplatten der Anwender gekrochen, hat sich die Lage heute verändert. Normale Viren sind fast ausgestorben, selbst Makroviren finden sich kaum noch „in the wild". Moderne Viren erreichen den PC heute per Chat, über eine Tauschbörse oder eben per E-Mail – und deshalb sind Bugbear, Bride und Co. auch hier Thema. Gerade gestern wollte mir ein gewisser bill@boss.com einen Wurm namens Worm/Sobig.A unterjubeln – dazu noch an eine eher selten genutzte E-Mail-Adresse und erst eine Woche nach dem erstmaligen Auftreten dieses Wurms.

„Das" empfehlenswerte Antivirenprogramm konnte jedoch auch das Computermagazin *c't* in einem umfangreichen Prüfstand[182] nicht herausfinden – alle Programme hatten ihre eigenen Macken. Vor allem die Integration in das eigene E-Mail-Programm sollte bei der Auswahl eine Rolle spielen. Doch die meisten Spezialprogramme im Marketing-Bereich dürften den Herstellern der Antiviren-Software unbekannt sein – ein effektiver Virenschutz lässt sich dann nur noch über die Integration eines Virenscanners in den eigenen E-Mail-Server erreichen.

Schutz vor Script-Viren

Den Anfang der Script-Viren markierte „I love you" im Jahr 2000. Er verbreitete sich nur so schnell, weil auf den meisten Windows-PCs der Scripting Host installiert ist. Den benötigt jedoch kaum ein Anwender, der nicht irgendwelche Vorgänge auf seinem System automatisieren möchte. Unter Windows 98 lässt sich der Scripting Host über die Systemsteuerung entfernen, unter Windows ME, XP und auch 2000 lässt sich die automatische Ausführung von Visual Basic Scripten zumindest verhindern. Löschen Sie dazu die Einträge VBS und VBE im Arbeitsplatz (unter Extras – Ordneroptionen – Dateitypen).

Sicherheit im E-Mail-Client

Die Hersteller der meisten E-Mail-Programme scheinen meiner Meinung zu sein: JavaScript hat in E-Mails nichts zu suchen. Zwar bauen *Microsoft* und die Entwickler des Open-Source-Browsers *Mozilla* zwar prinzipiell JavaScript-Interpreter in die Programme ein, erlauben das Ausführen von Scripten jedoch per Default nicht.

Mit Hilfe von JavaScript lässt sich nämlich nicht nur die Eingabe in Formularfelder überprüfen – mit etwas Böswilligkeit kann der Absender sogar erkennen, ob und wann der Empfänger seine E-Mail öffnet und sogar erfahren, an wen und mit welchen Notizen die Nachricht weitergeleitet worden ist.

---

[182] Axel Vahldiek, Andreas Marx, Guido Habicht, Neue Kampfgefährten, Aktuelle Virenscanner für Windows, c't 25/02, Seite 192

Sicherheitsprobleme haben E-Mail-Clients auch ohne JavaScript. Ende 2002 traf es das dem *Internet Explorer* beiliegende *Outlook Express* in den Versionen 5.5 und 6: Ein Programmfehler erlaubte es Angreifern, beliebigen Programmcode auf dem PC des Empfängers auszuführen. Dazu musste der Empfänger die entsprechend präparierte E-Mail noch nicht einmal öffnen, die Ansicht im Vorschaumodus reichte aus. Wenn Sie eine dieser Versionen benutzen, sollten Sie das Update über das entsprechende Security Bulletin[183] installieren.

Eine uralte Lücke in Microsoft Outlook nutzt hingegen der ebenfalls Ende 2002 „erschienene" Wurm Bugbear. Dieser Schädling ist sogar in der Lage, laufende Firewalls und Virenscanner zu beenden. Sicherheitslücken in anderen E-Mail-Programmen treten anscheinend nicht so häufig auf – oder die Presse nimmt davon keine Kenntnis. Die Erklärung, dass die meisten Viren-Programmierer sich auf die am weitesten verbreiteten E-Mail-Programme konzentrieren, scheint mir allerdings einleuchtender. Leider gehört daher auch das regelmäßige Update des E-Mail-Clients inzwischen zu den wichtigen Anwenderpflichten.

Tracking verhindern

Verwenden Sie ein E-Mail-Programm, das HTML-Mails anzeigen kann, so lädt manche E-Mail Daten aus dem Internet nach, um dem Absender anzuzeigen, dass Sie seine E-Mail geöffnet haben. Das ist für das Tracking ganz nützlich – schließlich denken Sie nach dem Lesen dieses Buches sicher auch darüber nach, wie Sie den Erfolg eines Newsletters messen können. Ihre E-Mail-Adresse wird durch dieses Vorgehen jedoch auch von Spammern verifiziert, denen Sie Ihre E-Mail-Adresse sicher nie geben würden.

Verhindern lässt sich das durch eine so genannte Firewall. Die Firewall analysiert den ein- und ausgehenden Internet-Datenverkehr und lässt bestimmte Verbindungen einfach nicht zu. Eine server-basierte Firewall ist für Unternehmen Pflicht, um die eigenen PCs vor Angriffen zu schützen. Es gibt jedoch nur

---

[183] technet.microsoft.at/news_showpage.asp?newsid=3016&secid=65

wenige server-basierte Produkte, die erkennen können, von welchem Programm eine bestimmte Anfrage ausgegangen ist.

Auch auf den Desktop

Zusätzliche Sicherheit bietet eine so genannte Personal Firewall, die auf dem Arbeitsplatz-PC installiert wird. Trotz prinzipieller Kritik an diesen Produkten – sie vermitteln dem Anwender eine Sicherheit, die sie eigentlich gar nicht bieten können, und sie verwirren unerfahrene Anwender mit für ihn unverständlichen Meldungen – eignen sich Personal Firewalls auf jeden Fall, Verbindungen des E-Mail-Programms zu Web-Servern zu unterbinden. Die folgenden Bilder stammen von der Firewall *Outpost Firewall Free*[184]. Diese frei verfügbare und kostenlose Version ist für diesen Zweck mehr als ausreichend.

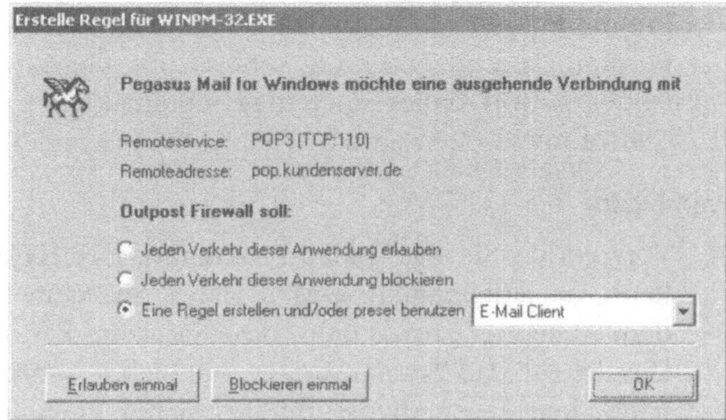

Abb. Eine Personal Firewall überwacht Verbindungen ins Internet.

Verwenden Sie *Windows XP* als Betriebssystem, schlägt die Firewall nach der Installation sofort Alarm: Das Programm svchost.exe möchte nämlich eine Verbindung ins Internet aufnehmen. So lange Sie nicht eine Kaffeemaschine oder einen Toaster per Universal-PNP mit Ihrem PC steuern (und ich wüsste wirklich nicht, wer das tun sollte), können Sie den dafür zustän-

---

[184] www.agnitum.com

digen SSDP-Suchdienst über die Systemsteuerung (Unterpunkt Verwaltung / Dienste) Ihres PCs einfach deaktivieren.

> **Universal-PNP**
> ⇨
>
> Automatische Hardware-Erkennung und -Konfiguration in einer Netzwerkumgebung.

Manche E-Mail-Clients benutzen zur Anzeige von HTML-Mails den ja nun auf jedem Windows-PC vorhandenen Internet Explorer, andere wiederum stellen die E-Mail selbst dar. Zu diesen gehört *Pegasus Mail*, das zudem prinzipiell keine weiteren Daten aus dem Internet anfordert – in diesem Fall wäre das Verbot für das E-Mail-Programm sinnlos.

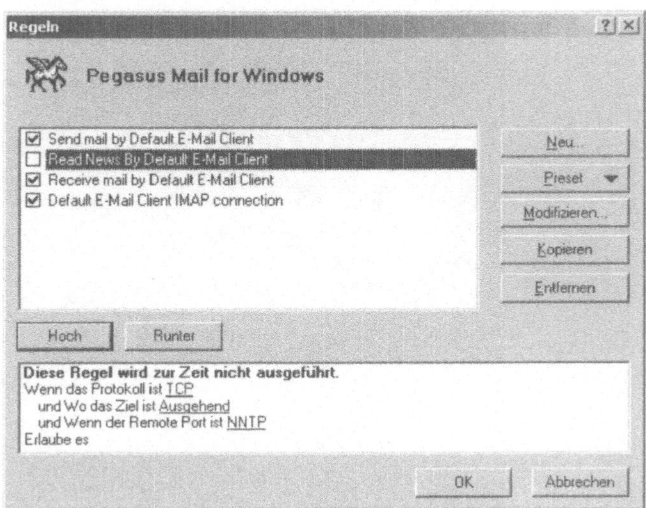

Abb. Die Firewall hindert das E-Mail-Programm, Bilder aus dem Internet nachzuladen.

Selbst beim Nachladen eines Bildes aus dem Web besteht schon Gefahr: Statt eines Bildes könnte auch ein Link auf ein CGI-Script in der E-Mail verborgen sein. Diese Scripts werden ohne Zutun des Anwenders auf dem entfernten Server aktiviert, sobald der Client den HTML-Code anzeigt. Zwar haben diese externen

Skripts keinen Zugriff auf den lokalen Rechner, aber sie könnten als Anstoß für einen Angriff dienen. Die aktuelle IP-Nummer Ihres PCs ist ja durch die Anfrage des E-Mail-Clients bekannt.

Werbeblocker

Ein weiterer Vorteil dieser Application Firewalls ist das automatische Ausfiltern von Web-Werbebannern, das zumindest einige der am Markt vertretenen Produkte beherrschen. Die Diskussion um „das Internet ist ohne Werbung nicht lebensfähig" erspare ich mir jetzt – solange die Werbewirtschaft mich mit ihrer Werbung vom Lesen des Textes ablenkt, nehme ich mir das Recht heraus, die Ablenkung auszuschalten. Ich habe doch nichts gegen Werbung – aber wenn diese anfängt mich vollzuquatschen oder am Rand der Web-Seite zu verfolgen, dann ist wirklich Schluss.

Nachwort und Danksagung

Fragt man Nutzer, wie sie das E-Mail-Marketing empfinden, so klagen diese häufig über unerwünschte Werbung: Ob nun unseriöse finanzielle Angebote oder einfach nur Porno-Angebote – ist die eigene E-Mail-Adresse erst einmal im Besitz der Spammer, quillt das Postfach über. Über E-Mails von Unternehmen, mit denen eine Geschäftsbeziehung besteht, regt sich jedoch fast niemand auf. E-Mail-Marketing bedeutet immer einen Spagat zwischen seriösem Marketing und der unbeliebten Arbeit als Spammer. Während ich dieses Buch verfasste, geriet ich immer wieder an Menschen, die den Unterschied nicht kannten – und teilweise auch gar nicht kennen wollten.

Was für ein Typ sind Sie? Eher ein Landwirt oder ein Jäger? Sind Sie auf die schnelle Beute aus? Dann werden Sie dieses Buch wohl mit steigendem Unwillen gelesen haben. Wenn Sie aber wie ein Landwirt den Boden nachhaltig beackern wollen, um auch in den Folgejahren noch einen guten Ernteertrag einzufahren, dann haben Sie jetzt ein Werkzeug an der Hand, mit dem Sie eine gute Beziehung zu Ihren Kunden – den alten und hoffentlich vielen neuen – aufbauen und pflegen können. Nur eine gute Beziehung zum Kunden verspricht nämlich einen dauerhaften Erfolg – welcher der Jagd nach schneller Beute vorzuziehen ist.

Doch vergessen Sie nicht den technischen Fortschritt. Wenn Sie in fünf Jahren immer noch E-Mails ohne Bilder versenden, wird Ihre Nachricht im multimedialen Werbestrom des Endbenutzers untergehen. Sie müssen nun keine Computerzeitung abonnieren, um auf dem Laufenden zu bleiben, sie dürfen den technischen Fortschritt jedoch auch nicht ignorieren.

Gedankt

Mein allererster Dank gilt meiner Frau, vor allem für das Verständnis, das sie mir gegenüber in den letzten Monaten aufgebracht hat. Bedanken möchte ich mich zudem bei den Lektoren des Vieweg-Verlages, Walburga Himmel für die nimmermüde

Unterstützung bei der Beseitigung von Word-Problemen und Sandra Körtke, die die letzten Ungereimtheiten aus diesem Manuskript gefegt hat.

Lutz Labs

Glossar

Acount Benutzername und Passwort, die den Zugang zu einem Dienst erlauben.

AOL America Online, der weltweit größte Online-Dienst. AOL benutzt ein proprietäres Protokoll zur Einwahl, das Windows-DFÜ-Netzwerk ist dafür nicht geeignet. Das E-Mail-Programm macht zumindest in älteren Versionen Schwierigkeiten bei der Anzeige von HTML-E-Mails.

ASCII American Standard Code for Information Interchange, ein auf absolut jedem Rechner, egal unter welchem Betriebssystem lesbares Textformat. Der einheitliche Standard, zumindest für die in allen Sprachen verwendeten Buchstaben, umfasst insgesamt 256 Zeichen. Die Standards, also alle kleinen und großen Buchstaben von a bis z und die Zahlen sowie einige Steuerzeichen sind in der unteren Hälfte untergebracht. Die Besonderheiten eines jeden Landes, etwa die deutschen Umlaute, sind in landesspezifischen Zeichensätzen untergebracht, welche die „oberen" 128 Bits des Zeichensatzes nutzen

Abonnenten Internet-Nutzer, die eine Mailingliste oder einen Newsletter abonniert haben.

Ad-Click Klickt ein Leser auf einen im Newsletter enthaltenen Werbe-Link, entsteht ein Ad-Click.

Attachment Eine Datei, die als Anhang an eine E-Mail daherkommt. Das Format der Datei ist völlig egal – es kann sich um einen Text, ein Office-Dokument, eine Grafik, einen Film oder im schlimmsten Fall um einen Virus handeln. Die Größe eines Attachments ist prinzipiell unbegrenzt - alleine die Postfachgröße des Empfängers spielt eine Rolle.

Autoresponder Ein Autoresponder antwortet auf eine E-Mail. Das kann zum einen eine Urlaubsmeldung sein, zum anderen werden Autoresponder im E-Mail-Marketing eingesetzt, um Interessenten zielgerichtet Antwort-E-Mails zuzuschicken. Im Idealfall ist die Software auf dem E-Mail-Server installiert, fast jedes E-Mail-Programm kann mit seinen Filterfunktionen diese Aufgabe ebenfalls übernehmen.

Banner Werbebanner sollen den Surfer veranlassen, die aktuelle Web-Seite zu verlassen, um sich das Werbeangebot eines anderen Unternehmens anzuschauen. Waren Banner früher nur rechteckige Bildchen, sind heute Flash-Animationen oder mitlaufende Bilder angesagt. Manche Banner nerven die Surfer aber so, dass sie sich einen Werbeblocker installieren, der alle Banner ausfiltert.

Blind Carbon Copy, bcc Im bcc-Feld einer E-Mail wird ein Empfänger eingetragen, von dem der eigentliche Adressat einer E-Mail nichts erfahren soll. Für einen Newsletter ist das bcc-Feld nicht geeignet: Es fehlt die persönliche Ansprache und zudem bleiben einige E-Mails in Spam-Filtern hängen.

Bluetooth Funktechnik für den Nahbereich zwischen einigen Zentimetern und 100 Metern. Verschiedene Protokolle dienen zur Datenübertragung oder zur Telefonie. Moderne Mobiltelefone der Oberklasse lassen sich etwa per Bluetooth fernbedienen, auch gibt es Bluetooth-Headsets. Die einzelnen Geräte vernetzen sich automatisch, wenn sie die Berechtigung dazu haben.

Bounce Kommt eine E-Mail aus technischen Gründen nicht beim Empfänger an, spricht man von Bounces. Zu unterscheiden sind Soft-Bounces (eventuell Mailbox überfüllt) und Hard-Bounces (Empfänger existiert nicht).

Bounce-Rate Die Bounce-Rate gibt an, wie viele der Empfänger die E-Mail-Aussendung nicht erhalten haben.

Business-to-Business, B2B Die Geschäftsbeziehung zwischen Unternehmen.

Business-to-Consumer , B2C Die Beziehung zwischen Unternehmen und Endkunden.

Business-to-Employee, B2E Die Beziehung eines Unternehmens zu seinen Angestellten. Häufig spielt das Intranet eine große Rolle bei der Bewältigung des unternehmensinternen Informationsflusses. Unternehmenssoftware von SAP, Siebel oder Peoplesoft hilft ungemein – kostet aber auch eine ganze Stange Geld.

Bürgerliches Gesetzbuch, BGB Wer einen E-Mail-Newsletter oder einen On-line-Shop betreibt, sollte das BGB kennen. Hier sind fast alle relevanten Gesetze versammelt

Call-Center Dient zur Annahme von vielen Telefonanrufen (Inbound) oder zur aktiven Ansprache von Konsumenten (Outbound).

Carbon Copy, cc Der Durchschlag dient der Zustellung der E-Mail an eine zusätzliche Person. Beide Empfänger können erkennen, dass der jeweils andere die E-Mail ebenfalls erhalten hat.

Chat Eine Online-Diskussion per Tastatur. Manchmal werden auch ein Mikrofon und ein Headset verwendet, dann spricht man von einem Voice-Chat. Zur Erweiterung auf den Video-Chat benötigen beide Partner eine Kamera.

Click-Through-Rate Der durchschnittliche Prozentsatz der Empfänger einer Werbe-E-Mail, die auf einen Link innerhalb der E-Mail klicken.

Community Eine virtuelle Interessengemeinschaft von Internet-Nutzern mit gleichen Interessen, die sich nur per Internet trifft. Heute benutzt eine Community fast ausschließlich web-basierte Foren.

Confirmed-Opt-In Der Betreiber eines Newsletters schickt eine E-Mail über die erfolgreiche Anmeldung. Viel besser als Opt-Out, besser als Single-Opt-In, aber schlechter als Double-Opt-In.

Contact-Center Mehr noch als ein Call-Center benutzt ein Contact-Center die Funktionen des Internets, etwa E-Mail oder Online-Chats. Sogar ein durch den

Agent gesteuertes gemeinsames Surfen über eine Web-Seite ist möglich.

Content Mit Inhalten kann man Kunden binden – es müssen aber genau die Inhalte sein, die der Kunde benötigt. Für einen eigenen Newsletter ist immer wieder frischer Content notwendig, um die Leser bei der Stange zu halten.

Conversion-Rate Das ist die Umwandlungsrate, die angibt wie viele Kunden, je nach Ziel der Werbung, die Anzahl der Kunden, ein Produkt gekauft, weitere Informationen angefordert oder nur die Web-Seite besucht haben.

Cost per Click, CPC Die Kosten pro Klick geben an, wie viel Geld für einen Klick auf die eigene Web-Seite zu bezahlen ist.

Cost per Order, CPO (auch Cost per Sale, CPS) Unter den Kosten pro Bestellung versteht man die zur Erzielung eines Verkaufs investierten

Cost per Response, CPR Kosten für eine Antwort oder für eine Reaktion des Empfängers.

Cost per View, CPV Kosten für das Öffnen einer E-Mail. Die CPV lässt sich nur korrekt angeben, wenn die Werbung im HTML-Format verschickt wurde.

Customer-Relationship-Management, CRM CRM bezeichnet die Pflege der Kundenbeziehung mit Hilfe von spezieller Software. Die Big-Player des CRM-Marktes sind Oracle, Peoplesoft, SAP und Siebel.

DAB, Digital Audio Broadcasting DAB ist ein standardisiertes Verfahren zur digitalen Übertragung von Radiosignalen. Es soll störungsfreien

Es soll störungsfreien Empfang auch im Auto bieten.

Datenbank Eine Datenbank bildet die Grundlage für zielgruppenspezifische Selektionen, etwa bei der Auswahl von Empfängeradressen für eine Werbung. Datenbank-Marketing nutzt die über die Kunden vorhandenen Informationen zur Erstellung einer Marketing-Strategie.

Digitale Signatur Die digitale Signatur dient einerseits zur verschlüsselten Übertragung von Nachrichten und der Authentifizierung des Absenders, zum anderen genügt die schärfste Stufe, die qualifizierte digitale Signatur, Anforderungen der deutschen Steuerbehörden zur elektronischen Aufbewahrung von finanziellen Transaktionen eines Unternehmens. Seit Januar 2002 ist die qualifizierte digitale Signatur der handschriftlichen Unterschrift gleichgestellt.

Double-Opt-In Die doppelte Willensbekundung eines Internet-Nutzers, einen Newsletter zu bestellen. Meistens wird die erste auf einer Web-Seite abgegeben, die Aufforderung für die zweite erhält der Nutzer per E-Mail. Entweder muss er diese dann zurückschicken oder per Web-Interface noch einmal den Bezug des Newsletters bestätigen.

DVB-T, Digital Video Broadcasting Ausstrahlung digitaler Fernsehprogramme über Antenne. Durch diese Technik stehen wesentlich mehr Programme bei verminderter Strahlenbelastung zur Verfügung. Läuft derzeit in vielen Regionen im Probebetrieb, im Jahr

2010 sollen alle analogen Sender abgeschaltet sein.

E-Mail Das erkläre ich nicht. Lesen Sie das Buch.

E-Mail-Server Der für den Empfang und Versand von E-Mails zuständige Server im eigenen Netzwerk. Die Benutzer empfangen ihre E-Mails entweder über das POP3 oder das IMAP4-Protokoll, zum Versand dient SMTP.

Emoticons ASCII-Zeichen, die dem Benutzer die Gefühle des Absenders übermitteln sollen.

Filter-Software Filtersoftware kann Spam aus der eigenen Mailbox fernhalten oder den Web-Surfer vor unanständigen oder illegalen Angeboten bewahren. Funktioniert nie zu 100 Prozent.

Firewall Eine Firewall schützt an das Internet angeschlossene PCs vor den Gefahren, indem diese nur erwünschte Kommunikation mit dem Netz zulässt (Achtung: Teilweise Wunschdenken).

Flame Vor allem in Newsgroups verbreitete Anmache, weil sich ein Benutzer danebenbenommen hat.

Footer Der Text am Ende einer E-Mail. Hier steht meistens die Signatur des Absenders oder ein Werbe-Link.

GPRS GPRS ist ein Mobilfunkstandard, der auf dem verbreiteten GSM-Netz aufbaut. GPRS könnte Übertragungsraten bis zu 115 kBit/s erreichen, Netzbetreiber und Handy-Hersteller beschränken die Übertragungsrate jedoch auf etwa die Hälfte. Mit GPRS haben die Netzbetreiber von Leitungsvermittlung auf Paketvermittlung umgestellt

und damit den Schritt von einer zeitabhängigen zu einer volumenorientierten Abrechnung der übertragenen Datenmenge beschritten.

GSM Die Mobilfunktechnik, mit der wir heute mobil in den D- und E-Netzen telefonieren.

Header Der Briefkopf einer E-Mail. In der Normalansicht uninteressant, verrät sie den Profi unter anderem, welchen Weg die Nachricht zurückgelegt hat oder welches E-Mail-Programm der Absender verwendet. Im E-Mail Marketing bezeichnet sie auch die ersten sichtbaren Zeilen einer E-Mail, die kurz und prägnant Auskunft über die nachfolgenden Themen geben.

Homepage Startseite des eigenen Angebots, manchmal ist auch die Sammlung aller HTML-Seiten eines Angebots gemeint.

HTML (Hypertext Markup Language) Eine Sammlung von Anweisungen, welche die Darstellung von Internet-Seiten innerhalb des Browsers regeln.

Hoax Eine falsche Warnung vor einem Virus.

Hyperlink Verweis auf eine Internet-Adresse. Beim Mausklick kann etwa eine andere Web-Seite oder das E-Mail-Programm mit bereits ausgefülltem Adressfeld geöffnet werden.

IMAP Internet Message Access Protocol 4, der Benutzer bearbeitet die E-Mails direkt auf dem Server. Wird vor allem in Firmen verwendet.

i-mode Sollte ein Vorreiter für UMTS sein. I-mode besticht vor allem durch vielfältige Content-Angebote. Der Dienst ist in Japan sehr erfolgreich, in Deutschland bietet jedoch nur E-Plus i-mode an und konnte bis Anfang 2003 gerade einmal 100.000 Abonennten in Deutschland gewinnen.

Internet-Provider Dienstleister, der den Zugang zu Internet-Diensten wie Web und E-Mail bereitstellt. In Deutschland sind AOL und T-Online die mitglieder-stärksten Provider.

IP-Adresse Jeder PC im öffentlichen Internet hat eine weltweit eindeutige IP-Adresse, damit Verbindungen zwischen einzelnen Rechnern möglich sind. Private Anwender, die über eine Wählverbindung in das Netz gehen, erhalten bei jeder Einwahl eine andere IP-Adresse aus dem Pool des Providers zugewiesen, während Server fast immer über die gleiche IP-Nummer verfügen. Da man sich diese Nummern nur schwer merken kann, entstand das Domain Name System (DNS), das Namen in Nummern übersetzt.

IVW Die Informationsgemeinschaft zur Feststellung der Verbreitung von Werbeträgern legt Standards für die Reichweitenermittlung von Web-Seiten, Newslettern und Printmedien fest. IVW-geprüfte Angebote sind für Werbekunden besser einschätzbar.

Impressum Für Anbieter eines geschäftsmäßig betriebenen Internet-Angebots gilt die Impressumspflicht. Neben Namen und Adresse des Verantwortlichen hat der Betreiber je nach Geschäftsbetrieb weitere Angaben zu machen.

Instant Messenger Programm für die synchrone Kommunikation per Tastatur und Monitor. Dient zur schnellen Kontaktaufnahme, aber auch als Besprechungsersatz.

Internet Weltweiter Verbund von Computernetzwerken auf der Grundlage des Übertragungsprotokolls TCP/IP. Das WWW ist nur ein Dienst, daneben gibt es unter anderem E-Mail, Chat oder ftp.

Internet Relay Chat, IRC textbasierte Online-Unterhaltung beliebig vieler Internet-Nutzer, zur Übersichtlichkeit in tausende von themenspezifischen Channels aufgeteilt. IRC wird auch von einigen Unternehmen im Support verwendet.

Internet-Protokoll Darauf beruht das gesamte Internet, Teil der Protokoll-Suite TCP/IP.

Intranet Das Internet innerhalb einer Organisationseinheit, etwa einer Firma. Das Intranet ist von außen nicht erreichbar.

JavaScript JavaScript ist eine von Netscape entwickelte Scriptsprache, die direkt in den HTML-Code eingebettet wird. Neben vielen unsinnigen Dingen wie etwa automatisch wechselnden Bildern kann man mit JavaScript Benutzereingaben in Formularen auf Fehler überprüfen. Viele Surfer haben JavaScript jedoch abgeschaltet, da immer wieder den Rechner gefährdende Sicherheitslücken entdeckt werden.

Key-Server Auf dem Key-Server liegen öffentliche Schlüssel zum Download bereit. Benutzer von Verschlüsselungssoftware können durch den Download mit den Besitzern der Schlüssel gesichert kommunizieren.

Landing-Page Für jede Newsletter-Werbung sollte für die Erfolgsmessung der Werbemaßnahme eine eigene Landing-Page vorhanden sein. Der Surfer wird meistens sofort und automatisch zur von ihm gewünschten Seite weitergeleitet.

Listbroker Listbroker vermitteln Fremdadressen für die Schaltung von Werbung. Listbroker verfügen über ein Portfolio verschiedenster Adresslisten mit unterschiedlichsten Zielgruppen, die je nach Selektion und Zielgruppe des Kunden zum Einsatz kommen.

Local Area Network, LAN Ein Computer-Netzwerk, das per Definition in der Größe zwar nicht beschränkt ist, aber sich in einem einzelnen Gebäude oder zumindest auf einem Grundstück befindet.

Log-Dateien Jeder Besuch eines Surfers wird in Log-Dateien festgehalten. Sie dienen dem Reporting und der eventuellen Verbesserung einer Internetseite bei erkennbaren Schwächen.

MIME Multipurpose Internet Mail Extensions: Erweiterung der reinen Text-E-Mail. MIME erlaubt das Anhängen von Binärdateien an E-Mails.

Mailbox Elektronischer Briefkasten, in dem E-Mails für den Empfänger liegen.

Mailinglisten dienen zur Kommunikation mit fast beliebig vielen Nutzern per E-Mail. Die meisten Mailinglisten sind unmoderiert. Jeder Teilnehmer kann ohne Beschränkungen an alle anderen schreiben.

Multimedia Messaging Service, MMS Der Nachfolger der SMS. Die Multimedia Message kann Bilder und Töne enthalten, ist aber dafür auch deutlich teurer als eine SMS.

Multipart Neben dem HTML-Teil einer E-Mail sollte der gleiche Inhalt immer in reiner Textform in einer E-Mail enthalten sein. Sie hat also mindestens zwei Teile. Zumindest die Textversion wird bei jedem Empfänger korrekt wiedergegeben.

Netikette Aus grauen Vorzeiten des Internet stammender, heute vor allem bei unerfahrenen Benutzern fast unbekannter Verhaltenskodex für das Benehmen im Internet. Der Kodex beruht auf freiwilligen Regeln für die Kommunikation miteinander.

Newsgroup Ein themenbezogenes Online-Diskussionsforum. Der Klassiker unter den Massenkommunikationsmitteln im Netz.

Newsletter Informations-E-Mail eines Unternehmens, das an eine möglichst große Zahl von Teilnehmern verschickt wird. Werbetreibende können innerhalb des Newsletters Werbung buchen. Um E-Mail-Newsletter geht es in diesem Buch. Sie dienen vor allem der Kundenbindung.

One-to-One Marketing Die gezielte
werbliche Ansprache eines einzelnen
Kunden. Im Internet ist diese Marke-
tingform durch das Vorhalten von möglichst vielen und vor allem persönlichen
Informationen über den Kunden recht
einfach möglich, kann aber datenschutzrechtlich bedenklich sein.

Online Werbung umfasst alle Formen
der Werbung, die im Internet möglich
sind.

Online-Shop Die Online-Version eines
Ladengeschäftes generiert ihr Schaufenster (die einzelnen HTML-Seiten) automatisch aus einer Datenbank. Der
Surfer legt die gewünschten Waren in
einen virtuellen Warenkorb. Durch den
hohen Grad der Automatisierung und
den damit verbundenen geringeren
Personalaufwand bieten Online-Shops
häufig Produkte zu einem günstigeren
Preis an.

Opening-Rate Die durchschnittliche Anzahl von Empfängern einer E-Mail, die
sich zum Öffnen der E-Mail entschließt.
Sie ist vor allem von einer ansprechen-
den Betreffzeile abhängig. Sie lässt sich
nur erfassen, wenn die E-Mail im
HTML-Format verschickt wird.

Opt-In Informationen per E-Mail werden
nur zugeschickt, wenn die ausdrückliche Zustimmung, etwa durch Eintrag
der E-Mail-Adresse in ein entsprechen-
des Online-Formular auf Ihren Webrei-
ten, vorliegt. Man unterscheidet zwischen Single-Opt-In, Confirmed-Opt-In
und Double-Opt-In.

Opt-Out Der Empfänger erhält ohne seine vorhergehende Zustimmungen Infos
per E-Mail zugeschickt. Diese Methode
wird in Deutschland nur von im E-Mail-
Marketing unerfahrenen Unternehmen
genutzt. Durch das vermehrte Spam-
Aufkommen der letzten Jahre traut sich
fast niemand mehr, einen häufig in der
E-Mail vorhandenen Abmeldelink zu
benutzen.

PDF Die Verwendung des „Portable Document Format" erlaubt es, Dokumente
mit Text und Bildern immer gleich aussehen zu lassen – egal unter welchem
Betriebssystem. Die zum Betrachten
notwendige Software ist kostenlos erhältlich.

Plenken Bezeichnet einen vollkommen
überflüssigen Leerschritt zwischen Satz-
ende und eigentlichem Satzendezeichen
. Kann ganze Absätze falsch umbrechen.

Post Office Protocol 3, POP3 Nach dem
Abruf per POP3 wird die E-Mail vom E-
Mail-Server gelöscht. Der Benutzer be-
arbeitet seine E-Mail dann auf seinem
PC. Fast alle Privatanwender arbeiten
mit POP3.

Permission Marketing Der Internet-
Nutzer bekommt nur die Werbe-E-
Mails, die er selbst bestellt hat. Der Anbieter verpflichtet sich, dem Nutzer keine unerwünschte Werbung zuzuschicken. Die Einwilligung kann vom Nutzer jederzeit widerrufen werden. Da die
Informationen erwartet und damit auch
gelesen werden, ist die langfristige Er-

folgsquote wesentlich höher als bei Spam.

Pretty Good Privacy, PGP Dient zur Verschlüsselung von (hauptsächlich) E-Mail-Nachrichten.

Privacy-Policy Die Angaben eines Unternehmens, wie es mit den persönlichen Daten der Nutzer seines Angebots umgeht.

read notification Einer E-Mail mitgegebene Anweisung, das Öffnen der E-Mail beim Empfänger durch eine E-Mail an den Absender zu bestätigen. Die meisten E-Mail-Nutzer haben die automatische Bestätigung abgeschaltet.

receipt notification Etwas schwächere Form der read notification. Das E-Mail-Programm des Empfängers schickt eine E-Mail an den Absender, wenn es seine E-Mail vom E-Mail-Server abgerufen hat. Auch diese Bestätigung haben die meisten Nutzer abgeschaltet.

Reporting Die Dokumentation einer Kampagne. Nur mit Hilfe eines Reports kann man bei Verwendung eines externen Dienstleisters den Erfolg einer Kampagne bestimmen.

S/MIME Dient zur gesicherten Übertragung von E-Mails.

Simple Mail Transport Protokol, SMTP Protokoll, mit dessen Hilfe E-Mails versendet werden. Private Nutzer müssen sich häufig erst am SMTP-Server anmelden, um eine E-Mail zu verschicken. Anderenfalls wird der Versand abgelehnt. Dies ist eine Maßnahme gegen Spammer.

Selektion Die Auswahl von Empfänger-Adressen anhand bestimmter Selektions-Kriterien aus einer Datenbank. Je feiner und zielgerichteter eine Selektion durchgeführt wird, desto höher wird die Responsequote einer Kampagne.

Signatur Die Angaben zu anderen Möglichkeiten, den Absender einer E-Mail zu erreichen. Dazu gehört im Geschäftsleben Name und Adresse der Firma sowie Telefon- und Faxnummer. Im Usenet sollte die Signatur nicht länger als vier Zeilen sein. Auch werbliche Formen sind möglich, etwa der Hinweis auf einen Newsletter.

Single Opt-In Einfache Anmeldung zu einem Newsletter ohne Bestätigung des Anbieters, geschweige denn einer Nachfrage, ob der E-Mail-Empfänger wirklich die Anmeldung selbst durchgeführt hat.

Spam Unaufgeforderte kommerzielle E-Mails. Spammer verschicken hunderttausende von Nachrichten an Nutzer, die ihre Einwilligung dazu nicht gegeben haben. Spam wird auch als UCE, Unsolicited Commercial E-Mail bezeichnet. Ein Imageschaden für den Absender ist meist die Folge. Spam wird auch mit „send phenomenal amounts of mail" übersetzt, hat seinen Namen aber aus einem alten Monty Python-Sketch.

Subject Die Betreffzeile einer E-Mail sollte den Empfänger durch die Formulierung zum Öffnen der E-Mail bewegen,

Subscribe Anmeldung zu einem Newsletter

TCP/IP Zwei der für die Datenübertragung im Internet notwendigen Protokolle. Auf dem „Transmission Control Protocol" und dem „Internet Protocol" baut das gesamte Internet auf.

Tausender-Kontakt-Preis, TKP Der TKP ist die allgemein verwendete und daher vergleichbare Angabe eines Preises für Onlinewerbung in einem Medium. Er kann für die Errechnung des Gesamtpreises einer Kampagne herangezogen werden.

Tracking Analyse des Surfverhalten eines Surfers. Tracking kann wertvolle Informationen für die Optimierung einer Web-Seite geben. Auch E-Mail-Tracking ist möglich, dabei sind aber datenschutzrechtliche Aspekte zu beachten.

T-Online Deutschlands größter Internet-Provider, die von T-Online vertriebene Zugangssoftware ist für den reinen Internet-Zugang nicht notwendig.

Unsolicited Bulk E-Mail, UBE Unerwünschte Massen-E-Mail, bleibt meistens in den Spam-Filtern hängen. Auch Newsletter werden von diesen Filtern manchmal als UBE erkannt.

Universal-PNP Automatische Hardware-Erkennung und –Konfiguration in einer Netzwerkumgebung.

UMTS Mobilfunknetz der dritten Generation. Bis auf die Geschwindigkeit wird sich für den Anwender wohl nicht viel zum heute verwendeten GPRS ändern.

Unified Messaging Die Vereinigung von E-Mail, Fax, Anrufbeantworter und SMS in einem Programm.

Unsubscribe Der Wunsch eines Abonnenten, aus einer Mailingliste wieder ausgetragen zu werden.

Unsubscribe-Rate Prozentsatz der Empfänger, die sich nach dem Erhalt eines Mailings von der Mailingliste abmelden.

Usenet Die schwarzen Bretter des Internets. In einigen tausend News-Gruppen kann jeder mit jedem über verschiedenste Themen diskutieren. Neueinsteiger sollten de.newusers.info und de.newusers.questions lesen.

Verschlüsselung Ist eine E-Mail verschlüsselt, kann sie auf dem Weg vom Absender zum Empfänger nicht von Dritten gelesen werden.

Viral Marketing Der Versuch, durch kostenlose Multiplikatoren ein eigenes Angebot sehr weit zu streuen. Im Idealfall entsteht ein Schneeballeffekt, der das Angebot zum Erfolg führt.

Viren Viren können Dateien und Programme zerstören und sogar Dritten die Kontrolle über den PC ermöglichen. Ein Virenschutzprogramm gehört heute zur Standardausstattung eines Internet-Nutzers.

World Wide Web, WWW Bezeichnung für alle über das http-Protokoll erreichbare Rechner im weltweiten Internet.

Web-Seite Unter einer Web-Seite versteht man häufig nur eine einzelne HTML-Seite, aber auch der gesamten Internet-Auftritt eines Unternehmens, einer Organisation oder einer Privatperson wird oft als Web-Seite bezeichnet.

Web-Server Ein Webserver ist ein Rechner, der über eine möglichst schnelle

Datenleitung an das Internet ange-
schlossen ist, getrennt meistens jedoch
über eine Firewall. Als Betriebssystem
wird sehr oft Unix, Linux oder eine Ser-
ver-Variante von Windows eingesetzt.
Auf diesem Rechner läuft eine Software,
die ebenfalls als Web-Server bezeichnet
wird. Diese Software liefert die vom
Surfer angeforderten HTML-Seiten aus.

Web of Trust Netz des Vertrauens, darauf basiert die Authentifizierung beim
Verschlüsselungsprogramm PGP.

Webspace-Provider Anbieter von Speicherplatz für Web-Seiten, die öffentlich
verfügbar sein sollen.

Wireless Application Protocol, WAP
WAP ist eine Beschreibungssprache
ähnlich HTML, findet aber vor allem auf
Grund der unbefriedigenden Angebote
kaum Verbreitung.

WLAN Wireless LAN, drahtloses Netzwerk mit einer Reichweite von bis zu
300 Meter, die Geschwindigkeit beträgt
derzeit bis zu 54 MBit/

Sachwortverzeichnis